城乡规划新空间新思维丛书

[国家自然科学基金项目(51408390)成果;苏州科技大学风景园林学学科建设资助成果]

城市开放空间格局及其优化调控:以南京为例

邵大伟 著

东南大学出版社
SOUTHEAST UNIVERSITY PRESS

南京·2017

内容提要

本书对开放空间的概念、发展演变及其相关理论进行了系统梳理，厘清其概念内涵与外延，明确了主要发展阶段及特征，并以典型城市南京为案例地，集成RS、GIS空间分析、计量模型等技术方法，从分布分异、景观指数、服务便捷性、房产增值效益等层面，深入揭示城市开放空间格局、演变的特征及一般规律，剖析了其格局形成、演变的影响因素与动力机制。最后，借助加权Voronoi图，提出了南京主城区开放空间格局的优化调控对策。

本书可供风景园林、城乡规划、城市地理、城市经济学等学科领域从事城市开放空间相关研究及规划实践的学者、规划师及政府决策者阅读参考。

图书在版编目(CIP)数据

城市开放空间格局及其优化调控：以南京为例 / 邵大伟著. — 南京 ：东南大学出版社，2017.11
(城乡规划新空间新思维丛书)
ISBN 978-7-5641-7505-4

Ⅰ.①城… Ⅱ.①邵… Ⅲ.①城市规划—空间规划—南京 Ⅳ.①TU984.253.1

中国版本图书馆CIP数据核字(2017)第296012号

书　　名：城市开放空间格局及其优化调控：以南京为例
著　　者：邵大伟
责任编辑：徐步政　孙惠玉　　编辑邮箱：1821877582@qq.com

出版发行：东南大学出版社　　社址：南京市四牌楼2号(210096)
网　　址：http://www.seupress.com
出 版 人：江建中

印　　刷：兴化印刷有限责任公司　　排版：南京南琳图文制作有限公司
开　　本：787 mm×1092 mm　1/16　　印张：12　　字数：280千字
版 印 次：2017年11月第1版　2017年11月第1次印刷
书　　号：ISBN 978-7-5641-7505-4　　定价：49.00元

经　　销：全国各地新华书店　　发行热线：025-83790519　83791830

序言

改革开放以来，我国进入了快速城镇化发展阶段。如果从空间视角看某一个具体城市，一方面是城市外部空间形态的快速扩展蔓延，另一方面则是城市内部空间结构的转型与重构，探究城市内部空间结构的发展演变规律是当前城市地理研究的前沿课题。本书就是以典型城市南京为案例，聚焦于城市内部空间结构的一个方面——城市开放空间作为主题，深入剖析城市内部以绿地为主的开放空间现状格局、动态演变及其驱动机制、优化途径。对当前新型城镇化背景下推进生态文明建设，大力提升城市空间品质具有重要的理论价值和实践指导意义。

城市开放空间既是城市内部空间结构的重要组成部分，也是城市人居环境建设的重要核心要素。本书总体遵循了人文地理学“理论分析—格局—过程—机制”的逻辑思路，在系统梳理城市开放空间概念及其内涵的基础上，借助遥感、土地利用、经济社会等基础数据资料，集成空间分析、数理统计分析等技术方法，对南京主城区开放空间现状及其演变特征进行解构，并结合统计数据挖掘其影响因素及机制，利用建模方式开展布局优化及对策探讨。文中的观点具有一定的探索意义和创新性。主要包括：

一是归纳提炼了三系六类开放空间分类体系，初步构建了城市开放空间研究的基础。开放空间最初的定义较为简单，相当于城市实体空间—建筑的对立面，类似于城市“外部空间”的概念。开放空间概念提出以来，不同学者从各自的研究领域出发，针对开放空间的形态、属性、功能价值及人的主观感受等方面，陆续提出了与开放空间相关的概念，如绿色空间、公共空间、游憩空间等，不同概念之间有交叉、有重叠。至于开放空间具体包括哪几类用地，则众说纷纭。作者从厘清相关概念之间的关系入手，依据我国制定的《城市用地分类与规划建设用地标准》《城市绿地分类标准》，确立了三系六类开放空间分类体系：三系即绿地系统、水域系统和广场系统；六类即绿地系统划分为四类绿地，分别为公共绿地、附属绿地、生态防护绿地和生产绿地，加上水域系统的水域用地和广场系统的广场（停车场）。三大系统对应三大空间，即绿地系统是绿色空间，水域系统是蓝色空间，广场系统是灰色空间。三系六类开放空间分类体系明确具体，与我国现行的城市用地分类系统做好了衔接和协调，为城市开放空间研究奠定了分析的基础。

二是揭示了我国城市开放空间演化的总体脉络。作者从南京市这个典型案例入手，通过解译1979年、1989年、2001年和2006年4期TM数据，获取了三系六类城市开放空间斑块面积，由此揭示了城市开放空间的演化特征。1979—2006年南京主城区公共绿地、附属绿地和广场的面积不断增加，而生产绿地、生态防护绿地和水域面积大幅减少，开放空间总量也呈现出减少的态势。开放空间的斑块数量、密度、平均斑块面积不断减少，斑块分布整体呈分散化，形状规则度在增加，受人为规划的影响加深，由"自构"向"被构"转型。一般而言，城市开放空间经历了以大尺度斑块逐步向外扩展阶段、内部小尺度斑块填充与大尺度斑块扩展并重阶段，以及"见缝插绿"与"破墙"共享的稳定改造提升阶段。但南京有其自身的个性特征，古都格局、紫金山与玄武湖等大型开放空间的约束及优势也较为突出。这一演化过程的分析，既揭示了我国城市开放空间演化的一般规律，同时也指出了南京主城区独特的自然环境条件及历史人文要素约束，表现出一定的个性特征。

三是提炼了南京市城市开放空间优化的方向和路径。本书作者针对南京主城区开放空间格局的现状及演变过程中所存在的均衡性差、体系整体性弱、减少快速等一系列问题，利用加权Voronoi方法进行分析，计算了主城区内开放空间的理论供给能力和实际供给水平，得到城市开放空间存在严重不足区域、不足区域以及稍有不足区域，并结合城市绿地系统规划，提出了用地调整、布局优化、人口疏散、强化环带建设、充分利用附属绿地等优化调控的对策。该分析方法在开放空间研究中具有明确的针对性，对指导城市空间布局规划具有重要的应用价值。

本书作者邵大伟为我指导的博士生。他在读博士研究生前一直从事风景园林专业，自攻读博士学位起，在我的指导下开始转向人文地理学专业研究，尝试把人文地理学的相关理论、方法与风景园林研究结合起来，选取了熟悉且代表性较强的南京，开展以绿地为主体的城市开放空间研究。现在呈现的这部著作，是他在博士论文基础上修改形成的，是作者在人文地理学与风景园林专业之间开展交叉研究的阶段性成果，作为他的博士生导师我颇为欣慰。本书的研究内容是对国内城市开放空间格局演变研究的有效探索，是对当前"看得见山望得见水"建设模式及理念热潮的积极响应，也是对城市内部空间结构研究的有益深化和拓展。希望通过本书能够使读者系统认知城市开放空间的格局、演变过程及其内在驱动机制，激发对城市内部空间结构探究的兴趣和更多的研讨。

是为序。

张小林

2017年3月

前言

快速城市化带来了建设用地的急剧扩张，致使农业生产用地、山林水体等自然生态用地不断被侵占，城市的生态空间、休闲游憩空间、公共活动场所等正承受着越来越大的被压缩压力。为满足市民环境、游憩等方面的需求，除保护好自然生态用地外，建设用地内部的公共绿地、附属绿地等空间类型的规模、布局，就显得尤为关键。生产用地、自然生态用地、公共绿地等空间形式恰恰是开放空间所包含的要素，开放空间的相关研究也一直是国内外学者关注的热点。

本书在界定开放空间内涵、明确研究对象的基础上，对国内外开放空间研究的阶段、主要研究方面及理论等进行综述，归纳开放空间研究的特点、不足及对我国相关研究的启示，构建研究基础，明确研究的方向，并对开放空间的演化、发展历程进行梳理，结果表明：国外开放空间以广场为中心，逐渐重视并增加城市中的自然要素，我国则形成了以"自然风水观"为内核的"山水城市"的开放空间理念。

改革开放以来，我国的城市建设取得了长足的发展，拥有"古都""园林城市""山水城林"等特点的南京市，也迎来了城市大规模的扩张。本书遂以南京主城区为典型案例地，借助遥感数据、土地利用数据、社会经济数据以及文献资料，集成GIS空间分析、圈层与等扇分析、ESDA方法、景观指数分析、结构方程以及因子分析等方法，对其主城区开放空间2006年的现状和四个时段(1979年、1989年、2001年、2006年)的格局演变进行深入解析，并分析这种格局形成、演变的机制。

对城市开放空间格局演变及其机制的研究，可以充实山水城市、生态城市及可持续发展等理论的研究基础，丰富我国城市可持续发展的理论体系。在实践中，可以为城市生态环境恶化的预警、开放空间功能性不足的判断及开放空间缺乏区域的规划提供科学的依据，还可以利用公园、广场等基础设施、公共福利，对引导城市布局、优化空间结构给予有力的推动，为政府决策、城市规划及法律法规的制定提供科学的依据。此外，可根据开放空间格局演变的影响因素、动力机制，为有效缓解城市无限制蔓延的趋势，提供有针对性的解决策略，促进城市的健康发展。

通过研究，本书得到的主要结论有：对南京主城区开放空间现状的解析表明，主城区开放空间以绿色空间为主体，开放空间及其不同类型在老城区内外、行政区间分布差异较大，且形成了公共绿地的"一环四组团"、附属绿地的"一核四翼"、生态防护绿地的反"C"字形、生产绿地的"两集中"、水域的"h"形分布以及广场的"Y"形格局。分布差异和交通可达性的区域差异，导致服务便捷性的不均衡。市民在选择居住环境时，相比较学校、医院等公共设施，对开放空间的重视程度也较低。

对四个时间断面的分析表明，1979—2006年南京主城区公共绿地、附属绿地和广场的面积不断增加，而生产绿地、生态防护绿地和水域面积大幅减少，开放空间总量也呈现出减少的态势。景观指数分析也表明，开放空间的斑块数量、密度、平均斑块面积不断减少，斑块分布整体呈分散化，形状规则度在增加，受人为规划的影响加深，由“自构”向“被构”转型。开放空间各类型均表现出一定的演化模式、路径。这种规模、布局的变化，使得主城区市民利用开放空间的便捷程度也发生了较大的变化，早期老城区内部开放空间的便捷程度低，随着老城区内部公共绿地的增加，加之其外围生产绿地、水域的大幅减少，可达性较差的区域也有外移的趋势，但主城区的边缘区开放空间较多、交通条件较为便利，可达性水平一直较好。

开放空间格局的演变受到城市自然环境条件的制约、国家或地方政策调整的影响、社会经济发展的支撑与促进。而就演变推动力的分析来看，城市扩张力是开放空间格局演变的直接推动力，经济发展、固定资产投资增加是原始动力，产业结构调整是开放空间格局演变的提升力，交通、道路建设是重要的引导力，而社会需求也是开放空间格局演变的重要拉动力量。在此基础上，结合南京主城区开放空间格局的现状及演变过程中所存在的均衡性差、体系整体性弱、减少快速等一系列问题，利用加权 Voronoi 方法进行分析，并结合城市绿地系统规划，提出了用地调整、布局优化、人口疏散、强化环带建设、充分利用附属绿地等优化调控的对策。

本书可能的创新点主要集中在以下两个方面：(1) 借助 RS、GIS 以及数学模型等方法和手段，对城市开放空间以及开放空间内部的格局开展了深入系统的剖析，发展了城市内部空间的研究体系；(2) 利用加权 Voronoi 的方法，充分考虑开放空间面积、交通便利程度等条件的影响，为城市开放空间布局的优化提供了技术支持。

开放空间是城市自然、社会、经济相互交织的复合生态系统，尤其是在快速城镇化阶段，其研究也具有一定的挑战性和艰巨性。本书开展了一点尝试和探索，抛砖引玉，希望有更多的学者关注、研究。限于作者水平，加之时间仓促，书中不足之处，也恳请相关领域的专家、前辈与同仁批评指正、不吝赐教！本书是在作者博士学位论文的基础上整理完成，研究、写作过程中参考、引用了相关领域众多卓有成效的研究成果，虽然尽可能将直接引用的主要成果一一标注，但面对如此大量的文献资料和长时间的写作过程，难免有所疏漏，在此一并表示由衷的感谢和真诚的歉意！

邵大伟

2017年2月

目录

1 绪　论

1.1 开放空间的概念辨析

开放空间又作开敞空间，是我国学者对“Open Space”的不同译法。《现代汉语词典》对“开放”的相关解释是：① 敞开，允许入内；② 今多指公园、展览会、图书馆等公共场所接待游人、参观者、读者等；③ 思想开通、解放等。“敞开；没有遮挡”是对“开敞”的解释。可见，无论是在外部形态还是内涵上，“开放空间”的译法都要比“开敞空间”更加贴切、深入。同时，大多数译文也都选用了“开放空间”，故本书选择“开放空间”的译法。

1.1.1 开放空间概念的发展

19世纪下半叶，由于快速的工业化和城市化，欧洲城市面临严重的公共卫生问题，时常遭受流行疾病甚至死亡威胁的困扰，环境整治和城市美化运动应运而生（张京祥，2005）。随后，在法规法律层面予以确立，1877年英国伦敦颁布《大都市开放空间法》（*Metropolitan Open Space Act*）来管理开放空间，标志着现代意义开放空间概念的产生（张虹鸥、岑倩华，2007）。此后，城市的扩展、蔓延不断加剧，城市外部山水、农地、林地等自然资源承受着巨大压力，而城市内部的市民生存环境也面临极大挑战。国内外学者针对这一问题的相关探索颇多，如早期的田园城市、有机疏散、邻里社区思想，近期的紧凑城市、精明增长、城市增长管理、山水城市、生态城市理念等（方创琳、祁魏锋，2007；杨彤等，2006）。而这些研究所关注的城市外部蔓延与城市内部环境问题，其规划调控的重点，便是开放空间所涵盖的农林地、自然生态用地以及城市的公共绿地等要素。

自现代意义开放空间概念确立至今，相关学者或部门多从自己的研究领域或需求来理解、强调开放空间的概念及侧重，包括形态、属性、功能价值及人的主观感受等方面，总体来看主要分为以下几种类型：

(1) 外部空间

出于方便管理的目的，最初的开放空间定义较为简单，相当于城市实体空间—建筑的对立面，类似于城市“外部空间”的概念。伦敦《大都市开放空间法》即定义为“不围合，无建筑或者少于1/20的用地有建筑物，用剩余用地用作公园或娱乐，或者是堆放废弃物，或是不被利用的用地”（余琪，1998）。

(2) 绿色空间

“二战”后，20世纪60年代以麦克哈格为代表的一些生态学家出身的规划师，把生态学原理运用于城市的规划设计工作中，部分学者在开放空间研究时也深受影响，他们过分强调开放空间的自然生态属性。比如吉伯德认为“开放空间是引入城市的绿地，由树木、灌木以及地面材料决定”；赫克歇尔将开放空间定义为：“城市内一些保持着自然景观的地域，或者自然景观得到恢复的地域……”（张虹鸥、岑倩华，2007；余琪，1998；张京祥、李志刚，2004）。

（3）公共空间

一些学者倾向于以开放空间的公共使用性来界定，排除那些不便到达的、围合的空间，即强调开放空间首先必须是公共空间，市民可以自由、平等地出入、享用。1992年伦敦规划咨询委员会（London Planning Advisory Committee）对此下了定义：“所有具有确定的及不受限制的公共通路并能用开放空间等级制度加以分类，而不论其所有权如何的公共公园、共有地、杂草丛生的荒地以及林地”（孙晓春，2006）。卢济威、郑正（1997）也认为开放空间是城市公共外部空间，包括自然风景、广场、道路、公共绿地和休憩空间等，强调的也是公共性。

（4）人的空间感受

亚历山大（Christopher Alexander）在《模式语言：城镇建筑结构》中对开放空间的定义为：“任何使人感到舒适、具有自然的屏靠，并可以看到更广阔的地方，均可以称为开放空间”（张虹鸥、岑倩华，2007）。这主要是从人的环境感受来界定，空间无阻隔、不封闭，“极目远舒”之所。

（5）功能价值

不少定义都用空间的功能性来界定开放空间，美国1961年颁布的房屋法中将开放空间规定为：城市区域内任何开发或未开发的土地，具有公园和供娱乐使用的价值，具有土地及其他自然资源保护的价值，具有历史或风景的价值；赫克歇尔在强调自然属性的同时也指出开放空间应具有“娱乐价值、自然资源保护价值、历史文化价值、风景价值”；香港规划的标准和规范中规定“用作比赛、游戏或休闲之用的土地”皆称为开放空间；给出类似定义的还有波兰的奥斯特洛夫斯基和日本的高原荣重（余琪，1998；张虹鸥、岑倩华，2007）。

（6）空间要素

不少研究者以城市中的空间要素、景观类型来界定开放空间，如苏伟忠、孙晓春和尹海伟都是以城市中的绿地、道路、广场或水域系统来定义开放空间，又如塞伯威尼定义开放空间为“所有园林景观、硬质景观、停车场以及城市里的消遣娱乐设施”（苏伟忠等，2004；孙晓春，2006；尹海伟，2008）。还有“城市大型公园（森林公园、市级公园、郊区植物园等）、各种普通公园（动物园、纪念性公园、游乐场等）、街头游园与专项绿地、各种性质的广场、专用的步行街区、大型文化性建筑的附属室外休息场地、步行林荫路”等类似以要素来划分的概念（周晓娟，2001）。

1.1.2 开放空间的界定

本书中的开放空间是指，城市内部及周边具有较高的生态保护、景观美学、休闲游憩、防震减灾、历史文化保护等生态、社会、经济价值的非建筑或少有建筑用地的空间形式，包括绿地、水域和广场，承担着城市形态建构、社会空间融合、城市健康可持续发展维护的重要功能。

为明确开放空间的具体所指，进一步根据《城市用地分类与规划建设用地标准》（GBJ 137—90）及《城市绿地分类标准》（CJJ/T 85—2002）确立开放空间分类体系：三系六类法(表1-1),三系即绿地系统(Green Space, GS)、水域系统(Water Area)和广场系统(Squares, SS),绿地系统可再分为公共绿地(Public Green Space, PuGS)、附属绿地(Accessory Green Space, AGS)、生态防护绿地(Ecological Buffer Green Space, EBGS)和生产绿地(Productive Green Space, PrGS)四类。开放空间也可按照空间形态、人类影响程度、使用频率及服务范围等进行分类,目前我国城市用地的分类标准和《城市绿地分类标准》(CJJ/T85—2002)较为成熟,相关统计数据资料完善,利于对城市开放空间进行深入细致的研究,苏伟忠等(2004)、尹海伟(2008)等有过类似探索。

表1-1 城市开放空间分类体系

系统	类型	地类
绿地系统	生产绿地	耕地E2、园地E3、牧草地E5、林地E4(经济林部分)、苗圃G21
	生态防护绿地	林地E4(属G5部分)、防护绿地G22
	公共绿地	综合性、社区、专类、带状公园及街旁绿地G1,以及郊野绿地Eg
	附属绿地	公共设施用地C,居住用地R14、R24、R34、R44,道路S1,工业用地M,仓储用地W,市政设施用地U和特殊用地D中的较大规模(可由研究精度或需要具体而定)的绿地
水域系统	水域	江、河、湖、海、水库、水源保护地等E1(不包括公共绿地、附属绿地范围内水面)
广场系统	广场(停车场)	交通、集会广场(绿化面积一般小于30%)S2 公共使用的停车场S3

1.1.3 与开放空间相近的几个概念

(1) 外部空间(Out Space)

城市空间中的外部空间通常是指相对于建筑实体外部的概念,芦原信义认为外部空间是从大自然中依据一定的法则提取出来的空间,只是不同于浩瀚无边的自然而已。外部空间是人为的、有目的的创造出来的一种外部环境,是在自然空间中注入更多含义的一种空间,尺度和质感是其基本要素。该理论强调建筑空间与外部环境的搭配协调,从人的视觉感受出发,创造更多积极的人性化空间(常钟隽,1995)。该定义侧重强调建筑的室外设计,即外部空间不脱离建筑物的小体系,类似于现在的室外环境艺术设计的理念范畴(图1-1)。

(2) 公共空间(Public Space)

城市公共空间是城市居民社会活动集中的地方,它"不仅是指一块远离家庭和亲密朋友的区域,而且是一块熟人和陌生人可以聚集的区域"。这是城市中最易识别,最易记忆,最具活力的部分,是城市的魅力所在(李德华等,2001)。城市公共空间分布广,容量大,对城市环境质量和景观特色有不可低估的影响作用。

城市公共空间狭义的概念是指那些供城市居民日常生活和社会生活公共使用的室外空间。它包括街道、广场、居住区户外场地、公园、体育场地等。根据居民的生活需求,在城市公共空间可以进行交通、商业交易、表演、展览、体育竞赛、运动健身、休闲、观光游览、

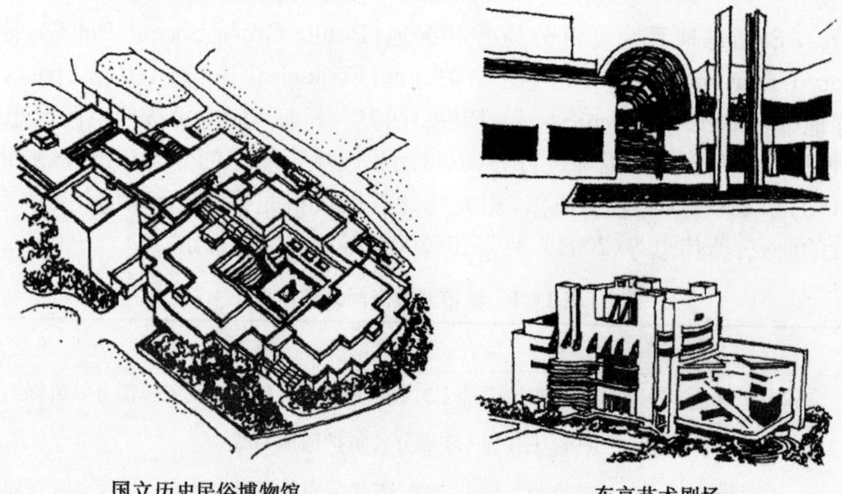

图 1-1　城市外部空间示意图

节日集会及人际交往等各类活动。城市公共空间的广义概念可以扩大到公共设施用地的空间，例如城市中心区、商业区、城市绿地等。

(3) 游憩空间(Recreation Space)

Recreation Space 首先是由台湾学者译为"游憩空间"，泛指人的消遣、游玩、社交的场所。其规划设计与模式的多样性，也成为衡量一个国家生活质量的标准之一。在美国，广义的游憩空间包括：宾馆(含汽车旅馆)、饭店、运动场、高尔夫球场、网球俱乐部、剧院、音乐厅、文化中心、主题公园、博物馆、游泳池、划船俱乐部、马术场、垂钓园、自然风景、射击场、台球厅、保龄球馆、滑雪场、假日农场、度假牧场、度假宿营地、野炊场所等(马惠娣，2005)。为了更准确、更深入地理解游憩空间，应扩大它的范围，即游憩空间是由游憩物质空间和游憩行为空间耦合而成的空间体系，表现为游憩景观(秦学，2003)。游憩物质空间是由有形的游憩设施(如公园、广场、宾馆、娱乐城等)及相关建筑设施共同组成的环境空间，充满其中的是各种有形物质形态；游憩行为空间是一种无形但客观存在的形式，是游憩者凭借一定的游憩设施和其他条件(如交通)通过游憩活动在地表空间所留下的投影。

综上可知，开放空间与外部空间、公共空间及游憩空间所包含的要素，存在一定的重合，但也存在明显的差别(图 1-2)。开放空间与公共空间在城市室外的公共活动、游憩

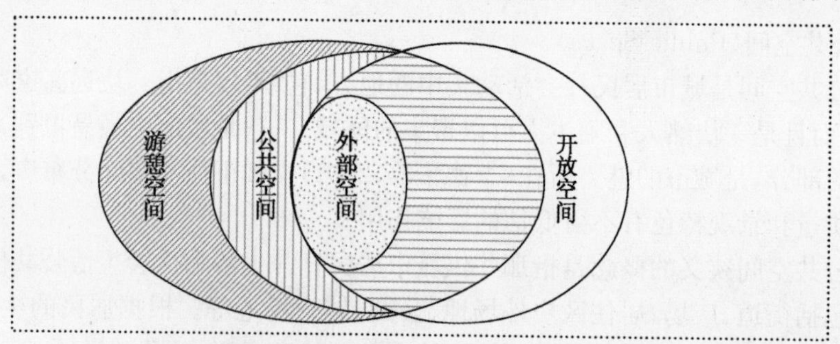

图 1-2　城市开放空间与游憩空间、公共空间、外部空间关系示意图

空间所涉及的要素一致，而开放空间不包括室内等建筑用地空间；外部空间概念局限性较大，类似于开放空间中附属绿地的概念，依附于建筑体存在，所指内容较为狭窄、尺度较小，而开放空间十分宏观，包含山川、河流等大型要素；游憩空间基本上囊括了公共空间的全部，同开放空间最大的区别仍然是是否包含建筑内部空间。与这三类空间形式的公共性、游憩性和外部性相比，开放空间更强调城市的生态功能空间，即绿色植被、水体所覆盖的用地。

1.2 背景和意义

1.2.1 研究背景

(1) 快速城市化与开放空间的矛盾关系

世界城市发展的一般规律表明，当人均 GDP 超过 1 000 美元时，城市化进程将进入成长期；当人均 GDP 超过 3 000 美元时，城市化进程将进入高速成长期(朱杰，2009)。2003 年我国人均 GDP 首次突破 1 000 美元，2006 年则越过了 2 000 美元的关口，2009 年人均 GDP 突破了 3 000 美元，达到 22 698 元人民币。而 2015 年人均 GDP 又突破了 8 000 美元，即 50 000 元人民币，这标志着中国城市化的快速发展期已全面到来。

快速城市化带来了城市蔓延的加剧，直接造成开放空间中大量农业用地、自然生态用地转变为建设用地，1999 年我国城市建成区总面积为 21 525 km^2，而到了 2015 年增加到 52 102.3 km^2，增加了 1.42 倍。在此过程中，林地、湿地和水体等自然景观用地，逐步被公路和不透水表面所侵占、蚕食，不透水表面的增加显著地改变了城市系统的生态过程(Xian & Crane，2005)。以自然为主的土地利用景观变成了以人工建筑为主的土地利用景观，导致对各种自然过程如径流过程、蒸散过程和生态过程的改变(赵晶等，2004)，从而产生复杂的生态环境后果。

快速城市化带来了开放空间规模的减少、景观格局的变化，随之带来了严重的生态问题。此外，城市空间过度的扩展、蔓延产生了环境污染、交通拥挤及居住环境恶化等一系列城市问题(彭文甫等，2004)。城市生态环境的进一步恶化，严重影响城市居民的健康、生存环境，威胁城市生态环境安全，制约着城市的可持续发展。努力缓解快速城市化与开放空间减少之间的矛盾，显得尤为重要。

(2) 国内开放空间研究亟待加强

我国虽然在 20 世纪 80 年代由南京大学将开放空间的概念引入国内，但自此之后的 20 年鲜有关注，直至 20 世纪末，相关研究才逐渐兴起，但总体来看，仍以生态、景观、园林等自然环境方面的研究为主，社会经济视角下的研究较少。城市空间结构一直是城市地理学的研究热点，尤其是城市内部的功能分区、商业空间、社会空间等研究较多(许学强、姚华松，2009)。开放空间作为城市空间的重要组成部分，在城市空间演化过程中也发生着显著的变化，是城市蔓延控制和内部空间优化得以实现的重点。城市地理学研究方法、范式对深入研究开放空间的发展演变大有裨益。同时，对城市开放空间在快速城市化进程中的演变规律及机制的研究，也有助于拓展城市地理学的研究领域。

(3) 可持续发展的城市理念和目标

城市化进程加速、城市经济急速增长条件下，可持续发展思想迫使人们重新思考城市的发展理念、扩展模式、城市内部空间结构的合理布局及优化等问题。早在1972年，在斯德哥尔摩召开的世界环境与发展大会上通过的《人类环境宣言》，就提出了拯救地球环境，要求人类采取大规模的行动保护环境、保护地球使其不仅成为当代人类生活的场所，而且也适合将来子孙后代的居住(陈述彭等，1992)。这里就包含着经济社会发展与生态环境保护相协调的可持续发展思想，城市开放空间是城市生态环境的主要载体，制约着城市空间结构的优化，对其进行相关研究，是实现城市可持续发展目标的关键问题之一。

(4) 休闲时代与老龄化时代的需求

休闲时代和老龄化社会的到来，对城市的休闲、游憩功能提出了更高的要求，对以森林、河流、公园为主体的开放空间存在大量需求。

休闲时代一般是指，一个国家或地区人均GDP进入3 000—5 000美元阶段以后，居民生活方式、城市功能和产业结构等方面相继形成休闲化特点的一个发展时期(楼嘉军、徐爱萍，2009)。休闲时代是经济发展的必然，同时要求城市发挥休闲功能来满足市民的休闲需求(常茜，2009)。根据《雅典宪章》的规定，森林、河道等自然资源是构成城市休闲功能的基本内容之一，城市休闲环境追求人与自然和谐相处的可持续发展意境，要求充足的开放空间规模、良好的开放空间环境、合理的开放空间结构、完善的开放空间功能。

同时，按照联合国教科文组织的规定，若一个国家和地区60岁以上的人口占总人口的10%以上或65岁以上的人口占总人口的7%以上，该国家和地区就步入了社会老龄化阶段。目前，世界上所有发达国家都已经进入老龄化社会，许多发展中国家也正在或即将进入老龄化社会(杜鹏，2006)。有研究表明，老年人最普遍的动机是休息、放松、社交、锻炼身体、学习等。闲暇时间是老年人除了生活必需时间之外占用最多的时间，休闲已经成为老年人生活的轴心和主要生活方式(Fleischer & Pizam，2002；王琪延、罗栋，2009)。

此外，不仅是老年人，随着社会生产力的提升，人类所获得的休闲等可自我支配的时间不断增加，体育休闲和文娱休闲是最主要的方式，这就需要城市为其提供更多的开放空间的绿地公园、广场等用于休闲游憩的基础设施。

(5) 案例地南京的典型性

南京是我国著名的古都，历史悠久，无论是传统园林、历史遗迹，还是现代开放空间的公园、广场、风景名胜区等类型都比较完备，具有我国城市普遍具有的共性特征；南京自然环境条件优越，山环水抱，在风水观的视角下亦给予了“虎踞龙蟠”的极高评价，城市山、水、城、林浑然天成，在主城区内部，拥有紫金山、玄武湖等这样巨大型的开放空间，也具有一定特殊性。南京近年来城市发展迅猛，20世纪90年代以后中心城区年均扩展速度超过150 km^2，城市蔓延过程中，对该城市内外部环境变化的研究具有较强的代表性；南京先后被评为中国城市综合实力“五十强”第五名、国家园林城市、优秀旅游城市、科技兴市先进城市、城市环境综合整治十佳城市称号等，对其加以研究具有一定的前瞻性。

1.2.2 研究意义

(1) 理论意义

城市开放空间的概念形成，多以1877年伦敦《大都市开放空间法》颁布为起点，而在此之前，自城市产生伊始，自然山水、广场、园林、街巷等开放空间便已存在于城市空间之中，而对其类型、形式、格局及其演变的相关研究相对薄弱，未将传统开放空间与现代开放空间进行有机的联系，对传统开放空间的整体把握及相关研究略显不足。本书对城市开放空间的缘起、发展、演变进行梳理、归纳，重新认识开放空间的发展历程，溯清其缘起，有助于更好地认识现有城市格局及开放空间的形成、演变，丰富城市开放空间研究，甚至是城市发展研究的理论基础。

早期城市开放空间多以生态、景观、城市规划视角下的相关研究为主，重视其自然生态功能。随着城市蔓延的加剧，国外从20世纪80年代以来，对开放空间的经济价值、景观美学价值、休闲游憩、古迹保护以及对城市布局、社会空间的影响等社会功能的关注增多，成为开放空间研究的重点。反观我国，仍然停留在开放空间自然生态、景观美学的认识层面，经济、社会视角下的研究刚刚兴起。对城市开放空间格局演变及机制的解析，不仅有助于推动国内开放空间研究的"社会化"转型，也有利于城市地理、城市生态、城市规划、园林景观等学科的交叉与协作，进一步扩展开放空间的研究视野。

城市开放空间包括了城市中的山水、绿地系统，对其格局特征及演变规律的研究，可以充实山水城市、生态城市及可持续发展等理论的研究基础，丰富我国城市可持续发展的理论体系。

(2) 现实意义

快速城市化时期，城市蔓延加剧，城市外部山水、农地、林地等自然资源承受着巨大压力，而城市内部的市民生存环境也面临极大挑战，交通拥挤、游憩空间不足、住房紧张等一系列的社会问题滋生。通过对城市开放空间格局演变及其机制的研究，不仅可为城市生态环境恶化的预警、开放空间功能性不足的判断及开放空间缺乏区域的规划提供科学的依据，还可以利用公园、广场等基础设施、公共福利，对引导城市布局、优化空间结构给予有力的推动。

为有效缓解城市无限制蔓延的趋势，可根据开放空间格局演变的影响因素、动力机制，提供有针对性的解决策略，保证城市的可持续发展。为政府决策、城市规划及法律法规的制定提供科学的依据。

对历史文化名城、城市园林绿地极为丰富的案例地——南京的选取，具有较高的典型性和前瞻性，对我国绝大部分城市开放空间发展、演变程度的判断与参照，都具有一定的借鉴意义。

1.3 目标与框架

本书借鉴地理学、生态学、社会学等学科的理论与方法，以经验主义和实证主义方法论为指导，定量分析与定性分析相结合的方式对本项课题进行研究。集成RS解译数据、城市土地利用数据、社会经济数据、文献及实地调查资料等，运用 GIS 的空间分析、数理统计、景观生态学等多种研究方法，对南京主城区开放空间的现状格局、改革开放以来的格局演变进行解析，深入挖掘其影响因素、动力机制，并根据现存及格局演变过程中存在的问题，利用 Voronoi 分析方法提出优化调控的策略，以期为南京主城区开放空间的发展、保护以及城市规划提供借鉴，丰富开放空间研究的理论与实践，促进开放空间和城市的可持续发展。

1.3.1 研究目标

本书主要有三大目标：

(1) 对城市发展进程中，国内外开放空间的概念、类型及构建历程进行分析梳理，探明开放空间的缘起、演变，归纳开放空间在演进过程中内涵的发展阶段、模式的变迁，丰富、扩充开放空间研究的理论体系。

(2) 选取我国典型案例城市，运用 RS、GIS 手段对当代开放空间格局演变动态、规律进行剖析，总结其演化特点规律，为我国城市化进程中城市的建设、管理和规划提供理论指导。

(3) 深入剖析开放空间格局演变的特征、模式和机制，在理论与实践研究的基础上，提出开放空间优化调控的策略，为开放空间的管理、城市无序蔓延的控制、生态环境恶化的缓解提供决策依据。

1.3.2 研究框架(图 1-3)

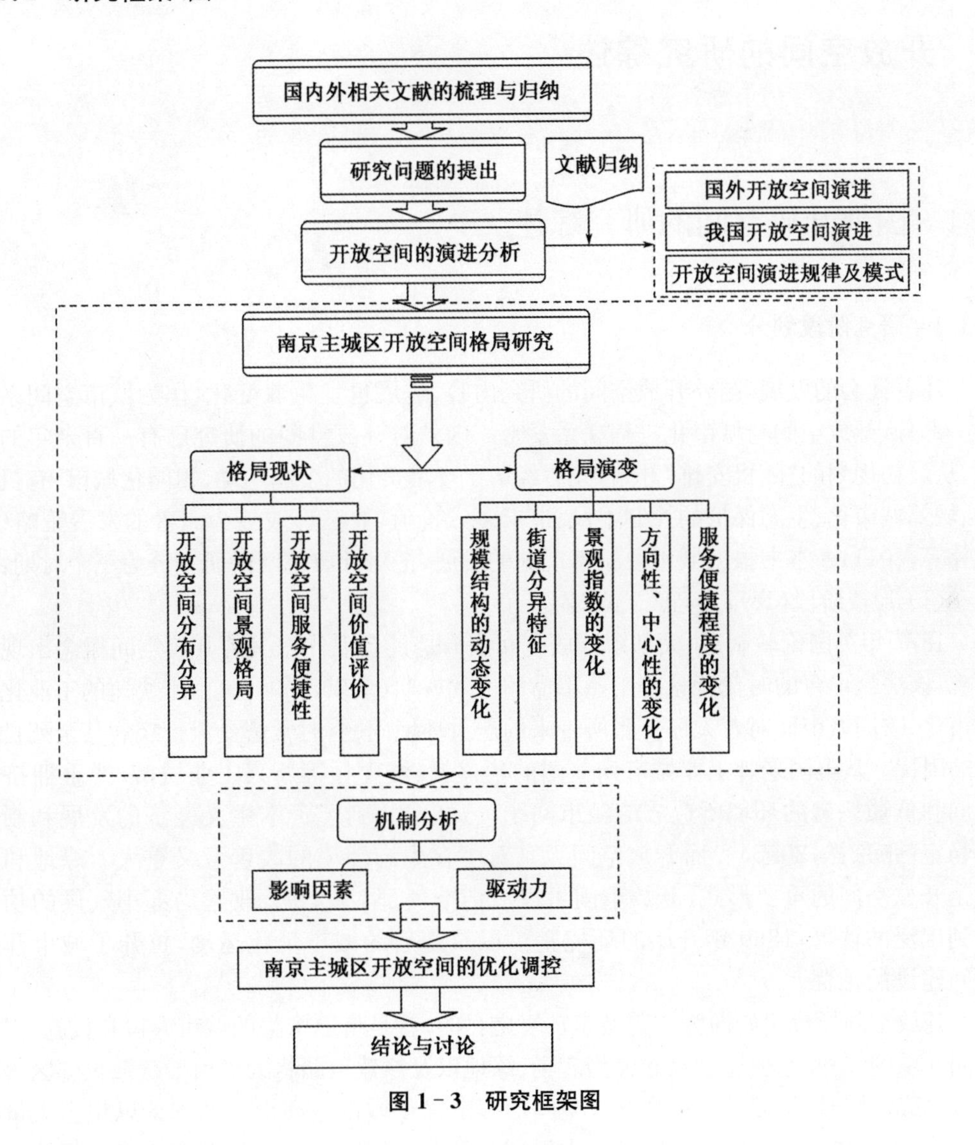

图 1-3 研究框架图

2 开放空间的研究综述

2.1 国外开放空间的研究综述

2.1.1 研究阶段划分

随着社会的发展，国外开放空间的研究内容、进展也发生着变化，作为城市空间系统的一部分，开放空间与城市化进程联系紧密。国外对开放空间的研究已有一百余年的时间，从最初规划的"随机安排"开始，先后经历了环境美化的公园运动、田园化城市、有机疏散、城郊城市化、生态保护的控制手段、追求多元价值，业已形成较为完善的发展策略(邵大伟等，2011)。本书根据城市及城市规划的发展，把对开放空间的研究分为三个时期：

(1) 形成阶段(1877 年至"二战"前)

1877 年英国伦敦制定《大都市开放空间法》，是具有现代意义的开放空间概念出现的标志，该法规出台的时代背景是工业革命的大发展期(余琪，1998)。由于快速的工业化和城市化，欧洲城市面对着无序扩张所带来的严重环境问题，时常遭受流行疾病甚至死亡威胁的困扰。从英国老牌工业城市到美国的华盛顿、波士顿等新兴工业城市，严重拥挤的空间和低质恶劣的环境所造成的城市问题，已经威胁到了资本主义经济的发展和制度的稳定(张京祥，2005)。而开放空间无疑对生存生态环境的改善意义重大。绿地和水域是开放空间的重要形式，开放空间可以清洁空气、阻滞尘埃、改善局部小气候的功能得到广泛的认可，1860 年开始的环境整治以及随后的城市美化运动，拉开了城市开放空间建设的帷幕。

开放空间形成伊始即为改善城市环境之目的，就是疏散密集的城市人口和设施，提供空间环境的缓冲，主要通过兴建大型广场、绿地以及修建道路将人口引导疏散至郊区等方式来完成。同时，很多基于改变开放空间形态来优化城市空间形态的理论思想也大量涌现，英国人霍华德(2000)在田园城市中提到"环境(如居民点和污染源间要建立环境缓冲带)和几何结构法则(以开放空间为中心建立放射状道路，邻里间有绿楔，城市外围建设环城绿带)的城市开放空间形态结构"，还有 19 世纪末美国的城市公园运动等。

"一战"后，开放空间对城市形态的影响仍然在延续开放空间形成时的基本特点，依然是引导城市人口向郊区的疏散，而在城市内部更加注重自然因素的作用与引进，芬兰建筑师沙里宁提出"有机疏散论"；赖特的"广亩城市"概念却极端地强调开放空间自然化，将城市引向乡村；同时，也有佩里的"邻里单位"理论和勒·柯布西耶提出的"机械城市"理论，在强调城市功能集中的同时注重城市绿地等开放空间功能的体现(图 2-1)。

1933 年现代建筑国际会议上制定的《雅典宪章》更详细地指出了城市绿地与人们的各种功能联系。这些理论的提出很大程度上出于人们对自然的本能呼唤，对后来城市开

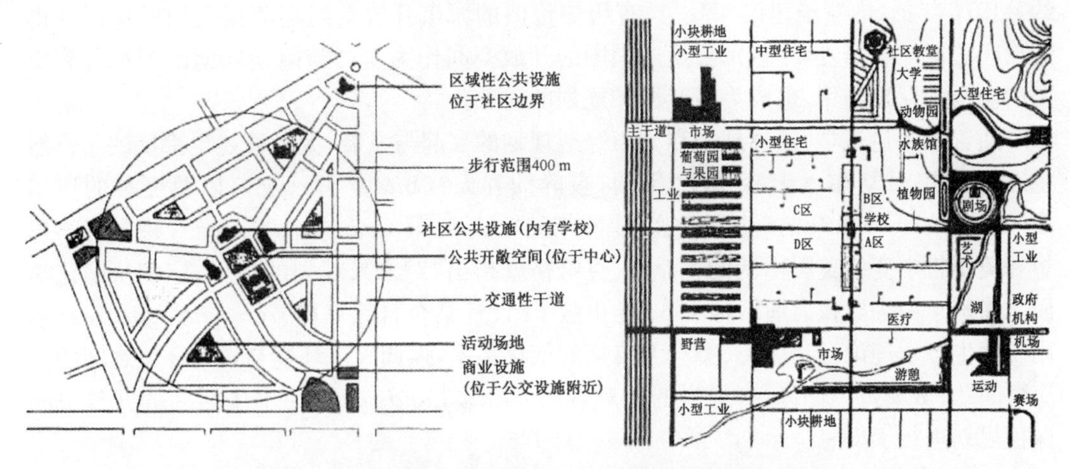

图 2-1　佩里的"邻里单位"和赖特的"广亩城市"示意图

放空间的发展和科学化奠定坚实基础。总之,"二战"前这一阶段的城市开放空间注重城市绿地建设,使绿地结构的系统性、绿地属性的自然性、绿地功能的游憩性在一定程度上得到了认同。

(2) 发展阶段("二战"后至 1980 年)

早在 1862 年,美国自然主义者珀金斯等人在《人与自然》一书中就曾提出自然环境的重要性,经过 19 世纪末、20 世纪初盖迪斯等人的推动,生态环境的重要性被逐步认识并反映到开放空间的建设中。但其真正的发展应用热潮却是在"二战"后,由于城市的不断扩张、蔓延,自然环境资源不断被践踏、吞噬,引起了生态及环境保护学家高度的重视,城市开放空间愈加注重空间形态与生态环保功能的结合。1966 年联邦德国的莱因鲁尔城市集聚区的规划;1971 年莫斯科总体规划中采用了环状、棋状相结合的绿地系统布局模式;澳大利亚 1971 年规划的城市绿地规划,形成了"楔形网络"布局的绿地系统等。1972 年联合国的《人类环境宣言》使欧美等发达国家掀起了"绿色城市"运动,把保护城市公园和绿地的活动扩大到保全自然生态环境的区域。1959 年,首先在荷兰规划界产生了整体主义(Holism)和整体设计(Holistic Design),将城市与农村环境看做一体来进行规划,注重对区域整体大开放空间的把握。随着城市化的加快,对开放空间的保护规划也开始出现,20 世纪 60 年代纽约区域规划协会、国会和新泽西等陆续出台了开放空间保护的规划、专项基金、法规等,强调发展不能以牺牲开放空间自然资源为代价,将开放空间与居民生活质量、水平紧密地联系在一起。

"二战"后经济上的富足使得人们开始更多地关注自己的生活环境和生活品质问题,文化的重要性被日益重视。开放空间的另一种形式——历史地区建成环境的稀缺性,使人们认识到保护历史就是实现本地区、本民族文化的延续。此外,战后西方更多城市出于从政治上对野蛮法西斯的憎恨和民族自豪感的需要,也开始重视古城、古建筑等历史环境的保护(沈玉麟,1989)。20 世纪 60 年代,城市历史文化遗产保护的实践,开始从文物建筑扩大到历史地段乃至整座古城。后来一些国际性法规文件被相继颁布,如 1964 年的《国际古迹保护与修复宪章》(《威尼斯宪章》)、1972 年的《保护世界文化和自然遗产公约》、1976 年的《内罗毕建议》等。具有历史价值的城市开放空间逐渐被人们所重视并得到相应的保护和修复，一些重要遗产周围的开放空间作为遗产与附近环境的缓冲起到重要的协调和保护作用，也成为遗产保护规划的对象。

随着景观建筑学、园林规划和城市绿地规划的兴起与发展，大量著述也都反映了自然生态的思想：蕾切尔·卡森 1962 年的《寂静的春天》(*Silent Spring*)，以及更早的奥尔多·利奥波德 1949 年的《沙乡年鉴/沙郡年纪》(*A Sand County Almanac*)，将生态学思想和美学哲学变为美国生活的主流；麦克哈格就指出"对未来规划的构思，应多从园艺学而非建筑学中去寻找启迪"，他 1969 年出版了《设计结合自然》(*Design with Nature*)，运用现代生态学理论，研究了人类与大自然的依存关系，强调人工环境与自然环境之间的适应性问题；威廉姆·怀特在《最后的景观》(*The Last Landscape*)一书中对新的开放空间保护规划进行了反思。

在随后的 70 年代，人性化的研究动向凸显：戈尔德(1973)认为，人们在开放空间中的户外活动，可以满足活动、亲近自然、变换生存环境背景的功能。克劳斯(1978)也认为关于户外活动的大多数定义都是围绕活动需求和体验展开的。

与此同时，由于开放空间的设计形式单调单一、规划缺乏想象力、服务功能性差等问题，致使开放空间缺乏吸引力，人们的需求与之矛盾尖锐。马尔特(1972)在对 7 个城市 64 个公园的系统研究后发现，拥有越多吸引人、有趣的景点的公园，其被访问的游人量越高；柯林斯(1975)等人研究发现，美国 1.98 万 km^2 的开放空间只有约三分之一在人们的一小时车程之内；1978 年总统的国家城市报告显示，社区居民拥有临近的户外休闲活动空间很少，与此同时又有很大一部分因为高速路等的阻隔，失去了可达性，城市居民也很少主动去城外开放空间。90%的人以私家车的方式去国家或区域公园，但市中心又有 40%的家庭没有私家车。

在上述社会背景条件下，开放空间的发展不断融合了自然生态、景观美学、历史环境保护等理念，更加注重满足人的生理及心理需求，来改善生存环境质量与生活品质。

(3) 近今阶段(1980 年至今)

以"open space"为检索词，限定"title or keyword"，对 Elsevier 数据库进行检索，1988—2009 年期间相关文章共 105 篇。从 2000 年起，文章数量大幅上升，研究热度不断增加(图 2-2)。该时期论文数量约占总数的 80%。就研究的具体内容而言，相关研究大多从形态结构、功能价值、发展机理出发，可概括为开放空间的自然及社会功能价值、对城市空间的影响、保护规划及评价、设计、演变与机制等方面。

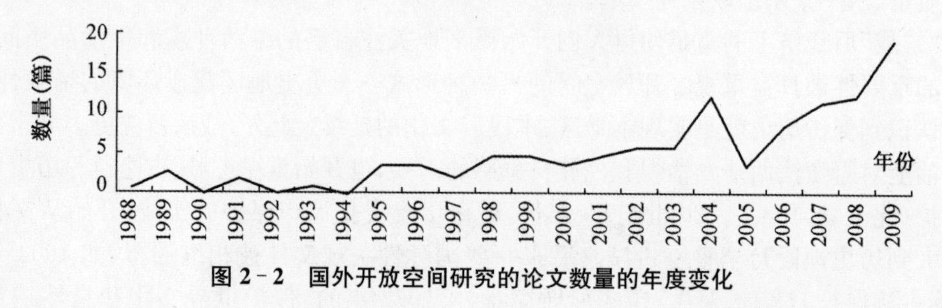

图 2-2　国外开放空间研究的论文数量的年度变化

20 世纪 80 年代以来，开放空间的相关研究数量不断增加，开放空间研究日渐细化，社会、生态、土木工程、地理、水文、艺术等分支学科不断涉足该领域，对自然高度重视、研究方法多样、注重调查、定量研究不断增加成为这一时期开放空间研究的主要特点，开放空间的发展亦趋于多元化、多层次化。

2.1.2 主要研究进展

(1) 开放空间的分类

开放空间本身具有生态、娱乐、文化、美学等多重目标和功能，众多学者根据自身的学科特点和需要给出了城市开放空间不同类型的概念，在不同侧重的角度下其类型划分亦有多种方式。

国外开放空间多按照城市空间形态、用地类型和人类影响程度来划分类型。空间形态是由点、线、面基本要素组合而成，类似于绿带(green belt)、绿核(green core)、绿楔(green wedge)等空间形态(图 2-3)。点状开放空间主要是一些小型开放空间，如面积较小的小型广场、交通岛、街头绿地等，带状公园、沿河绿带、道路绿地等；环湖绿地、环城游憩带可归为带状开放空间。块状开放空间是指广场、公园等面积较大的空间形式。网络状开放空间是指由一些带状开放空间将孤立的块状、环状、点状开放空间相互连接起来的形式。

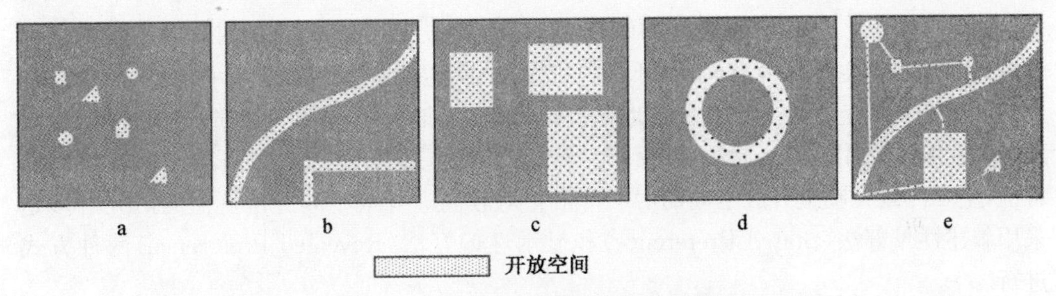

图 2-3　开放空间在城市中的形态类型

按照城市用地类型，开放空间可分为未开发地区的林地、湿地、草原及河湖水面，建成区的一般公园、自行车道、运动场地，也有学者将开放空间直接分为农业、自然、休闲和水域四种类型(Koomen et al, 2008)。

此外，按照人类影响程度，可将城市开放空间划分为自然开放空间、半自然开放空间和人工(人文)开放空间(James et al,2009)。自然开放空间是指该开放空间没有经过人工改造或少有改造，以原生的自然环境为主，很少或没有人工建筑设施，例如城郊的森林公园、湿地、野生林地、自然河湖水面等；半自然开放空间是指以人类影响、改造程度较大的自然环境为主的空间类型，例如牧草地、农田、园地等形式；人工开放空间是指完全由人类创建而形成的开放空间，城市中最为典型，例如公园、绿带、交通或商业广场、公共停车场、游乐园等。

(2) 自然环境价值、功能

“二战”后，对开放空间生态属性的研究更加科学化、细化。相关研究颇多，雅各布等人在 1961 年认为开放空间生态功能的发挥与开放空间的大小关系密切，同时得到了大量对城市公园小气候、环境及声音污染有效的验证（Honjo & Takakura，1986；Roth et al，1989；Gallo et al，1993；Spronken-smith & Oke，1998），规模较小、较破碎、分布偏远的公园等开放空间生态功能较差。拉姆等对香港不同规模的 70 处开放空间对环境的改善作用进行了研究，结果也同样表明在这样人口密度极高的环境下，小型、破碎、孤立的城市开放空间其环境功能并不明显。该地区小型开放空间的生态环境功能几乎消失殆尽，只有社会功能可以利用。

城市开放空间中的植被对小气候最显著的影响是降低空气温度，植被对于周围气温的影响是有一定范围的，随着与植被距离的加大，其对环境温度的影响是逐渐减弱的（王娟等，2006）。因此，要在有限的城市空间中创造出最佳生态效应，要使城市绿地对小气候的改善效果发挥到最佳，首先应该了解影响其发挥的因素。提高改善小气候的因素较多，如优化绿地结构与绿地形状、增加绿地面积等都会改善绿地开放空间的作用效果（Taha，1996）。

同时，为了减少城市绿地的破碎化，除去新建或保护好大型开放空间外，生态学家和生物保护学家开始提倡通过规划和发展城市绿地生态廊道来维持和增加绿地的连接，这样既利于生态环境改善功能的发挥，也利于生物物种保护，还可加强绿地、水域等开放空间的生态功能（蔺银鼎等，2006）。

（3）社会经济价值、功能

20 世纪 80 年代前，开放空间的研究较之近今阶段少，主要是人们对开放空间的认识过多局限于自然生态环境方面，对开放空间存在的社会经济价值认识仍不够深入，为数不少的城市把开放空间作为空旷废弃地来对待，浪费土地资源，不仅不创造任何价值，相反还要耗费管理费用，是社会的一种负担。但与此同时，部分学者发现，开放空间亦可产生价值，主要体现在临近开放空间的房产价格相对较高。开放空间经济价值的研究者多是采用叙述性偏好法（Stated Preference）和显示性偏好法（Revealed Preference）两种方式进行。

叙述性偏好法亦称条件价值法（Contingent Valuation Model，CVM）或支付意愿法（Willing to Pay，WTP），主要是利用调查的方式来揭示个体的偏好和开放空间的价值，被调查者通常被问及的问题为“how much they are willing to pay to preserve sth.”，得到平均支付意愿和总体支付意愿，以此来衡量居民对属于非市场性质的重要性的认知程度和保护态度，比如环境经济（Mitchell & Carson，1984；Cummings et al，1986）、健康经济（Thompson et al，1984；Johannesson et al，1991；Johannesson et al，1996）、文化经济（Hansen，1997；Thompson et al，2002）、交通经济（Jones-Lee et al，1995）等。涉及开放空间的研究十分广泛，早期欧美国家对农田等开放空间十分关注（Halstead，1984；Bergstrom et al，1985；Beasley et al，1986；Drake，1992；Dubgaard，1994；Pruckner，1995），随后，开放空间的森林（Tyrväinen & Väänänen，1998；Scarpa et al，2000；Rekola et al，2005；Garcia et al，2009；Barrio & Loureiro，2010；Soliño et al，2010）、公园、水系（Loomis et al，2000；Bonini et al，2002；Atkins et al，2007）、湿地（Spash，2000；Hammmit et al，2001）、旅游资源（Lee & Han，2002；Asafu-Adjaye & Tapsuwan，

2008)等逐渐增多。近年来，发展中国家相关研究也不断涌现，如对尼泊尔公园财政和当地的可持续发展关系的研究，对巴西圣保罗当地热带雨林价值的评价，以及我国对广州绿色空间价值的关注等(Adams et al, 2008)。

为了探明地产价值的影响因子及人们对居住地的喜好、倾向性，研究者进行了广泛而深入的研究。显示性偏好法的应用最为广泛，大多数研究都是围绕Hedonic模型、市场交易和调查的方法进行的。Hedonic模型是基于效用论的观点而建立起来的价格模型，该模型最早是在1939年由考特(Court)在《以汽车为例的特征价格指数》(*Hedonic Price Indexes with Automobile Examples*)中提出，主要应用于汽车等一些耐用消费品的定价。格里利谢斯(Griliches, 1971)关于应用Hedonic价格法编制汽车价格指数的研究引起人们对这种方法的极大关注。几乎同一时期，蒂伯特(Tiebout, 1956)、兰开斯特(Loncaster, 1966)、罗森(1974)把Hedonic价格理论引入房地产与城市经济领域，他们认为人们在选择居住地的时候，主要考虑的是某地的公共服务设施。通常认为，Hedonic住宅价格法是由兰开斯特和罗森提出的，其中兰开斯特的新消费者理论指出，商品的市场价格是由商品的属性而不是商品货物自身决定的，这为微观经济学提供了理论基础。

该方法的基本思路是开放空间和娱乐休闲设施的价值可以通过房屋的价格来体现，因此详细分析房屋的价格就可估价开放空间的价值。具体研究中通过调查统计某一地区房屋的价格、面积、结构、临近特点等属性，用回归的方法计算出价格与其他属性间的相关关系，即可得出某个影响因子的价值或重要程度。20世纪80年代，自罗森提出了具体的Hedonic住宅价格模型之后，其在住宅价格与居住环境的研究中得到了广泛应用(Bolitzer & Netusil, 2000; Acharya & Bennett, 2001; Irwin & Bockstael, 2001; Lutzenhiser & Netusil, 2008; Anderson & West, 2006; White & Leefers, 2007; Paez et al, 2008; Sander & Polasky, 2009; Poudyal & Hodges, 2009)，同时在开放空间的湿地(Mahan et al,2000)、农田(Kline & Wichelns, 1998; Frenkel, 2004)、林地(Tyrväinen & Miettinen, 2000; Thorsnes, 2002)等各种类型的研究中亦大量存在。研究结果表明，开放空间对房产的价格会产生显著的积极影响，这种影响因开放空间的类型、保护的特征和大小的不同而不同(Bolitzer & Netusil, 2000; Lutzenhiser & Netusil, 2001; Wu & Plantinga, 2003)，比如就影响效果而言，大型公园大于小型的(Lutzenhiser & Netusil, 2008; Tajima, 2003)，自然型公园大于其他类型的(Lutzenhiser & Netusil, 2001)，永久性保护的开放空间大于可开发性的(Geoghegan, 2002; Irwin, 2002)，距离开放空间的森林、湿地等自然生境类型越近房价越高(Mahan et al,2000; Thorsnes, 2002)。也有研究发现，如果距离使用频度过高的开放空间太近，拥挤和噪音也会对房价产生负面影响(Weicher & Zerbst, 1973)。同样，景观质量也会影响房屋价格，2004年布拉萨(Bourassa)等回顾了35个研究来分析景观对房价的影响，比如“水景”(Benson et al, 1998; Bishop et al,2004; Bourassa et al,2004; Jim & Chen, 2006)、城市的绿色空间(Bishop et al,2004; Jim & Chen, 2006)、森林等景观(Tyrväinen & Miettinen, 2000)等，海洋景观对房价的积极影响得到最广泛的研究认同(Benson et al,1998)。同样，多样性的景观也可促进房价(Bastian et al,2002)，而一些工业用地和道路用地景观又会对房价产生消极的影响(Lake et al,2000)。诚然,也有部分研究认为,景观对房价的影响不明显(Paterson & Boyle, 2002)。

(4) 开放空间与城市空间

不论是叙述性偏好法还是显示性偏好法都揭示出:房产的价格反映出了人们对居住区域、居住环境的趋向性,即人们都希望居住到离开放空间或休闲娱乐设施更近的地方。因此开放空间对城市的社会空间分布以及城市空间结构的形成、发展、扩展、演变等都会产生一定的影响。

很多关于社会经济地位(socio-economic status)调查的研究表明,住在社会经济状况较差社区的人少有参加户外休闲活动的机会,部分是受社区开放空间中设施条件差的影响(Estabrooks et al, 2003; Giles-Corti & Donovan, 2003)。大卫·克劳福德(David Crawford)的调查也发现,相比"富人区",尽管社会经济水平较差社区的开放空间并不少,但多数十分陈旧且有的已经损坏、缺乏吸引力。此外,很多研究也表明了对开放空间的需求与人口的密度(Acharya & Bennett, 2001)、年龄与家庭结构(Garrod & Willis, 1992)、收入、CBD或高犯罪率(Geoghegan et al, 2003; Bates & Santerre, 2001; Soren et al, 2006)等社会空间属性间的密切关系。吴俊杰(Wu & Plantinga, 2003)对美国城市的调查发现,高收入人群一般住在离城市中心较远的地方;但如果开放空间的康乐设施多位于市区中心的话,这种分布格局也不尽然(Brueckner, 2005)。此外,开放空间使用者的年龄、性别、收入、阶层等社会特征存在差异:老人孩子多会选择社区性开放空间和景色优美的公园,而年轻人偏好郊区距离较远的(Burgess et al, 1998)或运动型的体育公园(Oguz et al, 2000);女性光顾开放空间的频度明显低于男性(Timperio et al, 2004);高收入人群倾向郊野性开放空间(Burgess et al, 1998);隶属不同区域或民族的人对开放空间的使用也存在差异(Thompson et al, 2002)。基于不同社会特征人群对开放空间的使用,开放空间同时会产生一定的社会融合的作用(Crawford et al, 2008)。

开放空间对城市空间形态、结构影响的研究主要体现在城市用地景观格局及城市扩展的动态变化上面。开放空间的保护可以有效保护城市自然环境,进而可以限制或延缓近来愈演愈烈的城市扩展和蔓延。吴俊杰基于空间城市模型对开放空间的研究表明:当具有吸引力的新开放空间距离城市中心较近时,城市将围绕开放空间进行环状扩展;而当其距离城市中心较远时,市民依然会靠近开放空间居住,去远距离的市中心上班,形成"飞地型"城市扩展模式(leapfrog development pattern)。美国不少地区(如波尔得、科罗拉多、加利福尼亚)都属于"飞地型"扩展模式。开放空间的类型、大小对城市扩展的速度、结构也会产生不同的影响效果(Wu & Plantinga, 2003)。

开放空间在影响城市形态结构的同时,自身在城市中也会表现出一些规律性的布局模式。英国的特莫(Turmer, 1992)在长期进行伦敦开放空间的规划研究工作后,将开放空间在城市中的布局结构归纳出六种布局模式(图 2-4):a 为单一的中央公园;b 为分散的居住区广场;c 为不同等级规模的公园;d 为建成区典型的绿地;e 为相互连接的公园体系;f 为可供城市步行空间的绿化网络。这些模式基本涵盖了城市中各种开放空间的布局结构。

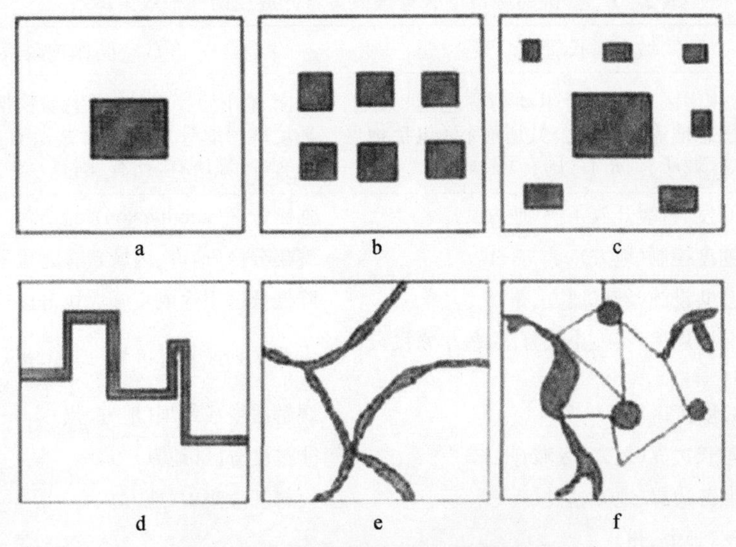

图 2-4　城市开放空间布局结构模式

(5) 开放空间的规划(管理保护)

20 世纪 90 年代,人们对城市扩张和郊区城市化的持续蔓延开始担忧(DLCD, 1992; Nelson, 1999; Johnson, 2001),仅就美国来讲,1982—1997 年间城市或建设用地总规模增加了 34%(Alig et al,2004)。城市蔓延和相应的控制性措施已经成为美国及一些西方国家规划的主题(Bartlett et al,2000; Romero & Ordenes, 2004; Bae & Richardson, 2004)。为了限制或延缓这一恶化趋势,各国政府及地方管理部门纷纷采取应对举措,开放空间的保护便是极为重要且奏效的手段。还是在美国,1998—2003 年间在近 1 000 个国家、县域或区域对开放空间的相关投票表决中,通过率为 80%,超过 210 亿的资金用于开放空间的保护,这不仅表现出市民对决策的较高参与程度,更说明了市民对于开放空间保护的空前重视和对这一问题认知的高度一致性。并且,高学历、高收入、对环境比较感兴趣的人群更容易在开放空间保护政策上持赞同的观点,他们自身更容易掌控开放空间的布局模式,享受更多的开放空间福利。

最早提出的开放空间保护规划是农田保护政策(Sinclair, 1967; Rosser, 1978; Nelson, 1986),1990 年的康涅狄格河谷规划将农村—农业景观因其遗产和视觉的价值看做是值得保护的文化景观资产,1991 年科格林(Coughlin)认为“专属农业区划”(exclusive agriculture zoning)对农田保护较为有效,而且该模式在美国由俄勒冈州和夏威夷州迅速推广至全国;后来美国又提出了更富弹性的“非专属区划”(nonexclusive zone)来保护农田(Frenkel, 2004)。

“绿带”思想在英国应用最为广泛,其他国家也很常见,绿带指的是开放空间的自然地区(农田或其他绿地),这种绿地形式环绕城市或大都市区周围,其目的在于为城市扩张设置一个永久的屏障。尽管绿带可以通过强制性手段建立,但通常情况下都是由公共部门或非福利机构以购买开放空间或发展权的形式完成。

表 2-1 美国的城市增长管理政策与开放空间保护政策体系

	城市增长管理政策	开放空间保护政策
公共征用	公园、休闲区、森林、野生动物栖息地、荒地、环境敏感地等地区的公共所有权(包括地区所有、区域所有、州有、国有)	公园、休闲区、森林、野生动物栖息地、荒地、环境敏感地等地区的公共所有权(包括地区所有、区域所有、州有、国有)
规章制度	暂停开发、暂缓开放条例(地方)	强制分区(subdivision)(地方)
	发展速度控制(地方)	聚集分区(地方、区域),有时也采用奖励措施
	充足公共设施条例(地方、州)	降低分区用途或实施大块分区(地方)
	提升分区用途,实施小块分区、最小密度分区(地方)	农业区划或农林区划(地方、州)
	绿带(地方、区域)	缓解法令或筑坝(地方、州)
	城市增长边界(地方、区域、州)	非过度分区(地方)
	城市服务边界(地方、区域)	农村开发集中(地方)
	规划法(地方、州)	
鼓励政策	开发影响费(地方)	农场立法(地方、州)
	开发影响税,不动产转移税(地方)	农业分区(地方、区域、州)
	填充和再开发奖励(地方、州)	开发权转移(地方、区域)
	双轨税率的财产税(地方)	开发权购买(地方、州、联邦)
	宗地再开发(地方、州、国家)	用途价值税评估(州、国家)
	发挥地点效率的贷款(地方)	"断路器"税收抵免(州)
	历史地点的复垦和税收抵免(州、国家)	基于土地买卖的财产所得税(州)

奥尔特曼(Alterman)认为最有效的保护开放空间的方法是控制并管理城市增长。与绿带相反,城市增长边界并不是一个自然空间,而是一条设置在城市周围用于区分农村和城市的分界线,是一条人为划定的行政界线。美国的城市增长控制(Urban Growth Boundaries, UGB)与开放空间保护在征用、规章制度及鼓励政策上较为完备,相互之间衔接也较为紧密(表 2-1)(Anderson, 1999; Burby et al, 2001)。UGB 在城市层面广泛应用,相继出现在了美国俄勒冈州和明尼阿波利斯州,澳大利亚墨尔本,智利圣地亚哥和以色列的一些城市或区域性规划文本中(Nelson & Moore, 1993; Pendall et al, 2002; Wassmer, 2002)。城市服务边界也是一条划在城市或大都市区周围的分界线,但它比城市增长边界更为灵活。城市服务边界描绘的是,在边界以外无法提供必需的给排水等基础服务设施。该边界通常与公共设施条例密切相关,如前所述,禁止在无法提供基础设施的地方从事开发活动。

此外,还有开发权转移(Transfer of Development Rights, TDR)(Juergensmeyer, 1984—1985; Anderson, 1999; English & Hoffman, 2001)、开发权交易(Purchase of Development Rights, PDR)(English & Hoffman, 2001)、充足公共设施条例(adequate public facilities ordinances)(Pendall et al, 2002)、并发性基础设施需求(Infrastructure concurrency requirements)、缓解法令(mitigation ordinance)(English & Hoffman, 2001)和土地的集中、交易(Hollis & Fulton, 2002)等。

同时，众多的规划措施、管理办法的效用和实施评价引起多方学者关注。不少学者研究发现，国家或地方区域性政策对开放空间的保护和限制城市蔓延都有不错的效果：1999 年史蒂夫(Steve)等研究发现，政府的公共政策尤其是"精明增长"(smart growth)政策对开放空间有保护作用；"紧凑城市"(compact city)可以减少居住区的隔离，方便交通出行，减少能量消耗等(Bertaud & Richardson, 2004)。阿姆农(Amnon)在对"城市增长管理政策"效用进行了评价后发现，城市周边尤其是高人口密度地区承受了巨大的扩展压力，严格的限制政策能够有效地保护开放空间和农田。库门(Koomen et al, 2008)等分析了 1995—2004 年间荷兰的土地利用和空间保护政策，对其严格的措施和执行情况予以了肯定。

但也有研究发现，一些政策并不能达到预期目标，未能很好地保护开放空间。比如在对"紧凑城市"的认知上，该模式带来了高房价(Gordon & Richardson, 2000)、市内绿色空间锐减(Bohl, 2000)，并直接导致大量人口居住到郊区形成更多小镇，故而起到了反作用(Dawkins & Nelson, 2002; Downs, 2002)。2007 年詹森(Jason)等对芬顿地区"同比例增减"(sliding-scale)政策(政府为了保护开放空间，给开发商在高密度开发区建设以同比例的红利补贴)的实施效果进行评价，各选取了政策实施前后开发的 10 个样点进行土地覆被的对比分析，结果显示并没有达到预期效果，作者认为这主要是因为缺少开放空间自然特征的明确界定、必须保护的条件和设计决策的空间背景。托蒂(Toddi)通过对北卡罗莱纳州的研究发现：高质量的规划固然重要，但这也仅仅是一个方式，更重要的是处理好土地所有者、政府或委派的官员和其他一些相关组织成员间的相互关系，协调好决策与建立关系会对最终保护目标的实现起到重要的作用。

(6) 开放空间的设计

开放空间的规划、保护、管理多是从法规、政策等宏观视野着眼，就发达国家来讲，研究的区域也多为城市的外围扩展区域，而城市内部由于严格的"绿心"(是城市范围内部中心开放空间，目的是给居民提供就近的户外休闲游憩空间)"政策，较为稳定，研究多从社区出发，集中于优化设计角度，研究存在的问题，使其发挥更大的效用。开放空间的设计存在以下三个明显特点：

——自然生态化

开放空间设计继续保持着对自然生态的高度重视，科林奇(Collinge, 1996)发现人们愈加关注生物多样性、外来物种侵害、水土流失和水质恶化等人类活动带来的危害，为了减少人类活动对自然环境的不利影响，生态设计的乡土植物造园、增加城市栖息环境的小斑块面积的大小、加强斑块间的连接、将生态系统完整性理念应用到植物设计中、蓄留城市雨水和可渗透性开放空间铺装技术等，也不断应用到开放空间建设实践中(Forman & Godron, 1986; Hough, 1984; Morrison, 1979, Schueler, 1994)。相关研究著述颇多，如《景观规划和生态网络》《生态设计》《可持续景观建设——室外绿色建筑指导》《霍克公司可持续发展指导手册》《再生设计技术——景观设计中的实际应用》，以及《景观设计和土地利用规划设计者规范和实践》等对生态设计的技术和战略都有所阐述。但这种理念在思想和执行之间存在一定障碍，生态设计的成本、缺乏数据信息和测试、缺乏教学和实训使得量化也存在困难。

——人性化

伴随着环境行为学(Environmental Behavior Research, EBR)的产生发展,人们在开放空间的设计中愈加关切人类在环境中的行为反应和人们对开放空间的认知和感觉,根据调查、观察来改善、营建人性化开放空间(Francis et al,1981; Rapoport, 1983)。这一趋势在被设计者意识到之后便更加强化,EBR 可以作为环境设计的有效信息来源(Michelson, 1977; Rapoport, 1977; Zube, 1984)。《人性场所》(*People Places*)(Marcus & Francis, 1998)一书提供了一种设计导则和人与各类城市开放空间的信息:如城市广场、社区公园、小型及袖珍公园、校园户外空间、老年社区户外空间、幼托机构户外空间以及医院户外空间等。对于社区公园来说,其设计重点应该放在老人、残疾人、学龄前儿童、6—12 岁的孩子和青少年等各种潜在的空间使用者及其需求上。欧文斯(Owens)对加利福尼亚社区的调查认为,应该多为青少年设计活动空间,来减少未成年人的犯罪现象。2001—2006 年英国"城市绿色空间专题组"(Urban Green Spaces Taskforce)通过对不同人群的大量调查发现,舒适性的座位是人们提及次数最多的一个元素,并查明了 5 大主要障碍:缺少设施或设施条件差——包括为儿童提供的玩耍机会;其他绿色空间使用者的影响;与养狗有关的问题;安全和其他心理问题;随意丢弃垃圾、随处乱画等相关环境质量问题。对于残疾人和老人,还有空间可达性问题。图雷(Türe & Böcük, 2007)通过对土耳其老人使用公园情况的调查发现,老人在公园经常会遇到的问题依次为:道路和铺装、污染、安全性、管理不善、交通不便、社会文化。许多国家正在广泛研究和采取行动,让人们参与公共空间的设计和实施。

——人文化

开放空间的设计特色、风格与国家民族文化紧密联系,得到越来越多的学者认同(Wellman et al, 1980; Penning-Rowsell, 1982; Nasar, 1984; Tips & Savasdisara, 1986; Yang & Kaplan, 1990)。雅勒(Yahner)在对阿巴拉契亚小径(the Appalachian Trail)的设计中强调对历史文脉的传承,理解好、秉承好区域文化传统和文化要素。彼得(Pieter)提出在中东地区开放空间设计中要多传承穆斯林风格(Germeroad, 1993)。科拉利萨(Corraliza, 2000)对西班牙城市空间的研究着重强调文化在开放空间中的重要性和角色的转换,他还举例提到了地中海国家类似于巴塞罗那兰布拉斯大道、英国休闲道路的风格的传承以及遍及欧洲的铺装道路上的咖啡馆等。汤普逊(Thompson, 2002)就对现在乡村景观和建筑景观标新立异,而对传统文化的继承和应用少有关注的现象表示出了极大的担忧。

未来开放空间在继承文化传统的同时应更加追求自然、健康、可持续性,来满足不同年龄结构、性别、种族、社会经济特征人群的需求差异,同时更加注重新技术、新材料的应用,比如三维模拟、地理信息系统、网络等在设计中的应用愈加广泛,普通群众在设计决策、建设施工、管理中的作用更加突出。

(7) 开放空间演变与机制

开放空间数量的增减、形状的改变及类型的转换常被看做土地利用类型、土地覆被的变化来研究,多用景观生态学的景观指数来量化分析。1995 年国际地圈—生物圈计划(IGBP)和全球环境变化中的人文领域计划(HDP)联合提出"土地利用/土地覆被变化"(Land-use and Land-cover Change, LUCC)研究计划,引起了众多学者的研究热潮,成为地理学、生态学和土地科学等相关学科十分活跃的前沿领域。

由于研究对象不断细化，比如城市农业、环境缓冲区、城郊结合部等(Brandt, 2003; Wilson, 2007)，土地利用及变更图难以及时跟踪动态，普通卫星影像很难满足进一步的研究需求，伴随着高分辨率遥感(Remote Sensing, RS)技术的发展和地理信息系统(GIS)手段的成熟，RS. GIS 技术成为城市"土地利用/土地覆被变化"分析的主流方法。在城市开放空间中，赫罗尔德等(2003)就成功利用从高分辨率 Ikonos 卫星影像中提取的数据，用 Fragstats 软件对圣巴巴拉城市及周边区景观格局进行了分析，随后利用该矩阵建模分析了城市的增长及土地利用的变化；诺德曼(2006)在其博士论文中用同样的方法分析了布鲁克海文小镇的景观格局演变；宋仁珠等(2008)利用 TM 影像对首尔土地利用变化进行了演变分析等。航片也是景观格局分析的重要手段，2007 年泰勒(Taylor)等就利用航片来分析了密歇根州的芬顿小镇开放空间景观格局的演变(Taylor et al,2007)。

但国外学者对开放空间类型间转换的研究多停留在格局的变化过程上，对驱动力及机制的研究不多。博曼斯等(2009)利用专家访谈和实地调研的方法，对佛兰德斯土地利用的变化情况进行分析，认为开放空间格局的变化是一个复杂的转换过程，涉及社会、经济和生态环境，并建立了功能—模式—价值的"开放空间转化结构"模型(图 2-5)，但作者由于地类分类及统计数据无法动态反映变化和政策及价值等难以衡量的限制，未进行深入分析；诺德曼(2006)在其博士论文中根据遥感、开放空间公共设施投资等数据，运用开放空间的 Hedonic 模型，对房产交易隐含价格中的自然环境属性、区位条件、空间矩阵等变量进行了估价。尽管他利用相关分析得出了区位条件和空间矩阵对房产交易和开放空间保护的重要性，还根据阿尔贝蒂(Alberti)等的概念模型得出自己的关于布鲁克海文开放空间交易中人类和生态过程间相互作用的关系模型(图 2-6)，但仍未对动力机制及其过程进行探讨。

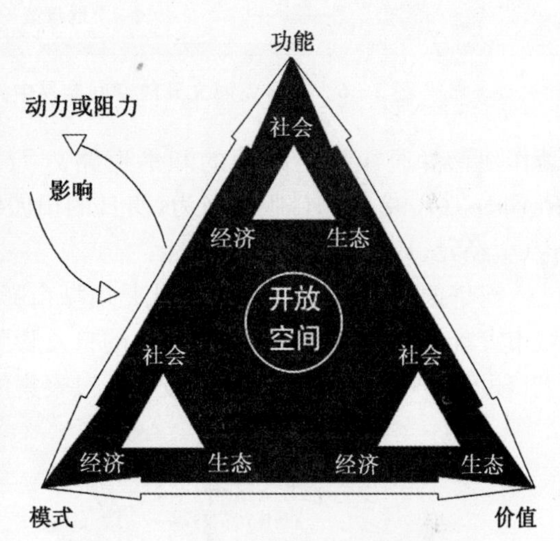

图 2-5 开放空间转化结构模型

2.1.3 相关理论

在城市建设、规划的发展过程中，国外开放空间形成了丰富的相关理论，这些理论发挥了重要的指导和借鉴作用，比较有代表性的是田园城市、有机疏散理论、紧凑城市、精明增长等。

(1) 田园城市模式

19 世纪中期，面对工业革命后城市污染日益严重，农村破产，农民纷纷涌入城市，城市两极分化，贫民窟严重威胁城市质量，交通拥塞，人口密集，城乡对立日益严重。同时，在种种改革思想和实践的影响下，1898 年英国人霍华德(Ebenezer Howard)发表了他的

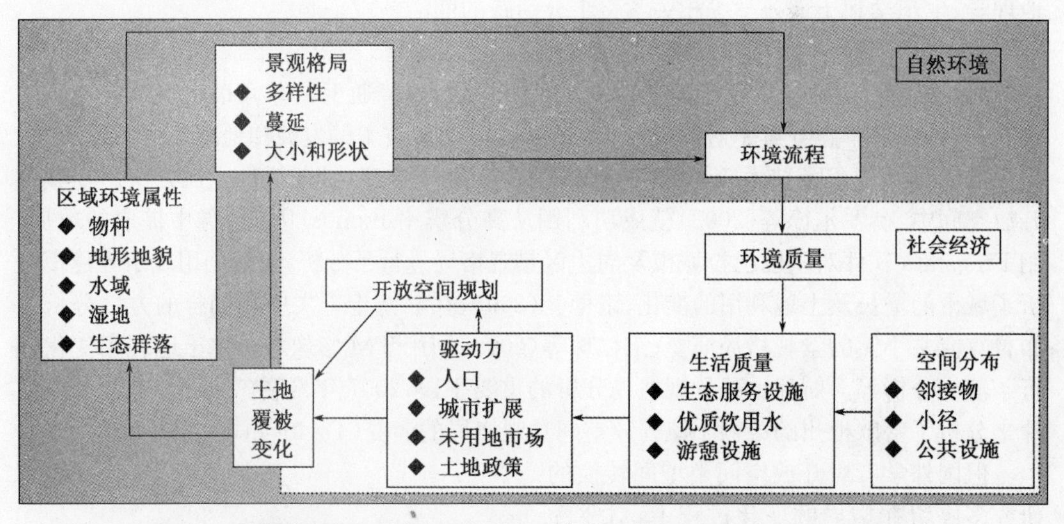

图 2-6　布鲁克海文开放空间交易中人类与生态过程相互作用的关系模型

著作《明天:通往真正改革的和平道路》(*Tomorrow: A Peaceful Path Towards Real Reform*)(1992 年修订版改名为《明日的田园城市》),提出了田园城市(garden city)的理论(金经元,1998)。

霍华德认为,城市环境的恶化是由城市膨胀引起的,城市无限扩展和土地投机是引起城市灾难的根源。他建议限制城市的自发膨胀,并使城市土地属于城市的统一机构;城市人口过于集中是由于城市具有吸引人口聚集的"磁性",如果能控制和有意识地移植城市的"磁性",城市便不会盲目膨胀。所谓"三磁",是指可供人们选择居住的三类人居磁场:一是城市,二是乡村,三是城乡结合部。霍华德认为理想的城市就是兼具城乡优点的"城乡磁体"(town-country magnet)——田园城市(图 2-7)(Thomas, 1970)。

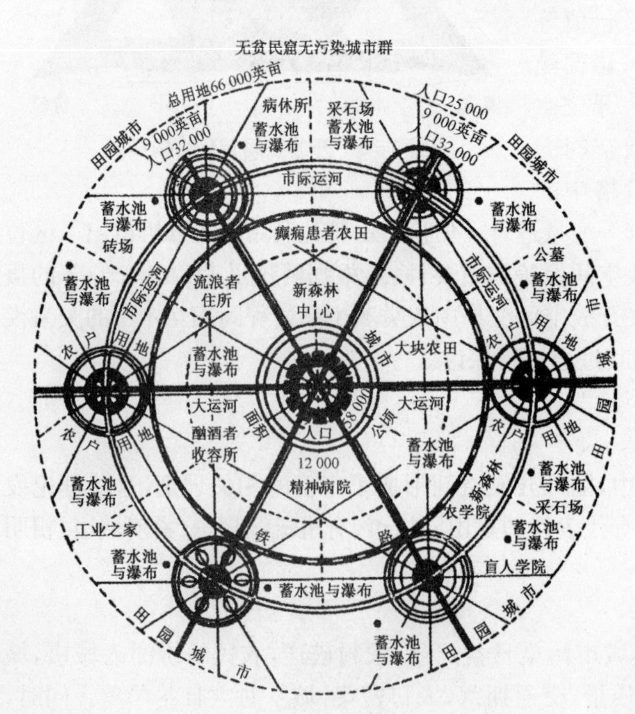

图 2-7　霍华德的田园城市模型(霍华德,2000)

为控制城市规模、实现城乡结合,霍华德主张任何城市达到一定规模时,应该停止增长,其过量的部分应由邻近的另一城市来接纳。因而居民点就像细胞增殖那样,在绿色田野的背景下,呈现为多中心的复杂的城镇集聚区。他针对城市规模、空间结构、人口密度、绿带、产业布局等城市问题,提出一系列独创性的见解,形成了一个比较完整的城市规划思想体系(唐子来,1998)。田园城市里的一切场所,所有居民都可以自由进出,强调每个社区都有学校和公园。这些思想实际上包含城市开放空间的"公共性"、布局等内容,为以后城市开放空间规划、建构提供了重要的思想指导。

针对现代工业社会出现的城市问题,"田园城市"把城市和乡村结合起来,作为一个体系来研究,设想了一种带有先驱性的城市模式,它对现代城市规划思想起到了重要的启蒙作用。田园城市所蕴含的对城市开放空间的调控主要表现在以下两个方面:第一,城市和乡村是一个有机的整体,而不是简单的组合。通过城乡间的协调建立起健康的内在平衡机制,并促进这一有机整体的良性发展;第二,城市存在发展极限,当城市达到一定的规模后,就应该限制其成长,新增长的部分由邻近的另一座城市来容纳,其间建立永久隔离的农业地带,对城市规模的限制有利于保证城市的生产、生活质量(王彦鑫,2010)。

(2) "有机疏散"模式

沙里宁在着手赫尔辛基规划方案时,发现单中心城市存在中心区拥挤的问题,而当时赫尔辛基已经在城市郊区开始建造的卫星城镇因为仅仅承担居住功能,导致生活与就业不平衡,使卫星城与市中心区之间发生大量交通,并引发了一系列社会问题。

沙里宁(1986)主张在赫尔辛基附近建设一些可以解决一部分居民就业的"半独立"城镇,以缓解城市中心区的紧张。在他的规划思想中,城市是一步一步逐渐离散的,新城不是"跳离"母城,而是"有机"地进行着分离运动,即不能把城市的所有功能都集中在市中心区,而应实现城市功能的"有机疏散",多中心发展;郊区的卫星城,应该创造居住与就业的平衡,这样不但可减轻交通的负担,更会降低市民的生活成本。

为缓解由于城市过分集中所产生的弊病,沙里宁提出了关于城市发展及其布局结构的理论——"有机疏散论"(theory of organic decentralization)。沙里宁在他 1942 年写的《城市:它的发展、衰退和未来》一书中提出了有机疏散的城市结构的观点。他认为这种结构既要符合人类聚居的天性,便于人们过共同的社会生活,感受到城市的脉搏,又不脱离自然,使人们居住在一个兼具城市和乡村优点的环境中。

有机疏散就是把大城市整块拥挤区域分解成为若干集中单元,并把这些单元组织成为"在活动上相互关联的有功能的集中点",即把城市的人口和工作岗位分散到可供合理发展的离开中心的地域上去。他认为,重工业不应该安排在中心城市的位置上,轻工业也应该疏散出去,将这些地方应用于开辟绿地。个人日常的生活和工作,即"日常的活动"可做集中的布置,不经常的"偶然的活动"则做分散的布置。第一种方式能带来安静、合适的生活居住环境,后一种方式则能给整个城市带来功能秩序和工作效率,城市的有机疏散必须按照这两种方式同时进行才能得以合理实现(全国城市规划执业制度管理委员会,2008)。

有机疏散论对减轻中心城区繁多的功能、过度集中的形态起到了显著的作用,对"二战"后欧美各国的新城建设、旧城改建、大城市郊区化进程均有显著影响。但 20 世纪 70 年代以来,有些发达国家的城市在发展过程中过度地疏散、扩展,又产生了能源消耗增多和旧城中心衰退等新的城市问题,同时对城市开放空间的外部农地、森林等自然资源,以及内部公共市政公用设施造成了一定程度的浪费。有机疏散理论,不仅在理论上获得广泛的认同,而且在实践上也取得了空前的成功,其思想和实践对当代大都市区公共游憩空间的重构提供了重要的借鉴。

(3) 紧凑城市模式

1990年,欧洲社区委员会(CEC)于布鲁塞尔发布绿皮书,首次公开提出“紧凑城市”的城市形态,其最基本的事实依据就是许多欧洲历史城镇保持了紧凑而高密度的形态,它们便于步行、非机动车通行,建立公共交通设施的形态和规模,并被普遍认为是居住和工作的理想环境。紧凑城市理论在一定程度上是以限制城市扩张为前提的,通过对集中设置的公共设施的可持续性的综合利用,将会有效地减少交通距离、废气排放量,并促进城市的发展。因此,提出未来城市应该紧凑发展,强调土地混合使用、较高居住密度、步行交通友好,以达到节约资源(包括土地资源)和能源、减少环境污染、保护自然环境、实现城市的可持续发展的目标。

1997年提倡紧凑城市的重要人物布雷赫尼(Breheny)对紧凑城市理念下的定义是:促进城市的重新开发、中心区的再次兴旺;保护农地,限制农村地区的大量开发;更高的城市密度;功能混合的用地布局;优先发展公共交通,并在其节点处集中城市开发。

另一些学者提出了广义的紧凑城市,它们共同的特点包括:紧凑、功能混合和网络型街道,有良好的公共交通设施、高质量的环境控制和城市管理。

紧凑城市思想最初在荷兰产生是因为该国人多地少,人口密度高,紧凑城市对城市紧凑集中布局的强调非常符合该国国情。随着紧凑城市思想的发展,紧凑城市并不限于对土地的节约,实际上是属于一种集约化的城市发展方式,包括对能源、土地、资源、时间等的集约利用,是实现经济、社会、环境、文化可持续发展的一种策略。因此,紧凑城市实践后来逐渐扩展到北欧及欧洲其他国家,包括一些人口密度很低的国家,如瑞典、挪威、芬兰、瑞士、法国、德国、意大利等均已开始紧凑城市实践。

紧凑城市的核心理念包括高密度的城市开发、城市土地功能集约化的利用、集约的交通、社会生态的融合、城市的控制和发展引导、合理利用资源和基础设施,同时还要有相应的政策制度和法规的保障(图2-8),从而实现以下目标:① 控制城市的蔓延;② 实现可持续发展的城市形态;③ 减少小汽车使用的增长所带来的交通和环境的问题;④ 旧城改造和城市的复兴;⑤ 保持城市中心的活力,防止或控制城市的衰败;⑥ 减少由于城市的郊区化所带来的各种活动和土地利用功能的物质性分割,例如城市中心为贫民居住,郊区为中产阶级居住;⑦ 鼓励公共交通的发展和使用;⑧ 将土地利用和交通密切联系起来;⑨ 减少能源的消耗;⑩ 对农村地区农田的保护。

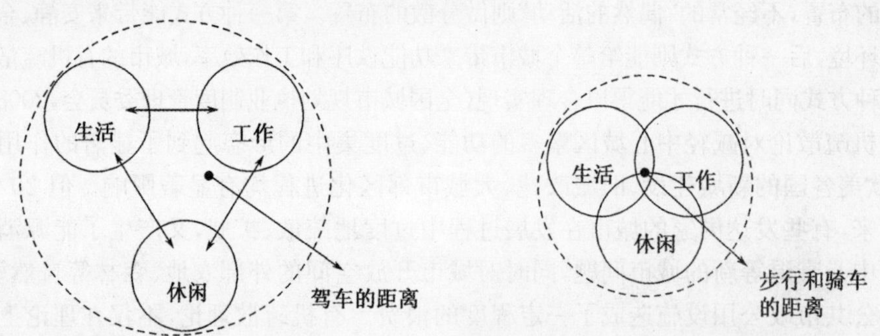

图2-8 紧凑城市理念模型

紧凑发展的目标是要达到自然资源(包括土地)和基础设施(道路和公用设施)的有效利用,更加注重对于"城市边缘区农田和其他开放空间的保护",注重提高社区生活质量和提高人们对于住宅的支付能力(于立,2007)。

(4) 精明增长模式与城市空间增长边界(UGB)策略

西方民主的放任加上市场力量的推动,使得城市蔓延成为 20 世纪 60 年代后期困扰西方国家城市发展的重大问题(冯科等,2009)。城市蔓延带来的严重的社会、经济和环境问题,如城市低密度无序扩张大量吞噬自然景观和农田资源、郊区化引起旧城中心衰落、城市内部出现阶层与种族分化、市政设施效率低下、交通拥挤及郊区缺少社区氛围等,对城市发展造成了诸多负面影响(张润朋、周春山,2010)。

1997 年,美国马里兰州州长兰登宁(Lendening)首先提出了精明增长的概念,精明增长的目的有三:一是通过对城市增长采取可持续、健康的方式,使得城乡居民中的每一个人都能受益;二是通过经济、环境、社会可持续发展之间的相互结合,使得增长能够达到经济、环境、社会的公平;三是新的增长方式应该使新、旧城区都有投资机会以得到良好的发展。

精明增长的主要做法是:

① 保持良好的环境,为每个家庭提供步行休憩的场所。扩展多种交通方式,借鉴新城市主义的思想,强调以公共交通和步行交通为主的开发模式。

② 鼓励市民参与规划,培育社区意识,鼓励社区间的协作。

③ 通过有效的增长模式,加强城市的竞争力。

④ 强调开发计划应最大限度地利用已开发的土地和基础设施,鼓励对土地采用"紧凑模式"。

⑤ 打破绝对的功能分区思想和严格的社会隔离局面,提倡土地混合使用、住房类型和价格的多样化(ICMA and the Smart Growth Network, 2002)。

精明增长实施手段中最著名的是"城市增长边界"(Urban Growth Boundaries, UGB)措施,核心是通过划定城市周边的自然保护区和生态敏感区并将其作为限制建设区,从而划定城市可建设区。其核心是保护土地资源,实质是构建城市不同发展阶段中人与自然和谐相处的生态底线(段德罡等,2009)。UGB 将所有城市增长都限定在界限以内,其外部只发展农业、林业和其他非城市用途,在这个 UGB 内包含已建设用地、闲置土地以及足以容纳未来一定时期城市增长需求的新土地。

2.2 我国开放空间的研究综述

2.2.1 研究进程

我国对开放空间的研究起步晚,20 世纪 80 年代南京大学地理系最先将城市开放空间的概念引入到城市规划中,即便如此,自此后的 20 年鲜有学者关注。

通过检索 CNKI 数据库(分别以"开放空间"和"开敞空间"为题名,限定核心期刊、硕博论文)发现(图 2 - 9),20 世纪末期相关研究才逐渐兴起,2000—2007 年呈直线上升的趋势，研究热度最高的一年为2007年，文章数量达到30篇，但最近几年随着研究领域不断被涉足、挖掘，数量又有所减少。截至2009年，我国学者对开放空间的相关研究总量为140余篇。从学术论文研究对象的统计分析来看，国内的研究主要集中在建筑与环境艺术设计、城市规划、城市地理、城市生态、园林绿化等领域。其中，涉及中、微观层面的建筑景观、环境艺术、生态设计、环境行为、使用评价等占绝大部分，而关于区域或城市宏观层面的研究相对较少。

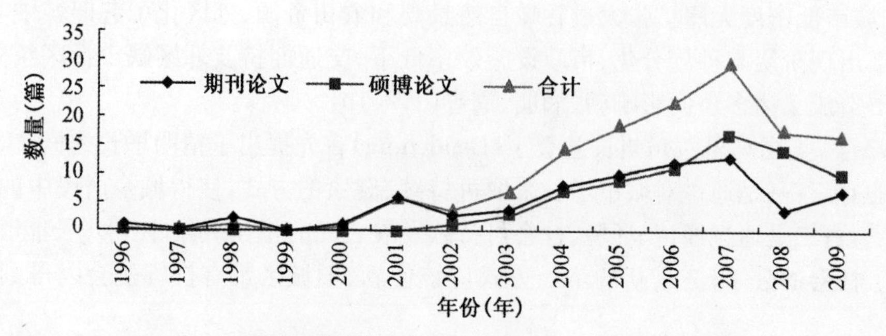

图2-9 我国开放空间研究文献年度变化(1996—2009年)

2.2.2 主要研究进展

(1) 国内开放空间的分类

国内对于开放空间的分类，也大致按照空间形态、人类影响程度、使用频率和用地类型等标准进行划分。

苏伟忠等(2004)在其开放空间分类中，直接将开放空间分为点状、线状、面状三类。按使用频率，城市开放空间可划分为日常、周末、节假日到访开放空间类型。在收入水平一定的情况下，一般来说，城市居民的生活模式比较固定，其闲暇时间往往由三部分构成，即工作日闲暇、周末闲暇和节假日闲暇(王兴中，2004；冯维波，2007)。除去工作时间、家务劳动时间、生理必需时间，工作日的闲暇时间很短，人们局限于住宅附近的开放空间活动，但由于其频度很高，因而这是一种经常性的空间。周末和节假日因为不需工作，其闲暇时间相对较长，人们可以到离开住宅一定距离的地方去游玩、娱乐，形成周末开放空间和节假日开放空间。按照人类影响程度，可将城市开放空间划分为自然开放空间、半自然开放空间和人工(人文)开放空间(肖笃宁、钟林生，1998)。按照影响范围与按照距离远近划分较为类似，或称之为小区级、社区级、区域级以及城市级开放空间，如我国香港地区规划的标准和规范中，将开放空间分为局域性(Local Open Space, LOS)和地区性(District Open Space, DOS)两种，LOS是指人们以主动或被动方式利用的最直接、最邻近的户外空间；DOS主要是指服务于整个地区的户外空间(Chun, 2014)。就目前我国的情况来讲，城市用地的分类标准和《城市绿地分类标准》(CJJ/T85—2002)较为成熟，相关统计数据资料完善，有利于对城市开放空间进行深入细致的研究，苏伟忠等(2004)、尹海伟(2008)便有过按照城市用地类型进行开放空间分类的探索。

(2) 对国外研究的引入与总结

不少国内学者对国外开放空间的发展历程、研究进展及热点进行了介绍和总结，同时还包括一些具体的规划、管理、设计的优秀案例，对我国开放空间研究与建设具有较大的指导和借鉴意义：王洪涛(2003)对德国城市开放空间的发展以及规划内容做了系统的回顾和分析，总结了20世纪80年代以来德国城市开放空间建设的经验和教训，以及现在较为完善的规划方法和规划程序；张京祥、李志刚(2004)论述了欧洲开放空间在社会经济背景转换过程中的发展动态，在生态和景观价值之外，重点强调了社会文化价值；韩西丽、俞孔坚(2004)通过对1929—1991年伦敦城市开放空间规划的回顾，分析了各个规划阶段的指导思想、绿道(green way)在各规划阶段中所扮演的角色以及开放空间规划思想的发展趋势；吴伟、杨继梅(2007)对20世纪80年代以来国外学者对开放空间价值的评估方法进行了总结；张虹鸥、岑倩华(2007)回顾总结了国外开放空间的概念演进，将开放空间的发展分为美学价值观、城市绿化、环境保护和追求多元价值四个阶段，规划模式主要有随机、定量空间标准、公园系统、田园、形态相关、风景相关、生态决定，还归纳了研究动向及对我国开放空间发展的启示；申诚、于一平(2006)对英国曼彻斯特皮克迪利花园的设计背景、理念及效果进行了详细的介绍。

(3) 开放空间规划

沈德熙、熊国平(1996)对绿色开放空间的内涵、布局、指标、功能进行了阐述，并将城市绿地、专用绿地和生态绿地布局理论运用到了具体的规划实践中。余琪(1998)探讨了现代城市开放空间系统的建构，在论述开放空间概念的演进历程基础上，对开放空间系统的概念进行了重新认识和定义，强调了开放空间的生态性、多重功能性和多重目标性，深入挖掘了开放空间的内涵及其特性——生态性、文化性、经济性，且对开放空间的宏观层次的战略布局、中观层次的规划控制和布局以及微观层次的环境设计都做了系统的论述。随后不少学者都提出要在生态的视角下对开放空间进行规划、设计的理念及实践，如王绍增、李敏(2001)对开放空间规划生态机理和开放空间基本原理在城市绿地系统中的应用的阐述，王发曾(2005)基于生态城市建设的开放空间的系统优化，姚亦峰(2002)提出的城市景观规划要以自然山系和河流作为骨干的思路，解伏菊等(2006)基于景观生态学的城市开放空间的优化等。

(4) 开放空间设计

对人性化和生态化的空前关注。近年来，很多开放空间设计都以“人性化”为设计原则，针对老人、儿童、女性、大学生、中学生、农民、白领阶层、身体障碍者等特定人群的特点、需求进行设计，如老人、身体障碍者的可达性，学生的运动空间，女性的安全性等。生态性(王胜男、王发曾，2006)，主要是指对空间环境的自然因素的保护，对高品质、健康生存条件的追求，相关研究逐渐开始注重调查景观、铺装、小气候等来指导开放空间的细部设计，以增强设计的实用性、人性化。类似理念还体现在城市开放空间景观的设计上，包括绿地、公园、广场、滨水区、校园、CBD、商场、步行街、工业科技园、历史文化地段、村落、寺庙、地下空间等①。

个性化(兰波、何艺，2009)。城市规划建设中的千篇一律、毫无特色常为人所诟病，开放空间也是如此，但近年来一些设计开始追求设计结合地方特色、民族文化、乡土树种，不

① 本段主要是基于以“开放/开敞空间”为篇名，对CNKI检索1999—2009年的硕士论文进行的分析。

仅有效克服了外来景观“水土不服”的问题，更能打造景观特色，提升景观品质和亲和力。

(5) 开放空间景观格局演变

不同于土地、森林、湿地等景观，国内研究人员刚刚开始关注城市开放空间的演变：姚亦峰(2002)从自然地理的视角对南京景观格局及古都风貌的形成、演变进行了研究；尹海伟(2008)利用 RS 和 GIS 方法对上海开放空间景观格局的演变进行了研究，归纳了变化规律，认为上海的绿化政策、快速城市化和人的需求是其演变的主要驱动力；曾容(2008)利用类似方法，研究了武汉市开放空间的格局演变。

此外，国内对开放空间的经济价值评价(邝奕轩，2009；石忆邵、张蕊，2010)、使用后评价(陈建华，2007；孙剑冰，2009)、使用人群的社会分异(石金莲等，2006；王建武，2007)、限制城市蔓延(刘晓惠等，2010)、公平可达性(周辉，2009)、防震避灾(关清华，2009)等方面的关注也在逐渐兴起。

2.2.3 相关理论

我国的城市建设历史十分漫长，同样也留下了大量宝贵的城市建设经验、理论，如城市选址中的“非于大山之下，必于广川之上”的思想、城市布局中的“匠人营国……九经九纬”的模式等，但对于现代城市建设最具积极影响的还是“山水城市”的理论。

在中国城市化急速发展，城市面临规模激增、环境恶化、特色消退、文化迷失的危机，一系列强调生态、环境、文化，力图解决危机的城市新概念被引进或创立。“山水城市”这个概念，最早是钱学森教授在 1990 年 7 月给清华大学吴良镛教授的信中首先提出来的。他在信中写道：“我近年来一直在想一个问题：能不能把中国的山水诗词、古典园林建筑和中国山水画溶合在一起，创造‘山水城市’概念(鲍世行、顾孟潮，2005)。”

此后钱学森又在书信、论文中多次阐述其“山水城市”的构想。这是一个具有鲜明本土文化特色的、有着丰富想象力和强烈感召力的城市概念，它一问世便引起了学术界的关注与响应，经过书信往来的酝酿到主题讨论会的铺开，“山水城市”研究在中国大地上迅速展开，兴起一股研究的热潮。1993—2000 年，很多研讨会都将“山水城市”及其建设作为主要议题(李先逵，1994)。

“山水城市”具有深刻的思想内涵，提倡山水形态在城市中的应用，而山水等自然要素又恰恰是城市开放空间中的重要元素。“山水城市”强调人工环境与自然环境的融合、文态环境与生态环境的交融，强调山水城市与传统文化、传统哲学思想的内在联系，强调山水城市与未来城市发展趋势的接轨，这是具有我国特色的开放空间建设的努力方向，在城市中尽可能地保护原有山水地形，实现山水、文脉与城市的交融。很多城市也将“山水城市”作为城市的建设目标，创造优越的城市人居环境。

我国土地资源紧缺，在满足市民基本生活需求的前提下，对土地资源应尽量节约、集约利用，在一定程度上实现精明增长，设定城市增长边界，对城市的无序蔓延进行严格的控制，实现建设用地高效利用，从而实现对城市外部农用地、生态绿地、山体水体等开放空间要素的有效保护。

2.3　国内外开放空间研究述评

通过对国内外开放空间发展历程及相关研究的梳理，可以看出：国外发达国家尤其是欧美地区，无论是在理论还是应用层面，对开放空间的研究都较为深入，这在很大程度上得益于他们长期连续性、完善的学科发展及城市建设；而反观我国，从 20 世纪七八十年代才开始步入社会发展的正常轨道，虽然城市建设取得了较大的成绩，但相关研究的体系还不是很完善，整体层次还较低。综合来看，国内外研究的差距或差异主要有以下几点：

第一，从研究的历程来看，国外对开放空间的研究至少已有百年的时间，他们从最初规划的"随机安排"开始，先后经历了环境美化的公园运动—田园化城市—有机疏散—城郊城市化—生态保护的控制手段，业已形成较为完善的发展策略；我国城市化进程较为简单、经历时间短，开放空间研究仅约 10 年时间，很多建设仍处于不断摸索、尝试阶段。

第二，从研究的角度来看，国外开放空间研究参与学科较为广泛，涉及建筑学、城市规划、地理学、生态科学、管理学、经济学以及社会学、环境艺术学、生物学(动、植物学)等，我国的研究对城市规划、建筑环境艺术、园林、地理、生态等学科关注较多，而对经济、社会学方面的相关研究较为欠缺。

第三，从研究的侧重来看，国外研究多围绕功能、价值和保护，注重人性化(人的使用、感受等)，不仅对其生态环境、经济、社会价值的研究广泛透彻，而且对其保护的重要性和方略，在"征用、建设、管理、鼓励、补偿"等各个环节的法律和政策都相当完备；我国多集中于景观建设和生态环保，相关研究还较薄弱，管理体制也有待完善。城市内部开放空间的社会性及优化和城市边缘开放空间功能及保护是国外研究的热点，我国城市开放空间对内外部的建设关注较多，重数量、形式，轻实用质量、效能。

第四，从研究的手段来看，国外一直注重社会调查(观察、问卷、访谈、电话、网络等)、量化、模型、航片、RS 和 GIS 的研究方法，虽然我国近年来有所发展，但仍有不小差距，绝大多数研究仍为简单定性描述。

第五，从未来发展来看，伴随着城市化的进程，国外仍会把重点关注放在控制城市蔓延及满足人的需求等社会性方面；而我国城市化进程还将继续，绝大部分城市的内部优化调整期还未显现，重点仍会是建设、扩张，由农业性开放景观向公园、广场等形式的城市化开放空间演化。

笔者同时还发现，以往研究者对城市开放空间的认识都以 1877 年英国伦敦《大都市开放空间法》的颁布为起点，但自城市形成伊始，山水、广场、街巷、园林等开放空间的传统形式便确确实实地存在于城市空间之中。以往研究往往忽略了这种传承与联系，缺乏对开放空间发展的系统分析。

开放空间是一个社会、经济、环境、生态的复杂系统，对开放空间整体格局演变的研究在逐渐增多，但就目前来讲，还多停留在描述过程、形态及影响因素层面，对深层次的动力机制研究还不够深入，如何根据深层机制，来调控、优化开放空间的规模、结构、布局，最终满足人的需求，进而实现可持续发展的目标，值得引起重视。

3 城市开放空间的缘起及演化概述

城的最初目的是为了防御，是由原始部落防御野兽及部落之间的战争逐渐成为具有一定防御设施的区域。后来，城的功能不断完善，商人出现，交易的市出现并固定，第三次产业分工完成即标志着城市形成(顾朝林，2004)。城市的形成、发展和建设都会受到社会、经济、文化、科技等多方面的影响，开放空间也是如此。现代意义开放空间概念是在1877年提出的，但在此之前，一些开放空间的形式如广场、公园、自然山水等早就存在于城市空间中，只是尚未形成一个明确、统一的概念，对其环境保护、控制城市蔓延等功能尚无明显需求，更多的是在利用开放空间的公共活动、休闲游憩等功能。随着工业化、城市化的发展，环境污染、城市蔓延等社会问题凸显，开放空间才得到了足够的重视，其功能也逐步得到了全面、深入的认识和发挥，人们开始利用开放空间的功能来调控社会发展中的问题，并更好地促进了城市开放空间的不断完善。系统认识和梳理开放空间的整个发展、演变过程，有助于深入理解开放空间的内涵，更好地利用开放空间的功能、价值。

3.1 国外城市开放空间的发展历程

3.1.1 以广场为中心的开放空间

第一次工业革命前，国外城市发展的古代、中世纪、文艺复兴和巴洛克时期，形成了明显以广场为中心的开放空间体系。同时，围绕广场的街巷道路、文人园、动植物园、私人庄园等形式，也已逐步出现。

(1) 古代时期

古代西方城市开放空间有了一定程度的发展，除了在城市选址建设时所依附的自然山水外，广场是当时大部分城市市民进行信息交流、商品交换的主要场所；同时，市民的宗教、娱乐等集会活动也是在广场上进行，城市多用棋盘式布局的道路体系。

比如古希腊城市中选址因地制宜，注意功能分区、棋盘式路网的应用，形成规整、统一的城市布局模式(图 3-1)。古罗马是西方奴隶制发展的最高阶段，在城市建设上一改因地制宜的传统，极力改造地形，以广场为中心，围绕其建设了剧场、斗兽场、浴场、凯旋门等很多公共设施，在这些公共空间中培育了普通民众的罗马精神，这一时期罗马的辉煌建筑成就集中体现在维特鲁威的《建筑十书》中，书中对城市及建筑的选址、街道的布置等都有相当精辟的见解(沈玉麟，1989)。

此外，象征权力与财富的宫苑、宅院、庄园、花园等私有性开放空间也已经产生，在民主思想较为发展的古希腊，还出现了公共开放空间的圣林、文人园、动植物园的形式。此外，还有部分与宗教联系在一起的寺庙、神庙等其他开放空间形式(表 3-1)(郦芷若、朱建宁，2001)。

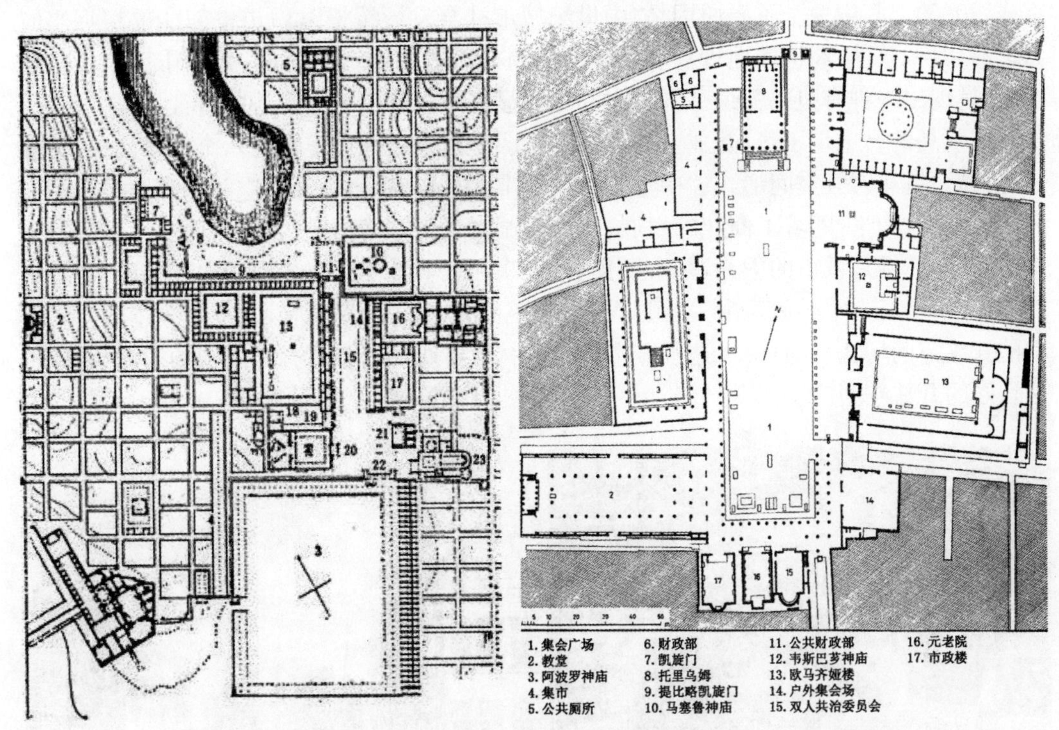

图 3-1　古希腊米利都城的广场与古罗马庞贝广场布局示意图(Leonardo Benevolo, 1981)

表 3-1　国外古代城市的开放空间

区域	年代	地理位置	开放空间的原始形式	代表性城市
古埃及	公元前3200年—公元前 30 年	尼罗河流域	河流、山体、广场、宅院、圣苑、墓园、棋盘路网	孟菲斯、卡洪、底比斯、阿玛纳
古巴比伦	公元前16世纪—公元前 4 世纪	两河流域	河流、山体、广场、猎苑、圣苑、宫苑、空中花园	乌尔城、巴比伦、尼尼微、科萨巴德、爱克巴塔纳、帕赛波里斯
古希腊	公元前12世纪—公元前 2 世纪	希腊半岛及地中海东部	山体、水体、庭院、圣林、文人园、广场、动植物园、市场、棋盘路网	克里特、迈西尼、雅典卫城、米利都、普南城、亚历山大城
古罗马	公元前750 年—公元 476 年	意大利中部	山体、水体、庄园、宅院、广场、市场、城市花园、方格路网	罗马、庞贝、提姆加德、兰佩西斯、阿奥斯达
古印度	公元前2600年—公元前 1500 年	印度北部印度河流域	河流、山体、棋盘道路、宫苑、寺庙	莫亨约—达罗、哈拉巴城
古美洲	公元初期—公元 13 世纪	墨西哥、古玛雅、古印加	山体、水体、广场、果木园、花园、神庙	特奥蒂瓦坎、丹诺奇蒂特兰、提卡尔、奇清依扎

(2) 中世纪时期

中世纪城市的开放空间发展到了一个极为繁荣的阶段。城市空间具有基础结构和时间的整体性、协调性，富有生活气息，具有较高的美学价值，被人们称为“如画的城镇”(张京祥,2005)。其中一个重要原因是“中世纪城市社会发展缓慢”,城市空间能够根据当时当地的社会、政治、经济和地理环境条件不断调节以适应城市的功能,并和市民生活密切结合,呈现出一种有机的关系。开放空间也明显表现出以广场为中心的特征。

东罗马的君士坦丁堡,开放空间的基本轮廓是由中央大道连贯的六个广场构成,另外还有大海、御花园等空间形式。中世纪早期城市多是自发形成,开放空间的道路系统多以环状、放射状为主,随着工商业的发展,一些新城常采用方格网状的布局;而对大多数城市来讲,教堂广场是城市的中心,是市民集会、狂欢和从事各种文娱活动的中心场所,道路则呈网状,以广场为中心放射出去(图 3-2)(沈玉麟,1989)。一些水井、喷泉旁还有公共活动的开放空间场地,同时由于这些城市多建于高地要塞,以利于防御,周围的山体、水体也是良好的开放空间。

图 3-2　意大利锡耶纳城的城市中心与广场形态和德国不来梅城的中心广场图景(Leonardo Benevolo, 1981)

诺夫哥罗德、基辅、莫斯科、下诺夫哥罗德等古老的城市,成为封建主、贵族和公侯们政权的据点,且已成为相当繁荣的商业中心,这些城市多选择自然环境优美,具有河流、丘陵等开放空间的区域;小城市规划结构以克里姆林和教堂为中心向外放射,形成放射环状的规划系统。当时的莫斯科已经有了公共花园、全民性的城市广场,基辅的广场数量更是达到六个之多。

(3) 文艺复兴与巴洛克时期

文艺复兴带来了崭新的城市生活,人们对人本主义的追求空前高涨。这一时期的城市极重轴线构图,多按照巴洛克强调动感和景深的风格下进行了很多改建,开放空间的府邸、庭院、广场等形式改造较多,尤为突出的是广场建设,自由封闭的广场建设成为空间布局严整、更为开敞的空间形式,如威尼斯圣·马可广场,罗马圣·彼得大教堂广场、纳沃纳广场等(图 3-3)。

文艺复兴时期城内开放空间与中世纪在类型上几无差异,但文艺复兴的人文主义主张和以人为中心的世界观在同时期的城市开放空间建设中得到了反映。“这些城市及其空间具有非常罕见的内在质量……不仅街道、广场等开放空间的布局考虑到了活动的人流和户外生活,而且城市的建设者具有非凡的洞察力、技法,有意识地为这种布局创造了

图 3-3　罗马圣·彼得广场和波波洛广场布局

条件”，例如意大利锡耶纳的坎波广场。郊外庄园和台地园也迎来了大发展，例如意大利的卡雷吉奥庄园（Villa Careggio）、望景楼园（Belvedere Garden）、阿尔多布兰迪尼庄园（Villa Aldobrandini）以及法国的卢森堡花园（Jardin du Luxembourg）和汉普顿宫苑（Hampton Court）。这其中的绿化种植方式、喷泉叠水都成为后来欧洲城市开放空间景观营造的重要形式（郦芷若、朱建宁，2001）。

3.1.2　自然生态观兴起的开放空间

以广场为中心，逐渐重视自然生态环境的开放空间体系的特征主要发生在第一次工业革命至第二次工业革命时期。17—19 世纪中叶的绝对君权时期，开放空间突破了“城”的束缚，与城市周边的自然性景观寻求更多的交融，是开放空间发展的重要转折。随着资本主义的发展，国王与资产阶级新贵族结合，反对封建割据与宗教势力，17 世纪逐渐建立了一批绝对君权国家，它们的首都巴黎、柏林、圣·彼得堡获得了较大发展（图 3-4）。比如巴黎贵族纷纷离开庄园在城市内部建造府邸，促进了城市的更新改造，如香榭丽舍大

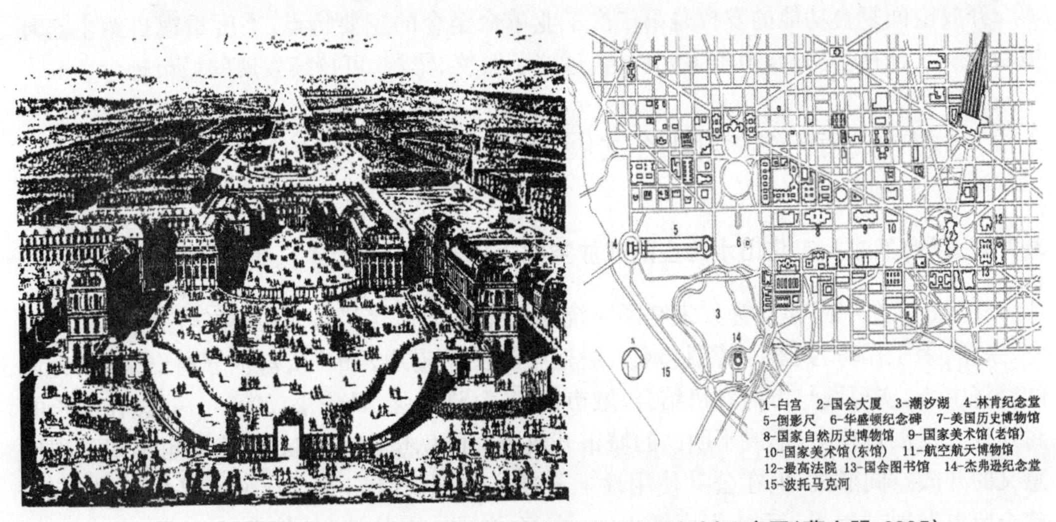

图 3-4　法国凡尔赛图景与美国首都华盛顿的中心区规划示意图（曹文明，2005）

道、凡尔赛宫花园、丢勒里花园、旺道姆广场、协和广场。法国的宫苑府邸也逐渐形成了自己简洁豪放的风格特色，四周不设围墙，使宫苑与田野自然连成一片，俄国、普鲁士等竞相模仿。更为重要的是，黎塞留(Richelieu)和造园大师勒诺特(Lenote)将巴黎与郊区的宫殿、花园、公园以及城镇等共同作为一个大尺度的景观综合体，将城市作为“园林”进行设计，逐渐开始注重将自然引入城市，提升开放空间品质，这次规划对西方开放空间发展具有划时代的意义。

3.1.3 重视自然并追求多元价值的开放空间

工业革命的大发展期，具有现代意义的开放空间概念出现，其标志是1877年英国伦敦制定的《大都市开放空间法》。由于快速的工业化和城市化，欧洲城市面对着无序扩张所带来的严重环境问题，时常遭受流行疾病甚至死亡威胁的困扰。从英国老牌工业城市到北美的华盛顿、波士顿等新兴工业城市，严重拥挤的空间和低质恶劣的环境所造成的城市问题已经威胁到了资本主义经济的发展和制度的稳定。而开放空间无疑对生存生态环境的改善意义重大。绿地和水域开放空间的重要形式，可以清洁空气、阻滞尘埃、改善局部小气候。19世纪60年代开始的环境整治以及随后的城市美化、城市公园运动，拉开了城市开放空间建设的帷幕。城市开放空间形成、繁荣的初衷是为了发挥其生态功能，《雅典宪章》中也有针对城市绿地开放空间的规范性条款，而且这一时期也恰恰是生态学科的产生发展阶段，在“二战”前，达到了充分发挥开放空间生态功能的目的。

从“二战”中恢复过来的西方国家城市获得了较快发展，开放空间得到了一个连续、系统的发展过程，除了对生态功能的持续重视外，开放空间的历史文化保护、社会、经济、文化、景观美学、休闲游憩等复合功能也得到了充分的肯定，愈加引起政府及组织的重视，颁布了一些国际性的法规文件。尤其是西方国家，在郊区城市化不断加剧的形势下，注重利用开放空间来改善城市中心区的环境质量吸引力，限制城市边缘区的开发建设，并上升到法律、法规的层面，来限制城市的无序扩张和中心区的衰退，收到了一定的成效。

开放空间复合功能的发挥是第二次工业革命至今的主要特点，高度重视自然生态环境功能及其他社会功能，追求多元价值，适应了紧凑、集约、可持续发展的城市理念。

3.2 我国城市开放空间的发展历程

3.2.1 以自然或人工化山水为主的开放空间

我国正式的“城”是作为奴隶制国家统治的据点——“都”出现的，建筑深沟高垒将宫室、宗庙、手工作坊、武器库等围起来。封建生产关系出现，“市”从宫中分离出来，成为城的经济中心，实现城与市的有机结合，城市出现了(许学强、姚华松，2009)。我国在漫长的封建社会发展过程中，形成了明朗的城市开放空间的思想，在封建社会晚期也出现了现代意义的开放空间形式，但在公共使用性上与现代甚至同时期的西欧国家存在一定差距。整个历史发展过程中，可以从自然山水、广场、街巷、市井、园林等角度，剖析我国古代(1840年前)开放空间的发展。

(1) 风水、自然观下的城市山水

山、水等自然要素是我国传统开放空间的重要元素，在现代开放空间中的作用及被关注程度也有增无减。同时，自然山水也带来了洪水、泥石流等众多的自然灾害，古代先人在“择地而居，趋利避害”的过程中总结的“风水学”至今在一定程度上还影响着城市建设。“自然山水观”思想是我国开放空间发展的精神内核。

无论是对山水的依赖，或是对风水的虔诚，还是在城市中纳山引水，都反映了古人对自然环境的重视。老子的“道法自然”说和孔子的“乐山乐水”说都强调了自然环境与人类休戚相关。而汉代硕儒董仲舒，也主要以《周易》与《道德经》为基础提出了“天人合一”的思想，这是中国哲学的基本精神，是中国哲学对天人关系的一种观点，强调“天道”与“人为”的和谐。

所谓“天”即指自然，“天道”即指自然法则、规律。在中国传统哲学观念中，先有天地，然后才派生出万物，其中包括人。人是脱胎于自然的，所以人虽然是构成社会经济和政治的基础，但人的行为应该象天、则天、顺天、应天，即把握自然规律，遵循自然法则，按自然规律办事。这种认为人不是与自然对立，而是与自然亲近，与自然同在的思想观念在中国历史上源远流长，影响甚深，由此也对中国古代城市规划建设有着深刻的影响。“天人合一”的哲学观念造就了中国古代城市建设思想的突出特点是追求与自然的和谐统一，而山水胜景被认为是最能沟通“天道”与“人为”的自然桥梁。

我国山脉纵横、水系众多，古代聚落多是在山麓河谷起源的，这些地方易于居住、觅食、运输和防御，城市的建设也形成了“圣人之处国者，必于不倾之地，而择地形之肥饶者。乡山，左右经水若泽”的城市建设指导思想，十分注重城市与山水自然要素的亲和与共生关系，依山临水而居是我国城市建设的“原型”，并由此发展成为一种悠久的传统。

我国古代的风水堪舆学(风水学)是从商周时代(公元前16世纪—公元前7世纪)的占卜发展起来的。城市规划中更是如此，春秋时以管子为代表，形成了利用自然条件、依山傍水的思想。管子以地理环境和经济实用为出发点，提出选择都城，“非于大山之下，必于广川之上。高毋近旱而水用足，低毋近水而沟防省”，指出要处理好山、水与城的关系，成为以后风水学理论的重要核心。

秦汉以后，风水思想体现得更为盛行，宫殿、陵墓的建设、祭祀礼制等都与之联系密切。比如南宋临安宫城居高临下，山河湖港一览无余，是古代最好的城市设计之一；北宋东京地势虽无较大变化，地势平坦，河流众多，但在东北堆了一个大花园，西部有金明池，山水文化特色也很浓重。在这一思想下，一些城市开放空间的山、水、城的关系处理得和谐、协调，今天的杭州、南京、苏州、济南、温州、常熟、福州等都是杰出的代表，古代城市山水的脉络仍清晰可见(汪德华，2002)。

此外，宋朝以后，水系、河道成为重要的商业场所、游乐空间，发挥着重要的开放空间功能，比如北宋汴梁的汴河、蔡河两岸，南宋临安的大河、小河及西河周边，明清时苏州的山塘河等。

(2) 城市园林

所谓园林，是指在一定的地域运用工程技术和艺术手段，通过改造地形(或进一步筑山、叠石、理水)、种植树木花草、营造建筑和布置园路等途径创作而成的美的自然环境和游憩境域，亦称为“造园学”。

自城市产生伊始，开放空间的重要形式——园林就产生了，比如奴隶社会的囿、台、园；封建社会早期，社会生产力水平低下，城市园林多被统治阶级及上层社会所享用，形成皇家园林、官邸园林，成为享乐、特权的象征，中下层民众没有使用的可能；隋唐时期经济繁荣，国家昌盛，生产力、思想文化水平大为改观，园林也逐渐走向民间，出现了公共使用的园林，如寺观园林、私人园林的文人园等；封建社会晚期，普通市民无论是在可利用公共园林数量，还是形式上都获得了空前发展。

中国古典园林雏形起源于商代，最早见于文字记载的“囿”和“台”大约出现在公元前12世纪，后又形成了专种植物和圈养动物的“囿”。根据《诗经》注解：“囿……天子百里，诸侯四十里。”就是说，诸侯也有囿，供狩猎游乐。当时的囿圈定了一定的地域，其内滋长着天然的植物和鸟兽，形成自然的风景园。囿除了为王室提供祭祀所用的牺牲、供应宫廷宴会的野味外，据《周礼地官囿人》郑玄注，还具有游的功能；而台最初的功能是“登高以观天象、通神明”，还可以登高远眺，观赏风景。到了殷周时代，又出现了园圃的经营。

秦、西汉时期是园林发展的重要阶段，中央集权政治体制的确立，出现了以“宫”和“苑”为主要类型的皇家园林；而到了魏晋南北朝时期，皇家园林逐渐剔除了“求仙通神、生产经营”的功能，主要用以游赏，寺观园林和私家园林也逐渐兴起。

隋唐时期，皇家园林以西苑、华清宫及九成宫等为代表，形成大内、行宫、离宫三个类型，城市寺观园林很好地充当城市公共园林，大量的邸宅、文人园、隐士园更是层出不穷；同时，“置山理水”的技术水平取得了较大发展，山水画、山水诗文及山水园林相互渗透，发扬了秦汉大气磅礴的闳放风度，又在诗情画意上有所突破。

到了宋代，园林在继续发展的同时，类型变化不大，皇家园林的风格受到更多私家园林文人园风格的影响，技术水平更胜隋唐时期一筹。更为重要的是，这时期公共园林增多，北宋时东京园林众多，大都是一些皇家御苑、衙署园林、贵戚大臣及富商大贾的私园。但有些时候，这些园林可供普通百姓游览，尤其是每年春天的三四月份踏春赏花之时。被《东京梦华录》列为东京居民探春游览的名园就有十余处，以城东南隅陈州门外园馆尤多。南宋时期的西湖也是公共园林的杰出代表(孟元老，2010)。

及至元明清时期，皇家园林的风格更加宏大，同时也在吸收江南私家园林的养分。随着经济的发展，公共园林获得了较大发展，多利用水系而加以园林化的处理，或利用旧园废址加以改造等，具有开放性、多功能的绿化空间性质。清末时期，公共园林获得了更大发展，它不同于其他园林，性格十分突出，比如完全开放的布局，依托于天然水面略加点染，利用桥梁、水闸等工程设施，而略加艺术化的处理，造景不做叠石堆山、小桥流水，重在平面上的简洁、明快的铺陈等，在沿袭唐宋风格的基础上，配合当时市民文化的勃兴及市民生活的习俗及需要，把商业、服务业与公共园林在一定程度上结合起来，形成城市里的开放性公共绿化空间，已经十分接近现代的城市园林了。

(3) 古代城市“街巷”

威廉·怀特说：“街道存在的基本理由，就是它给人们提供了一个面对面接触的中心场所。”城市街巷不仅承担着通行运输的基本功能，也是市民邻里交往、休闲娱乐的重要公共开放空间形式(孙晓春，2006)。

《周礼·考工记》中记载的“匠人营国，方九里，旁三门。国中九经九纬，经涂九轨，左祖右社，面朝后市，市朝一夫”的营国制度，其中所谓“九经九纬”，即指经向有九条道路，纬向有九条道路(图 3-5)。

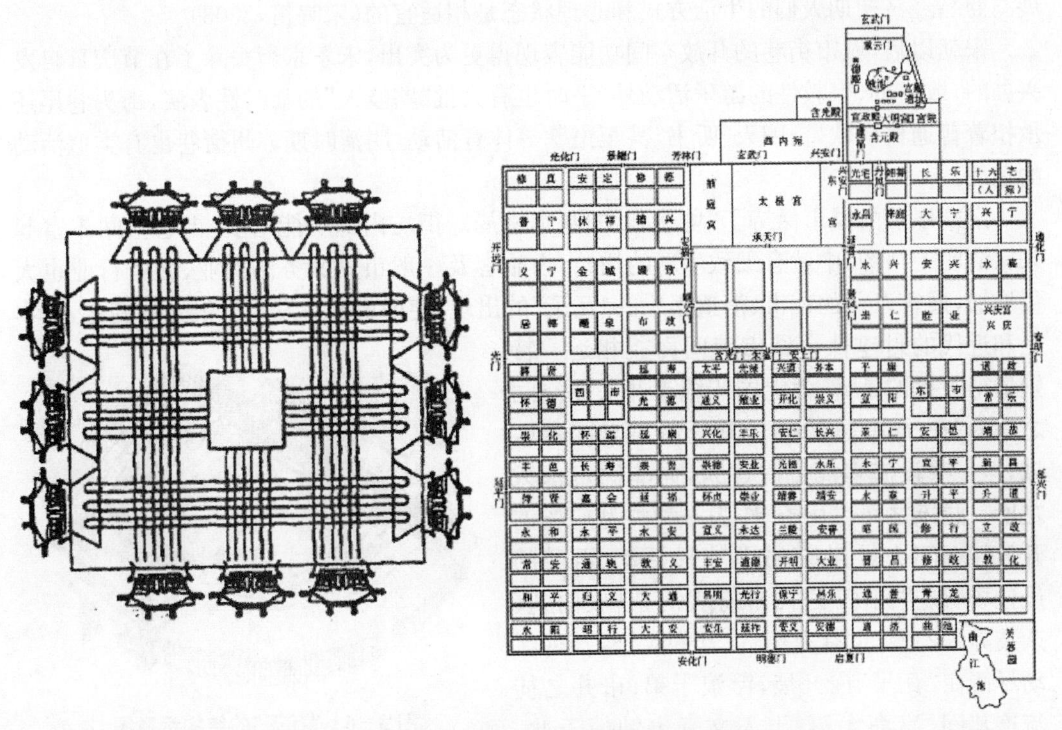

图 3-5　九经九纬与唐长安的街道布局(戴均良，1992)

秦朝仍然采用经纬涂制的干道网形式作为城市的骨架，闾里形制的居住基本单元没有改变；隋唐时期是我国古代城市建设的成熟时期，采用传统经纬涂制规划，形成严整的方格网道路系统，城市的布局非常严整，道路系统分明，特别强调了道路的轴线作用；宋朝在城市布局中出现了不规则布局，随着商业的发展，里坊制瓦解，商业街道形成，并逐步形成全城皆市，街巷制随之产生，道路系统也相应改变，全城除主干道作井字交叉外，还出现了丁字路与斜路；明清北京城是中国封建社会后期的都城代表，城市道路以纵主干道路为骨架，连接次要干道、支路及胡同，进而连接各院落式住宅，同时商业街普遍形成(金伟、郑先友，2008)。

城市生活基本是在坊内进行，即使是进行商品买卖交换的市集，也只是固定的、面积大一些的里坊而已。坊内另有自己的支路——“十字街”，路网自成体系，是城市中的“城市”。从唐中期开始，里坊制度已发生松弛裂变。当时，商业不再限制在专门的商业区，许多坊中出现了市场、店铺、作坊，长安出现了“昼夜喧呼，灯火不绝”的“要闹坊曲”的现象，对宵禁、坊墙发起挑战。尤其值得注意的是，“行会”这种以行头为首的行业组织，逐步打破了“市区”的限制，发生了各种横向经济联系(曾琳，2007)。尽管唐王朝一再命令“勒坊内开门，向街门户悉令闭塞”，但中唐以后私自拆毁坊墙、临街开门的现象时有发生，中、晚唐开始出现坊内设店和夜市，到了宋朝，里坊的墙被打破了，城市首次出现了“街市”和“临街建筑”。

由唐之“里坊制”到宋之“坊巷制”，这一由面到线的转变意义重大。城市性质有了根本改观：由内向、封闭转为外向、乐生，城市面貌由简洁规则到热闹繁华。城市、街道的发展与商品经济初期人们的生活方式和心理状态是相适宜的（宋鸣笛，2003）。

宋朝以后，城市街巷的开放空间功能表现得更为突出，宋东京街头除了在节庆日自发兴办的，或官办、宗教性的游乐活动外，平时也有大批“路岐人”的临时性表演，街头巷尾还承担着普通民众歇息、聊天、听书，甚至蹴鞠等体育活动，明清时期苏州街巷也有类似活动的记载。

南宋以后的城市保持了“坊巷制”的基本格局。街坊内部功能增多，街巷空间丰富起来，《清明上河图》中就有细致生动的描绘，为旅客及一般市民服务的商业、服务行业也大量增加，通宵营业的夜市、消遣娱乐的“瓦子”的出现，使城市面貌发生了很大的变化，基本上和近代的封建社会城市巷间面貌相近。特别值得一提的是，作为中国传统市井文化空间之一的“瓦子”（图 3－6），其场所虽有固定区域，但一些设施多属临时建筑，而非固定永久之所。两宋之间，“瓦子”作为一种类型广场的开放性空间大量存在，成为市民活动、游憩的最佳场所。“瓦子”之内常有表演杂剧、曲艺、杂技等的勾栏，也有卖药、饮食的店铺，各种活动尽情在“瓦子”内开展，浮浪子弟、市井之徒流连其间，富商大贾、士人文豪也钟情于此。一时间，“瓦子”以其孕育出丰富多彩的市井文化而成为城市生活的中心，也是城市最为重要的开放空间（洪亮平，2002）。明清的街巷、胡同具有适宜的步行尺度，是邻里交往的主要场所，是孩子们的乐园，是游走货郎的驻脚地——是人们了解社会的窗口，富有生活气息和回忆的魅力（孙晓春，2006）。

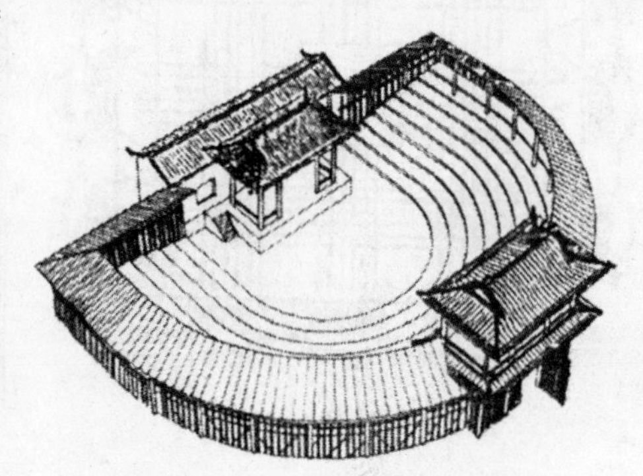

图 3－6 “瓦子”的结构示意图

(4) 古代城市广场

中国古代能起到现在开放空间广场作用的场所，主要以两种形式出现：一是街市广场，专为老百姓进行贸易、娱乐、交流之用；二是风景区园林式休闲广场，多与寺院园林结合，为皇家与老百姓游玩之用（朱理国、刘娟，2008）。

中国原始的广场可追溯到原始社会后期城市雏形时期。陕西姜寨遗址考古发现了距今六七千年的仰韶文化初期的母系氏族村落，居住区中心是约 4 000 m² 的广场，房屋建于广场四周，屋门都朝向广场（图 3－7）。广场四周有五个建筑群各以一座方形大房屋为中心。大致同期的西安半坡遗址也是环绕广场布局，利用小型住宅沿圆圈密集排列而形成一个中央空间。二里头遗址表明，作为部落（氏族）活动的“大广场”发展成为封闭的建筑前广场，供家族或氏族“开会”或“集会”之用，这种形式逐渐也就演变为后来宫殿前的庭院形式。

进入阶级社会后，广场的类型和用途也在不断增加，曹文明（2008）对我国古代广场的考证认为，大量文献记载了人们与广场相关的社会生产、生活活动，诸如《吕氏春秋·古

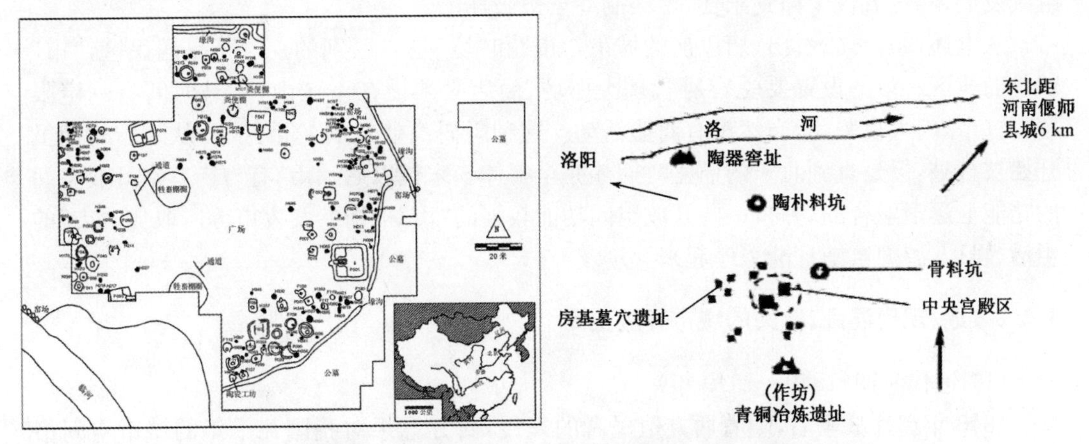

图 3-7　姜寨遗址与二里头遗址的原始广场形式

乐》《尚书》《诗经》中的有关记载，并且他将古代广场分为祭祀天地宗祖的坛庙广场、朝廷宫殿的殿堂广场、寺庙广场、娱乐广场和阅武场广场。

虽然古代广场类型较多，官府衙门的前庭，不仅不供公共活动使用，而且还要回避肃静；宫城或皇城前的宫廷广场就更不向百姓开放，多是为统治阶级的宗教、政治、军事等活动所专用，普通民众少有使用机会，即使有一些娱乐性、寺庙性、阅武场等可使用广场，也只是限定在一定时间，比如春季社祭、冬季腊祭、庙会、集市等，虽然在唐代、宋代等时期可参与的集会增多，仍未摆脱为封建王权服务的特性。

(5) 古代城市的"市"

"市"是古代市民生活不可或缺的部分，不仅承担着"衣、食、住、行"的生活必需品的供应，也是市民休闲娱乐的重要去处(很多"市"依托河道、寺庙广场设置)，还是信息交流传递的重要渠道。

"市井"原意是指集市，《管子 · 小匡》中有"处商必就市井"，《史记》中有"古来有市，若朝聚井汲，便将货物于井边买卖，曰市井"，市井是中国古代开放空间的重要形式。

周朝时，农工商并举，"市"固定下来并完成"城"与"市"的结合。后来的战国、秦汉，封建制生产关系逐步确立，市的规模在扩大，但更加封闭。汉代在一般较大城市中都指定有一个或是一个以上的市。当时的长安就设有东、西二市。《三辅黄图》说长安市有九，每个市都是二百六十步见方，其中有六市在突门横桥大道的西侧，三市在道东，每四里(里弄)组成一市，集中来自各地进行交易的商人。

市区制经过魏晋南北朝继续演进，到了隋唐，商业空前繁荣，作为商业中心的市区，成为城市中的主要部分，在整个城市经济中已占有重要地位。但是，随着城市人口的增加，商业对人民生产与生活的作用越来越大，这种有固定地点与固定时间的限制，严重影响人们的交易与消费。唐中叶后，便逐渐打破了这种封闭、固定的形制，居民区已经出现商店的记载，并且有的商贩已冲出居民区"坊"的限制，更伸向居民区之外了。与此同时，在交易时间上也开始打破原来的规定，出现了夜市，所以统治者便出来大呼"京夜市，宜令禁断"。但是商业发展的必然趋势，不是一纸命令所能禁止的。到了唐代末期，各地城市中纷纷出现夜市，因而，连诗人都在讴歌"夜市千灯照碧云，高楼红袖客纷纷"了。这种情况继续发展，经过五代十国到宋代，市区制终于被破坏了。

从上述内容可以看出，唐以前的城市，“市”和“坊”是有区别的。“坊”是居民区，“市”就是商业区。市的设置要受官府管理。作坊、商店必须设在市区内，交易时间有一定限制，坊(市)门入夜关闭，当然没有商业活动。这种阻碍商业发展的市区制，从晚唐时期虽开始被打破，但是直到北宋的鼎盛时期才完全解体。宋代以后，“市”有与街巷在开放空间的功能上逐渐融合的趋向，一些开放空间功能较强的“市”被街巷及夜市等所取代，“市”的生活、娱乐、游憩氛围日渐浓厚起来。

3.2.2 近、现代混乱、迷失的城市开放空间

(1) 近代时期(1840—1949 年)

1840 年鸦片战争后，随着西方殖民者的入侵，西方思想对我国几千年的城市空间格局产生巨大冲击。政治、经济和文化的变迁对中国城市的空间结构产生了巨大的影响，城市开放空间也在发生转折性的变化。

西方列强在上海、天津、青岛、广州等大城市建立租界，虽然给我国带来了巨大的耻辱和国家利益的伤害，但在另一方面其建设风格和元素也促使我国在礼制、政治制度严格约束下形成的开放空间格局开始松动、变形，最为明显的是道路布局、广场和公园等现代开放空间形式的出现。

比如 1929 年“上海江湾市民中心”采用了环型主路和网格状街区的混合形态，构图中心是一个巨大的 T 形广场，两端分布着重要的市政建筑和公共公园；南京的鼓楼等城市中心地带的小广场、街心花园等。城市中还出现了租界放射形的道路与城市原有方格网状的道路体系混合的结构体系，比如南京现存的民国公馆区，这种格局也延续至今，形成了目前很多大城市的道路结构布局，如上海、广州、青岛等。

开放空间的数量、规模及公共开放性都存在很大的局限性，很多的公园、传统的古典园林也仍为殖民者及特权阶层专用，中西方形式上的风格差异也很大。

(2) 现代时期(1949—1978 年)

新中国成立后到改革开放这段时期，前期开放空间受到前苏联城市规划思想的影响较大，政治色彩浓厚，城市建设过分追求形式，追求严谨政治秩序，体量庞大、空洞，形式单一、乏味，如突出表现集权思想的广场和极不实用的宽阔大街，街道也多是围绕中心性的广场放射展开；公园等休闲游憩的空间形式的发展虽然受到一定程度的限制，但这些绿地形式在各地城市中还是得到了发展，促进了城市开放空间的发展。

新中国成立初期，经过连年的战争，城市几乎处于千疮百孔、破败不堪的局面，民生凋敝、百废待兴，开放空间几乎一片空白。针对这一现状，1951 年 2 月，中共中央在《政治局扩大会议决议要点》中指出，“在城市建设计划中，应贯彻为生产、为人民服务的观点”，明确规定了城市建设工作的基本方针(戴均良，1992)。各城市纷纷结合爱国卫生运动，发动群众，清运垃圾，整治城市公共空间环境，如修桥补路、疏浚河道、修筑堤坝、积极开辟苗圃、恢复整理旧有公园和改造开放私园等，促进了城市开放空间的复兴。

北京先后疏浚了北海、中南海，整治了紫竹院、陶然亭、龙潭湖，使其形成广阔的水面，建成了美丽的公园，大规模整治了河湖水系，整修、修建了排水系统，扩建、新建了城市道

路；南京市则疏浚了秦淮河、惠民河、玄武湖，培修了郊区堤防，把臭水坑遍布、疾疫蔓延的"苦恼村"(五老村棚户区)改造成房屋整洁、花木繁盛的幸福村；成都市疏通锦江、府南河等城市河道、沟渠 50 余千米，街道暗流 80 千米，基本解决了城区洪涝灾害，清除了市中心区的杂草和积存百年以上的垃圾 20 多万吨，使各城市原来的城市公共空间环境得以旧貌换新颜(何一民，2001；邹德依，2001)。

在城市建设及开放空间发展刚刚恢复的时期，"大跃进"和"文化大革命"运动相继发生，先后对城市公园、绿地及城市周边自然环境和历史文化古迹等遗产，造成了空前的冲击，开放空间建设停滞、倒退，又回到解放初期的破败状态。

3.2.3 复苏、再繁荣的开放空间

改革开放以来(1978 年至今)，城市开放空间外部完全突破了城市固有城墙严格界限的束缚，与城市的外部自然山水、农林环境连接、融合，内部的河湖水体、绿地系统、广场、小游园、街头绿地等形式日趋丰满，并在注重数量的同时开始关注其功能、品质的完善、提升。

改革开放是我国发展历程的一个新纪元，十一届三中全会后，全国政治局势稳定，经济与建设快速发展，全国人大常委会、全国城市工作会议、全国城市规划工作会议等会议上形成的《关于加强城市建设工作的通知》《中华人民共和国城市规划法》《关于发展小城镇的意见》《关于城市建设用地综合开发的试行办法》《关于征收城镇土地使用费的意见》《城市规划编制审批办法》《城市规划定额指标暂行规定》《城市规划条例》等一系列的纲领性、指导性的法规、文件，促进了我国城市规划工作的恢复发展(庄德林、张京祥，1990)。

伴随着有计划的城市规划，加之西方城市的规划思想不断涌入，开放空间建设也日趋蓬勃。从 20 世纪 70 年代末到 80 年代中期，城市主要采取局部拆迁式的改造，一般选择在城市中心区进行见缝插针的建设。北京、上海、沈阳、天津、合肥等都进行了大量的旧城更新改造，由于当时对城市保护认识不足，在城市中心区见缝插针的改造对原有城市景观造成强烈的冲击。这时期的城市开放空间建设的重点是进行小片、团状和线状一条街的改造，建设住宅小区内部及周边的绿地和小游园。

进入 90 年代，随着国家对城市土地批租、房地产市场的建立，旧城综合改造在全国范围内大规模推广开来，国家进行危旧房改造试点，调整城市用地和功能结构，引起三产向中心区集聚，开始城市中心区综合改造，促使城市开放空间得到重视，并将城市经济、环境等多重效益有机结合起来。

仅就公园来讲，1985 年底的统计显示，全国 324 个设市城市有公园 1 017 个，面积约 22 万 hm^2；到了 1998 年，在我国设市的 668 个城市，城市园林绿地总面积已达 745 654 hm^2，其中公共绿地面积为 120 326 hm^2，公园 3 990 个，总面积 73 197 hm^2；截至 2009 年，城市园林绿地面积 174 700 hm^2，人均公共绿地 9.7 m^2，公园 8 557 个，总面积达到 218 000 hm^2。我国也经历了"广场热""草坪热"等开放空间建设的探索以及环境"先污染后治理"的弯路，目前来讲，日趋理性、成熟(吴良镛，1996)。然而，在快速城市化、城市蔓延加剧的形式下，开放空间建设仍然面临巨大的压力，也提出了一个新的发展课题。

3.3 小 结

由对国内外城市开放空间的发展演变的分析来看，国内外城市开放空间的发展实质是城市化不断深入的过程，自然性景观不断被人文化、半人文化景观取代，而当社会经济发展水平达到一定高度后，人文化景观也会向半人文化甚至是自然性景观恢复，但在方式、形式上存在较大的差异。

以欧洲为代表的西方城市传统开放空间，广场几千年来一直扮演着不可替代的角色(图 3-8)。广场在城市形成伊始便产生，不但成为市民生活的中心，并且这种中心性在很多城市的空间形态中得到明显的体现。城市中的街道多以中心性广场为构图中心，街道呈放射状展开，一些小型广场也成为城市局域的重要空间节点，其早期功能主要体现在信息传递、商品交易、宗教节庆活动等方面；虽然出现了其他公共开放空间的形式，如花园、动植物园等，但数量和规模都很小。文艺复兴时期，广场道路的基本格局未发生变化，广场更加开放开敞，广场中的雕塑、喷泉等小品更加丰富，除了私家园林的庄园迎来大发展外，公园的数量和质量也有明显提升。绝对君权的 18 世纪，城市开放空间在先前的基础上更加注意吸收自然山、水、森林等元素进入城市环境，其中法国最为突出，这也使得城市开放空间突破了城墙的束缚，城市有了明显向外扩展的动向，成为开放空间发展的一个重要转折(1780 年)；各国在效仿法国的同时，自身的公园、花园、宫苑等也获得了空前繁荣，为现代意义上的开放空间的形成奠定了基础。工业革命为城市的扩张创造了条件，也成为城市内部生态环境恶化、城市无限制蔓延的直接推动力。大面积的自然、生产用地被转化成为城市人文化、半人文化的景观，虽然经历了两次世界大战的暂时停滞，但整体的蔓延趋势仍不断加剧。于是，人们对开放空间的重要性和作用的关注程度不断增强，这也是近现代时期以来田园城市、公园运动、邻里单元、精明增长等与开放空间相关的实践和理论形成的重要原因。近年来，国外对开放空间的建设和保护程度空前加强，开放空间不断恶化的趋势有所缓解，但仍不容乐观。

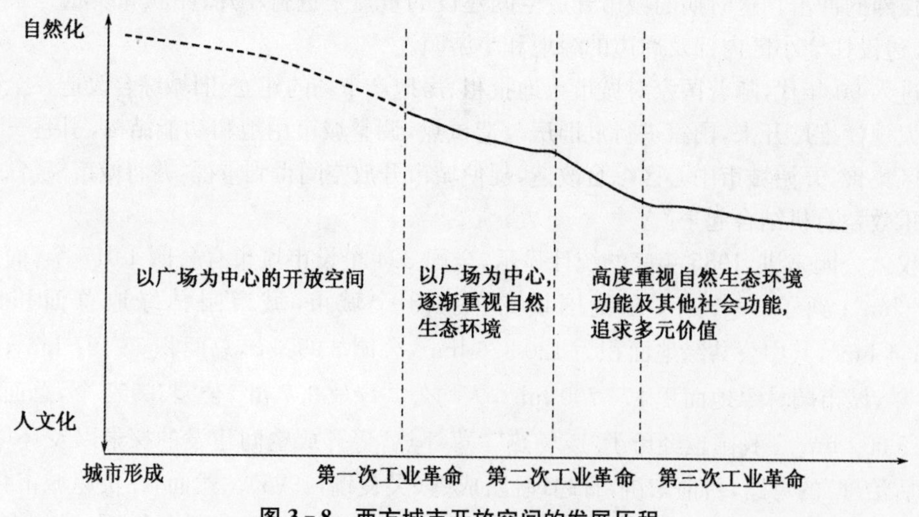

图 3-8　西方城市开放空间的发展历程

古代形成的“自然风水观”“天人合一”的思想，是几千年来我国开放空间发展的思想内核，是我国开放空间、城市乃至社会发展的理想目标(图 3-9)。这一理念在 1780 年巴黎的一次规划后，渐渐为西方所接受，尤其是近现代以来，西方对自然的追求和重视程度已然超过我国。我国在城市最初形成时期虽然形成了广场，但由于封建统治的需要，城市公共空间被极大地限制，中国古代城市住区的规划思想和目的都是作为巩固封建统治的一种手段，因此不论在形式和内容上都为强化统治阶级中的等级观念，为统治阶级服务。古代开放空间的发展也极为缓慢，自然山水、街巷、寺院是最主要的城市开放空间形式，古典皇家、私家园林是最大的潜在资源(我国现在开放空间的很多公园、名胜古迹等都是古典园林或在此基础上稍加改造而成的)。封建统治者严格控制市民的各种公共活动，在宋朝以前，城市实行里坊制，市民交往的主要空间是以街巷为主的邻里空间，商业活动也被限制在固定的时间、地点，市场、广场及街巷等开放空间的功能性大大降低。随着经济发展，严格的里坊制被打破，商业活动自由发展，城市开放空间的功能性得到极大的发展，在唐朝后期形成的公共园林规模数量不断增加，皇家园林和私家园林在节庆时也起到休闲游憩的作用，逐渐形成了自然山水、街巷、园林、市井、广场等形式的开放空间体系。

1840 年后，随着西方殖民者的入侵，租界内植入了一种我国重要的开放空间形式——公园，虽然我国早已存在公共园林，但与其规则、开放的形式存在较大差异。随后，我国的开放空间发展与我国的城市建设、社会发展一样，一直处于断断续续的状态。这种局面一直持续到 20 世纪 70 年代末期，改革开放后，随着经济发展，工业化、城市化的推动，我国的城市建设取得较大进步，逐渐形成了以绿地系统为主的开放空间体系。直至 20 世纪末期，开放空间的系统理念才从国外引入，并逐渐被接受，也正是这一时期，我国城市扩展、蔓延不断加剧，其保护的形势也更加严峻。于是，开放空间发展的“保护自然、融入自然、回归自然”理念又重新被认识、重视。

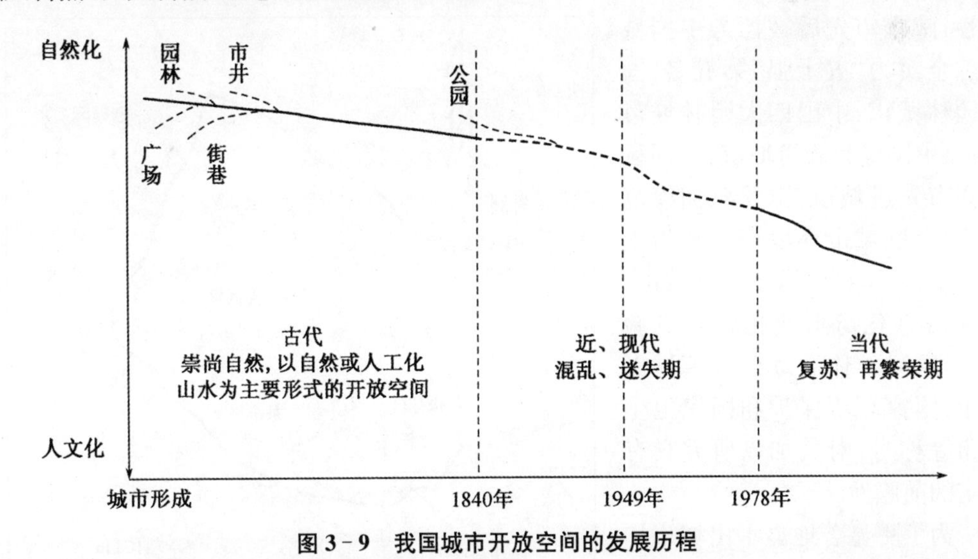

图 3-9　我国城市开放空间的发展历程

4 研究区域、数据处理及研究方法

4.1 研究区域的选取

4.1.1 选取的依据

孙中山 1918 年在《建国方略》中讲道:“其位置乃在一美善之地区。其地有高山、有深水、有平原,此三种天工,钟毓一处,在世界大都市,诚难觅此佳境也。而又恰居长江下游两岸最丰富区域之中心,……南京将来之发达,未可限量也。”

南京城市自然环境条件优越,山环水抱,在风水观的视角下亦给予了“虎踞龙蟠”的极高评价,城市山、水、城、林浑然天成,具有一定代表性。同时,南京是著名古都,城市建设历史悠久,无论是传统园林,还是现代开放空间的公共绿地、附属绿地、水体、广场等类型都十分完备,市级、区域级、社区级别的绿地类型齐全,与其他城市的绿地系统存在较高的共性特征,是我国城市发展的典型类型。当然,南京主城区内紫金山、玄武湖这样大型的开放空间类型在我国城市中也不多见,这种较大规模开放空间在城市发展、扩张过程中的作用,也是笔者选择南京作为案例地的考虑因素。

以南京为典型案例地进行开放空间的研究,主要还考虑到南京近年来城市发展迅猛。20 世纪 90 年代以后,城市高速扩展蔓延,对该城市内外部环境变化的研究具有较强的针对性;南京市先后被评为中国城市综合实力“五十强”第五名、国家园林城市、中国四大园林城市之一、中国优秀旅游城市、全国科技兴市先进城市、全国双拥模范城市、全国城市环境综合整治十佳城市、全国科技进步先进城市、国家信息化与工业化融合试验区、国家科技体制综合改革试点城市、国家环境保护和国家卫生城市等称号,对其加以研究具有一定的前瞻性。

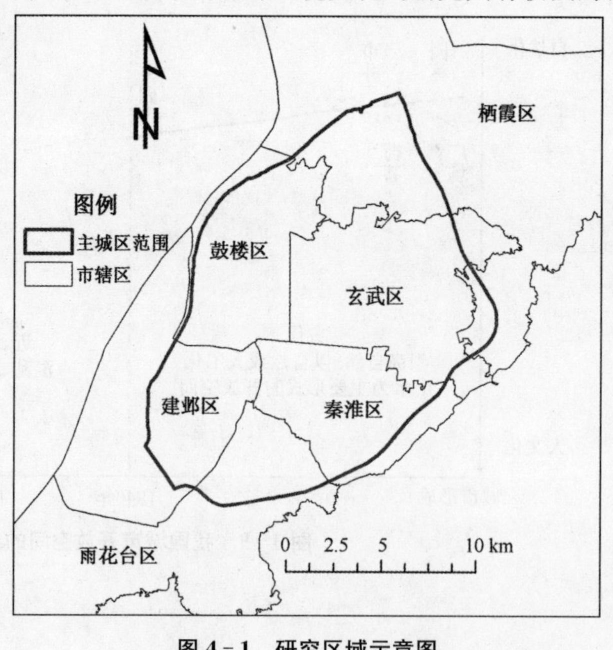

图 4-1 研究区域示意图

为了更显著地显示出城市扩展过程中开放空间的变化动向,在保证数据的连贯性、可获取性的前提下,将研究区域进一步明确为南京市土地利用总体规划和南京城市总体规划划定的主城区范围(图4-1),即位于长江岸线以南、绕城高速、江山大街及其至长江的延长线所围合的区域,面积共约243 km²,包括鼓楼的全部,以及建邺、栖霞、秦淮、玄武及雨花台等区的部分地区。

4.1.2 研究区域概况

(1) 自然地理

南京市地处长江下游的宁镇丘陵山区,它位于北纬31°14″至32°37″,东经118°22″至119°14″。南京市平面位置南北长、东西窄,成正南北向;南北直线距离150千米,中部东西宽50—70千米,南北两端东西宽约30千米。南面是低山、岗地、河谷平原、滨湖平原和沿江河地等地形单元构成的地貌综合体。

南京市属亚热带季风气候,雨量充沛,年降水1 200 mm,四季分明,年平均温度15.4 ℃,年极端气温最高39.7 ℃,最低−13.1 ℃,年平均降水量1 106 mm。春季风和日丽;梅雨时节,又阴雨绵绵;夏季炎热,与武汉、重庆并称“三大火炉”;秋天干燥凉爽;冬季寒冷、干燥。南京春秋短、冬夏长,冬夏温差显著,四时各有特色,皆宜旅游。因此,就有了“春游牛首烟岚”“夏赏钟阜晴云”“秋登栖霞胜境”“冬观石城霁雪”之说。

南京城区起伏不平。紫金山中支的余脉向西延伸,在太平门旁为富贵山,进城为小九华山、北极阁,继续向西连接古长江冲积物堆成的下蜀黄土岗地,把南京城一分为二,形成了秦淮河水系和金川河水系的天然分水岭。在城北绣球公园附近还有狮子山(又名卢龙山),城西有马鞍山,城南有石子岗(又名玛瑙岗、聚宝山)。四周群山环抱,有紫金山、牛首山、幕府山、栖霞山、汤山、青龙山、黄龙山、方山、祖堂山、云台山、老山、灵岩山、茅山等,另有富贵山、九华山、北极阁山、清凉山、狮子山、鸡笼山等聚散于市内,形成了山多水多丘陵多的地貌特征。

南京市内主要河流有长江和秦淮河。长江南京段从江宁铜井镇南开始,至江宁营防乡东为止,境内长约95千米。秦淮河全长103千米,到南京武定门外分两股,一股为干流,称外秦淮河,绕城经中华门、水西门、定淮门外由三汊河注入长江;又一股称内秦淮河,由通济门东水关入城,在淮清桥又分为南北两支,南支为“十里秦淮”,经夫子庙文德桥至水西门西水关出城,与干流汇集,北支即古运渎,经内桥至张公桥出涵洞口入干流。

长江南岸临江一侧为陡峭岩壁,形势险要、江岸陆域狭窄,岸线利用受到一定限制。在低山丘陵,因岩性坚硬,坡度大于25%,目前已全部绿化,树木茂盛,宜加保护,作为风景游览区。南京市地处北亚热带,属于我国现代植物资源最丰富、植物种类最繁多的地区。又以山丘、河湖兼备,气候温和,因而野生动物资源丰富繁多,其动物种类,足以代表长江下游地区。市内水网发达,水体面积占市区总面积的11%,江、河、湖交织,融会贯通(王浩、徐雁南,2003)。长江是南京城内最大的水体,沿江开发以绿化为主体的大江风貌,是南京江滨城市特色的集中体现,秦淮和金川两河横贯全城。此外,城区还有玄武湖、莫愁湖等大小湖泊,为发展城市滨江绿地、构建绿化体系,提供了良好的条件。

(2) 城市发展

南京市是我国四大古都之一、国家级历史文化名城,江苏省省会,全省的政治、经济、文化中心,长江流域四大中心城市之一。全市下辖11个区(2016年),总面积6 587.02 km²,

2016年建成区面积1 125.78 km^2，常住人口827万人，城镇人口678.14万人，城镇化率82%。南京位于长江下游宁镇丘陵区，东距长江出海口300千米，西达荆楚，南接皖浙，北连江淮。境内江河纵横，低山丘陵起伏，物产丰富，景色壮丽秀美，文物古迹众多，融山、水、城、林于一体。

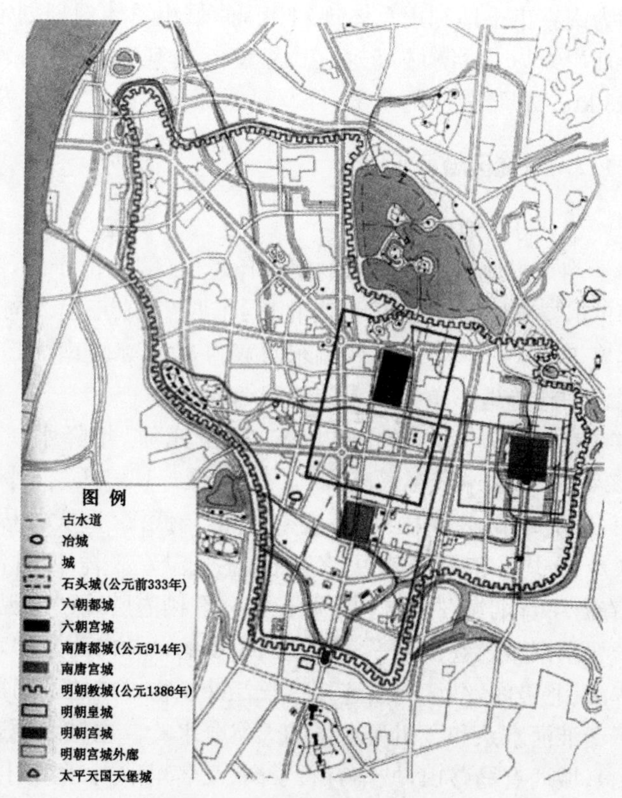

图4-2　南京都城变迁示意图

南京历史悠久，东郊汤山发现的猿人头骨化石，证明30万年前就有古人类生活于此。五六千年前南京出现大批原始村落，以北阴阳营聚落为代表的大批古文化遗址属于这一发展阶段。南京地区在夏商二代，未见有城邑的记载(图4-2)。春秋时期，南京地处“吴头楚尾”，作为军事前沿，吴、越、楚三国先后建有城邑。最早有记载的城邑是周景王四年(公元前541年)，吴在今高淳县固城镇境内设濑渚邑。周元王四年(公元前472年)，范蠡筑越城于古长干里(今中华门外雨花路西)，此为南京城区筑城之始，楚灭越，在今清凉山一带(当时长江岸边)建金陵邑，以上城邑均为军事城堡性质，当时手工业作坊、商市及居民都在城堡之外。南京建都史自东吴定都建业开始。其后，东晋、南朝(宋、齐、梁、陈)、南唐、明、太平天国和中华民国，前后十代定都南京共450年。东吴、东晋及南朝的宋齐梁陈，史称六朝时期，都城规划是以“君”为本。都城形制受《周礼》影响，并融合山丘环抱、河湖萦绕散布的自然地形，表现出礼制规划与因地筑城的巧妙结合。

五代十国时期的南唐在江宁府建都，突破了六朝建康以“君”为本的单一功能。都城南移，跨淮立城，包含了秦淮河两岸经济富庶的居民区、商市区，建造坚固宏伟的都城，体现了“造廓以守民”的规划思想。

明朝于洪武十一年(1378年)正式定都南京，称京师。明南京城为四重环套配置形制。庞大的都城，充分体现了大一统王朝的气势。京城与外郭城垣形态，顺应山峦湖泊、水系等地形限制与旧城制约，是深受管子“城郭不必中规矩”务实思想的体现。宫城部分严格按礼制体系，布局规整，轴线对称。宫城轴线与旧城轴线同时并存，各有分工。

公元1853年，太平天国定都南京，改称天京。此时期城市建设主要有两大内容：一是出于军事需要，改造加固明代城垣，加筑城外营垒。另一是建设天朝宫殿及众多的大小王府，天朝宫殿、各王府及明代建造的七彩琉璃大报恩寺塔均毁于天京陷落前后。1912年孙中山在南京就任临时大总统，定都南京。经历过抗日战争和解放战争的洗礼后，中国共产党于 1949 年成立南京市人民政府。至今，南京是副省级城市，江苏省省会，国家历史文化名城，国家综合交通枢纽，国家重要创新基地，区域现代服务中心，长三角先进制造业基地，滨江生态宜居城市，长江三角洲承东启西的国家重要中心城市。

(3) 开放空间发展背景

① 古代开放空间

南京城市的发展是从东吴建都开始的，虽然此前春秋战国时期，南京已有位于城区的越城、金陵邑和秣陵等小城邑，但多为军事防卫的军事要塞性质。本部分即按照前文，对我国古代及近现代的开放空间形式（自然山水、古典园林、街巷、市场等），对南京城市发展过程中开放空间的发展历程进行梳理。

东吴建业城已由过去的古城堡发展成为东吴的政治、经济、文化、军事、交通中心城市（图 4－3）。城市是依古代风水思想理解而建，北依鸡笼山，南对韩府山与牛首山之间的谷地，这些要素也是开放空间的重要形式。秦淮河屈曲蜿蜒而过，商市区沿秦淮河而置，集中地是建初寺的大市和东市，充分体现了水乡的特色。城郊还有“会市”，市场、水体开放空间有机结合；城市道路以 7 里长的御道为骨架，中间部分为御道，两旁设官民大道，道旁槐柳成荫、流水潺潺；道路北端连接覆舟山、玄武湖畔的皇家游乐囿区，贵族园林分布于清溪两岸。

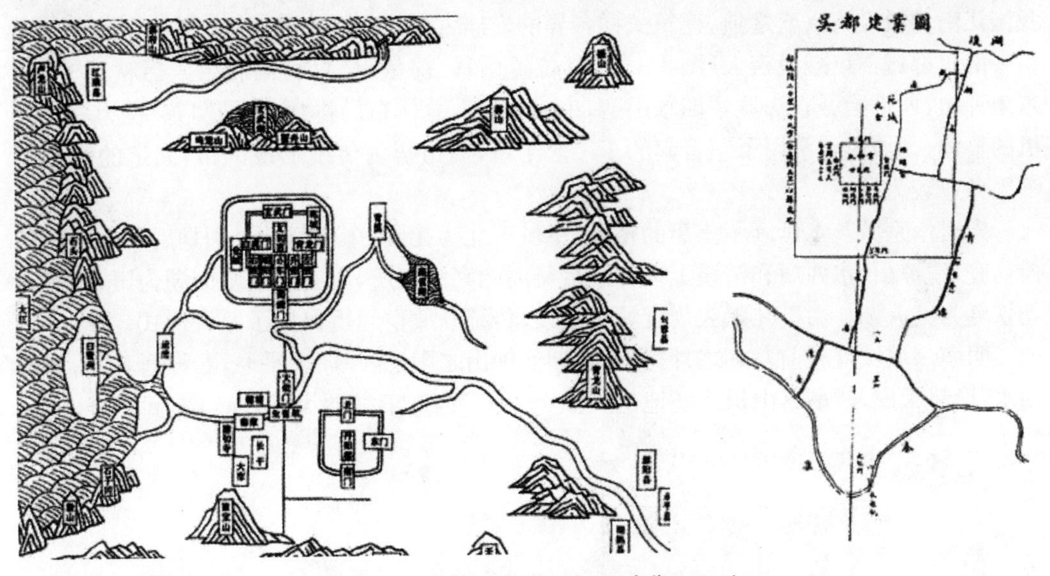

图 4－3　东吴建业城示意图（朱偰，2006）

建康总体上继承了建业的基本格局（图 4－4），用地和人口规模有了进一步的扩大，吴时宫苑改称为华林园。道路以宫城为中心，中轴线的御道和沿宫城南侧东西向的大街组成了丁字形骨架，随河道地形组成了里坊路网；市场除去大市、东市，又有北市和秣陵斗场市，淮水、清溪两岸扩延有小市十余所，交通冲要处置很多草市，环列城之外围。

南朝宋、齐、梁、陈都以建康作为京都（图 4－5），建康城内外商业繁荣，特别是秦淮河两岸商市密集，记有大小市集 100 多个，城内仍为四个商市。南朝有史可查的皇家花园和

图 4-4　东晋建康城示意图(朱偰,2006)

离宫别苑达 30 多处，皇家苑囿 20 余处主要分布于玄武湖畔、清溪及秦淮沿岸及钟山之麓，如以覆舟山为中心的乐游苑，以鸡笼山为中心的华林苑、东田馆、博望苑等。南朝成为我国江南佛教最为兴盛之地，建筑式样各异的宏庙古刹达 500 余座。

南唐都城不仅规模宏大(图 4-5)，且位置南移，前依聚宝山(雨花台)、后枕鸡笼山、东望钟山、西带冶城石头城，“四顾山峦，中为方幅”，总体布局将“宫”“城”“苑”视为一个有机的整体；都城街巷沿用了东晋起的丁字形干道，商市仍为传统形成的市，固定的商业街等服务业较为发达。

宋时南京城基本延续了南唐的格局，皇城东北为花园、东西门外分别是后军校场和县衙前庭，清凉山、水西门和清溪上多为亭台楼阁的宴游之所，而玄武湖则废湖为田，及至元朝恢复为玄武湖。由于几无大规模城市建设，传统开放空间也保持了原有形式。

明南京城城址在前六朝之外“为燕雀湖当钟山之阳，为一广大平原，秦淮通其间，背山面水，形势天成，所谓尽山川之圣地也”(图 4-6)。西起旧城西大门，东自玄武湖畔，向北

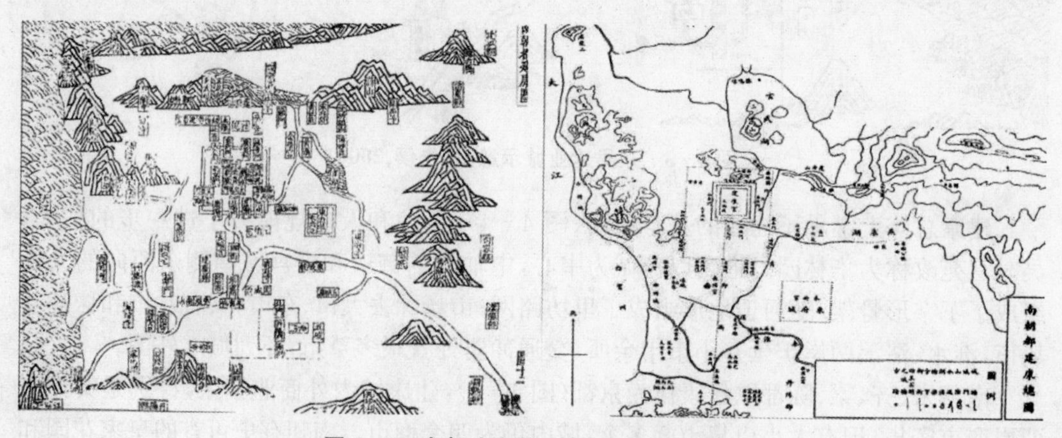

图 4-5　南朝建康城示意图(朱偰,2006)

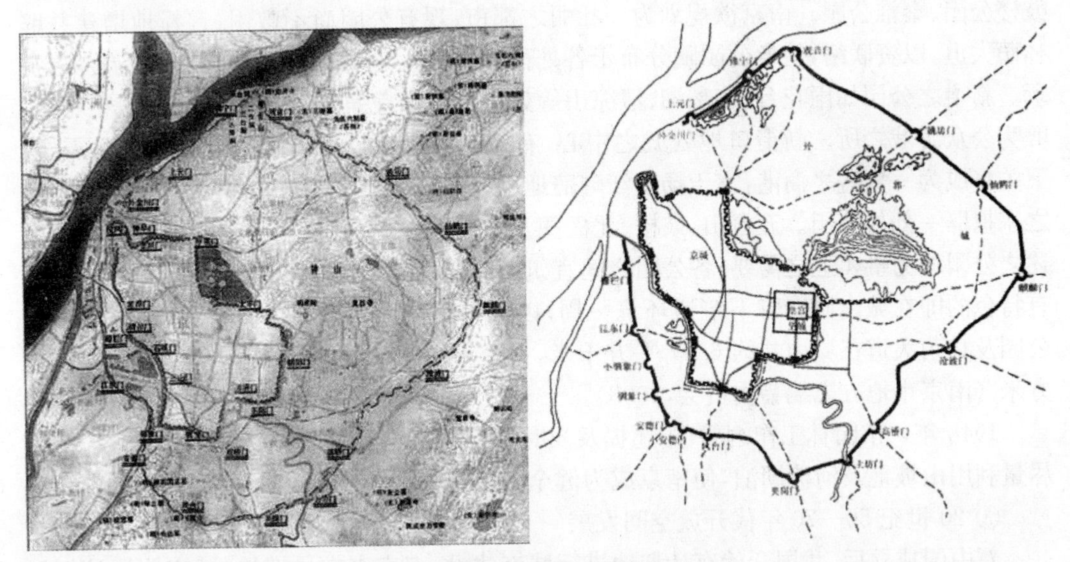

图 4-6　明南京城示意图(朱偰,2006)

直抵龙湾,将石头、清凉、马鞍、四望、卢龙、鸡鸣、覆舟、富贵诸山都利用起来,城墙皆据岗垄之脊,凭险制高,城外都以河湖为濠,充分利用了南京的军防有利地形。以自然风景为主的公共风景区,基本上依山傍水,分布于城西、城南、城北,名山之巅、大江之滨、驿道清泉边散布亭榭,私家园林亦获得了较大发展,多集中于凤凰台、杏花村一带,诸如西园、凤台园、万竹园等。城外郭或"依山为郭",或以平地堆土筑墙,内城与外郭间多为农田、村庄。随着古代"街坊"转变为街巷,集市商业也获得了巨大的发展,鳞次栉比的街市、市也成为当时重要的传统开放空间形式,如南京最为繁华的三山街的承恩寺一带,行业齐全、百货云集,也是市内游艺杂耍的聚集之处。城内寺庙众多,多集庙市合一,也是游艺杂耍中心,如灵谷寺、天界寺、报恩寺、静海寺、古林寺等,寺庙园林是公共开放空间的重要形式,定期或日常性地承担市民节庆、集会、荡涤身心等功能。城内水系网络全城,内秦淮河两岸布局特异,盛行各种灯船、游船,成为一条名副其实的游览水道;社稷坛、朝天宫、天地坛等坛庙,也是后来发展成为开放空间的重要形式。

② 近、现代开放空间萌芽

南京城经历过清朝的低落和太平天国的动荡后,在民国时期迎来了较大发展,1919—1949 年的 30 年时间里,共进行了七次大小深浅不同层次的规划。《市政计划》在全市范围内兴建五大公园与五大名胜,即东城公园(利用明故宫适加修葺促成),南城公园(利用贡院及夫子庙一带加以点缀布置),西城公园(利用清凉山龙盘虎踞关、随园、古林寺一带山水风景),北城公园(利用鼓楼公园扩展至钟楼、北极阁、台城一带),下关公园(利用静海寺外三宿崖风景区建成),以及秦淮河、莫愁湖、雨花台、玄武湖与三台洞等五大名胜。《首都大计划》曾提出过城市农村化的思想,指出现代城市往往过于反自然,应注意提供清新自然的环境。《首都计划》是南京历史上比较系统的城市规划文件,由美国著名建筑师亨利·茂菲和工程师古力治编制,将公园与林荫道置于重要位置,"公园之设置,关系与市民之健康与娱乐游憩之所需,现有公园较大者有中山陵园、玄武湖公园、第一公园,较小者有鼓楼公园、秦淮公园。南京欲规划为一壮丽之都市，现有公园尚不敷用，宜择地增建并辟林荫大道，以资联络，使各公园随分布于各处而经林荫大道合为一大公园，以使游客之赏玩。新增之公园如雨花台、莫愁湖、清凉山等处古迹所存宜辟为公园，朝天宫建筑精巧，宜辟为公众游戏之所。新街口地处城之中心，有一旷场宜筑为公园以应附近居民之需要。下关将成为一繁盛之商港，宜于扬子江畔辟地以为游憩。浦口之西北部，大头山与大顶山之东拟辟一郊外公园。五台山、鼓楼、北极阁及其以西之地，宜保留为公众游憩之地。上述之公园均为事实上之需要，各公园之间宜筑有林荫大道，此种大道之性质与园无异，最有特色的即在城内城墙脚下筑道环绕一周，以及利用城垣大道作为高架观光游乐大道。公园及林荫大道在城内共约 6.47 平方千米，占全市总面积的 14.4%，人均约占 8.93 平方米”(南京市地方志编纂委员会,2008)。

1948 年，“市园林工作纲要”中还提及当时城市绿化现状、绿地分类及设计刍议，构想尽量利用山坡地及河流湖泊，使南京成为健全的绿化城市与独特风景区域。

③ 20 世纪 50—70 年代开放空间发展

新中国成立后，我国开始有计划地进行城市建设，南京市在早期的《城市分区计划初步规划(草案)》中确定鼓楼为城市中心，建设大型广场，建立环形、放射、轴线对称的道路系统，并规划玄武湖、莫愁湖和雨花台为全市性文化、休闲公园，紫金山为森林公园，与河道、干道绿地共同构成城市绿地系统。随后 1956 年的《城市初步规划草案》将新街口和鼓楼规划为商业文化活动中心，珠江路和广州路改为林荫大道，珠江路以北为大型游行集会活动中心。南京市有关部门开始编制专项绿地系统规划，如《南京市园林绿化工作“三五”规划》(1963—1967 年)，但由于“大跃进”和“文化大革命”等运动，刚刚兴起的城市建设又陷入了停滞。

4.2 数据的来源、处理

4.2.1 数据资料来源

数据来源主要是：

(1) 南京市 1979 年 TM 卫星遥感数据(30 米分辨率，4 波段)。

(2) 南京市 1989 年、2001 年、2006 年 TM 卫星遥感数据(30 米分辨率，7 波段)。

(3) 南京市数字高程(DEM)、坡度(Slope)数据(UTM/WGS84，30 米分辨率)。

(4)《南京城市规划志》(上、下)。

(5)《南京市城市总体规划(1991—2010)》。

(6) 南京市主城区土地利用现状图(2004 年)，1∶80 000。

(7) 南京市市区用地现状图(1978 年 1∶5 000，1990 年 1∶10 000，2000 年1∶10 000，2006 年 1∶10 000)。

(8)《南京市城市总体规划(2007—2030)》成果草案。

(9)《南京园林志》《南京新园林》。

(10)《南京统计年鉴》(1978—2007 年)。

(11) 南京市第二、三、四次人口普查数据。

(12)《中国城市统计年鉴》(1982—2008 年)。

(13)《南京人口志》。

(14)《南京建置志》。

(15)《南京街巷名录》。

以及部分相关的各区年鉴、区志等。

4.2.2 数据的处理

(1) 数据获取

按照上文所建立的三系六类的开放空间体系,在解译过程中对各时段重采样图像进行非监督分类,选用 ISODATA 算法(图 4-7)。在非监督分类的结果上选取训练区,进行监督分类,监督分类采用最大似然法。然后用目视解译的方法对错误的分类结果进行纠正。

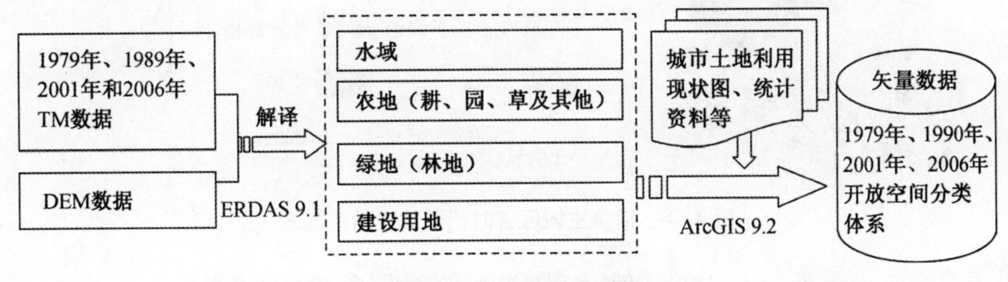

图 4-7 数据处理流程

图像分成四类,分别为城市建设用地、农地、绿地和水域。在此基础上,进一步根据 1978 年南京市市区用地现状图、1990 年南京市市区用地现状图、2001 年南京主城区土地利用现状图、2006 年土地利用现状图及南京园林志、南京新园林统计资料,将绿地细分为公共、附属、生产及生态防护绿地,以及广场,得到三系六类的 1979 年、1990 年、2001 年、2006 年 4 期数据(图 4-8)。面积过小、过于隔离破碎的开放空间,其可进入性、游憩功能和生态功能受到很大限制,且影像分辨率精度水平为 30 m,为保证数据的准确性,只提取面积在 2 500 平方米以上的开放空间斑块。

(2) 行政区划调整及处理

南京市行政区划调整频繁,3 个研究时段内共进行了 3 次行政区划调整,分别是 1984 年、1995 年和 2002 年(表 4-1)。其中,1984 年的调整范围较小,1995 年调整了主城区内所有区的行政范围。

① 1984 年 2 月,玄武湖以北、沪宁铁路线以南,小市镇的韶山路、玄武新村两个居委会和玄武湖大队、岗子村、新庄村等地段(包括南京林业大学、锁金村),从栖霞区划归玄武区。1979—1984 年,原属雨花台区的象房新村、友谊村、通济门外大桥、九龙桥以北等地段先后划归白下区管辖。

1984 年原属雨花台区的七里营、扇骨营两个居民委员会,原属建邺区的徐家巷居民

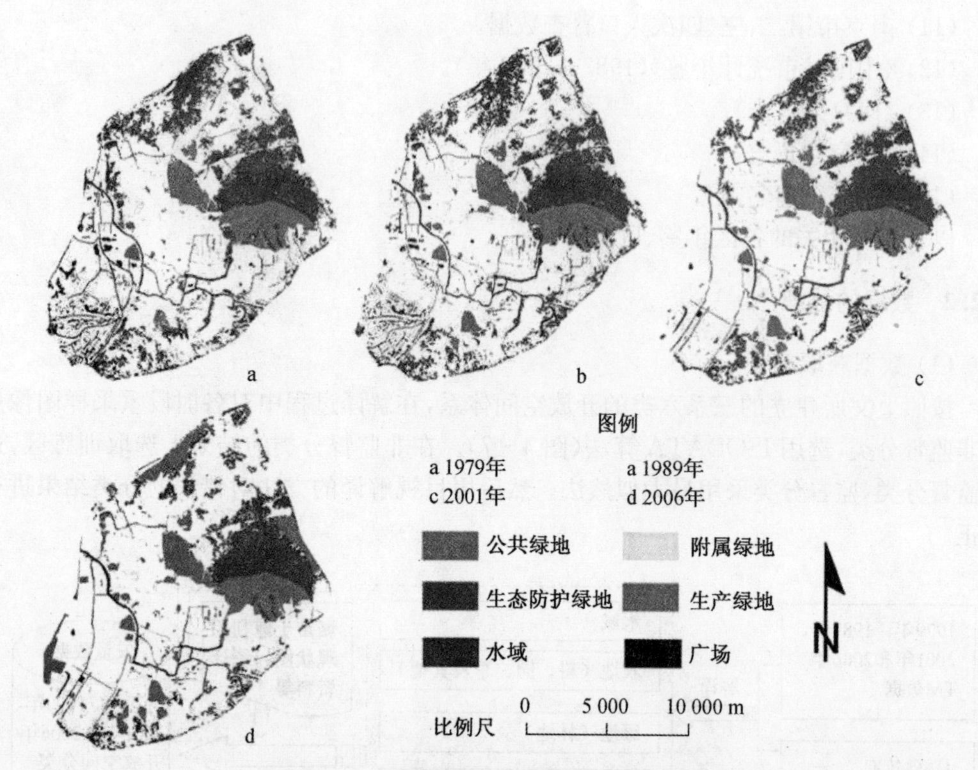

图 4-8 南京主城区各时相开放空间类型图

表 4-1 1979—2006 年南京主城区的街道(乡、镇)变动情况

地区	街道、乡(公社)、镇			
	1979 年(66 个)	1989 年(56 个)	2001 年(55 个)	2006 年(49 个)
玄武	梅园新村、新街口、香铺营、丹凤街、兰园、玄武门、后宰门、四牌楼	梅园新村、新街口、锁金村、丹凤街、兰园、玄武门、后宰门	梅园新村、新街口、锁金村、玄武门、后宰门、红山、孝陵卫、玄武湖、丹凤街、兰园	梅园新村、新街口、锁金村、玄武门、后宰门、红山、孝陵卫、玄武湖
白下	淮海路、洪武路、五老村、大光路、瑞金路、三条巷、中华路、朱雀路、马府街	淮海路、洪武路、五老村、大光路、瑞金路、建康路	淮海路、洪武路、五老村、大光路、瑞金路、建康路、苜蓿园、石门坎镇	淮海路、洪武路、五老村、大光路、瑞金路、建康路、苜蓿园、光华路、止马营、朝天宫
秦淮	夫子庙、双塘、饮虹园、钓鱼台、中华门、白鹭洲、李府巷	夫子庙、双塘、饮虹园、钓鱼台、中华门	夫子庙、双塘、饮虹园、钓鱼台、中华门、秦虹、红花镇	夫子庙、双塘、中华门、秦虹、红花
建邺	安品街、朝天宫、止马营、石鼓路、升州路、水西门、侯家桥、汉中门	安品街、朝天宫、止马营、莫愁湖、南湖	安品街、朝天宫、止马营、莫愁湖、南湖、兴隆	南苑、滨湖、双闸、沙洲、南湖、兴隆

续表

地区	街道、乡(公社)、镇			
	1979年(66个)	1989年(56个)	2001年(55个)	2006年(49个)
鼓楼	华侨路、五台山、向阳、鼓楼、丁家桥、中央门、三牌楼、水佐岗、挹江门	华侨路、五台山、宁海路、鼓楼、丁家桥、中央门、三牌楼、水佐岗、挹江门	华侨路、五台山、宁海路、鼓楼、丁家桥、中央门、三牌楼、水佐岗、挹江门、江东	华侨路、宁海路、中央门、江东、挹江门、湖南路、莫愁湖
下关	中山桥、热河路、车站街、四所村、宝塔桥、三汊河、二板桥	中山桥、热河南路、车站街、建宁路、宝塔桥	中山桥、热河南路、车站街、建宁路、宝塔桥、小市	阅江楼、建宁路、热河南路、宝塔、小市、幕府山
栖霞	迈皋桥公社、燕子矶公社、迈皋桥镇、燕子矶镇、玄武湖公社、马群公社、紫金山公社、孝陵卫镇、小市镇	迈皋桥乡、燕子矶乡、迈皋桥镇、燕子矶镇、玄武湖乡、马群乡、紫金山乡、孝陵卫镇、小市镇	迈皋桥 燕子矶 马群	迈皋桥 燕子矶 马群
雨花台	雨花镇、七里镇、上新河镇、雨花台公社、红花公社、江东公社、沙洲公社、双闸公社、铁心公社	雨花镇、七里镇、上新河镇、雨花台乡、红花乡、江东乡、沙洲乡、双闸乡、雨花新村、铁心桥镇	雨花新村 宁南 双闸 沙洲 铁心桥	雨花新村 赛虹桥 宁南 铁心桥

委员会所处地段划归秦淮区。江东公社凤凰二队、三队，跃进生产队及上新河镇的凤凰西街、茶亭两个居委会所属地段划归建邺区；建邺区划出徐家巷、红土山、石成桥三个居委会给鼓楼区。定淮门外秦淮河滩地由下关区划给鼓楼区；原属鼓楼区的多伦路、黄土山、盐仓桥三个居委会划给下关区。

② 1995年4月，全市区划调整，将原属鼓楼区的中央路东侧的廖家巷、大树根、后大树根、中央门四个居委会划入玄武区；将玄武湖镇、孝陵卫镇(苜蓿园、后庄村除外)以及小营、红山、藤子3个行政村和伊刘苗圃、中山陵园风景区，从栖霞区划归玄武区管辖；将栖霞区孝陵卫镇的苜蓿园、后庄2个行政村，划归白下区管辖；将栖霞区的小市镇、迈皋桥镇的五塘村归下关区管辖；将雨花台区红花镇和大校场机场用地范围，划归秦淮区区辖。

1995年4月11日，《关于调整玄武、白下区、江宁县等区、县行政区划的通知》(宁政发〔1995〕74号)批准将雨花台区江东镇所辖的河南、所街、兴隆、向阳、东林五个行政村和仁东桥、棉花堤、螺丝桥三个居委会，以及原茶亭行政村，划归建邺区管辖，并组建新的街道办事处。4月27日，市政府批准《关于同意成立兴隆街道办事处的批复》(宁政复〔1995〕23号)，同意在南湖新村西南，东至南河，南至雨花台区青石村、红旗村，西至棉花堤夹江，北至鼓楼区江东村的范围内成立兴隆街道办事处。新成立的兴隆街道办事处，辖安国、安泰、安民、安康、螺丝桥、仁东桥、棉花堤七个居委会和河南、所街、兴隆、向阳、东林五个村委会，安如、安意两个居民区，面积8.24平方千米，人口34 268人，5月18日正式挂牌。对河西划入地区其他部分：茶亭东街中心线以南，白鹭村以东，集庆路西延中心线以北，划归南湖街道管理；北圩路以西，茶亭东街中心线以北，原茶亭村与江东村河界中心线以东，凤凰西街以南地域划归莫愁湖街道管理。

③ 2002 年，经省人民政府批准，南京市对白下、建邺、鼓楼和雨花台四区的部分行政区划作出调整。具体调整方案为：将雨花台区江心洲镇全部，沙洲、双闸两个街道办事处秦淮新河以北地区及其建制划归建邺区管辖。

将鼓楼区汉中门大街及其西延至长江以南地区划归建邺区管辖，其中，江东北路—江东南路以西部分归兴隆街道办事处管辖，江东北路—江东南路以东、集庆门大街以北部分归南湖街道办事处管辖，江东南路以东、集庆门大街以南部分归南苑街道办事处管辖。将建邺区朝天宫、止马营两个街道办事处划归白下区管辖。将建邺区莫愁湖街道办事处汉中门大街以北地区及其建制划归鼓楼区管辖；汉中门大街以南部分划归建邺区南湖街道办事处管辖。雨花台区沙洲、双闸两个街道办事处秦淮新河以北地区划归建邺区管辖后，原沙洲、双闸两个街道办事处秦淮新河以南地区划归雨花台区西善桥街道办事处管辖。区划调整后，新的建邺区将覆盖整个河西地区，与鼓楼、白下、雨花台 3 个区基本上以河、路分界。

2005 年 1 月，玄武区辖区内的街道办事处进行了调整，将原来的 11 个街道办事处调整为 8 个。

人口属性的研究单元为街道，三个研究时间段四个时间点的人口数据主要源于 1982 年第三次人口普查数据、1990 年第四次人口普查数据和 2000 年第五次人口普查数据，2006 年为当年各区统计年鉴的街道人口数据。在此期间，南京市进行了多次行政区划调整，变动较大。从四个年份来看，主城区涉及的行政单元的数量分别为 66 个、56 个、55 个、49 个，整体呈现出合并、减少的趋势，行政单元的拆分、缩小较为困难，即按照合并的方式使数据单元统一、一致。同时，由于前三次为人口普查数据，2006 年为统计年鉴数据，利用三次人口普查数据结合当年年鉴数据对 2006 年的年鉴人口数据进行了修正，使人口演化对比更加科学、一致。

对照 2006 年的行政区划图，结合历次行政区划的调整，对 1982 年、1990 年和 2001 年的行政范围进行合并、调整，较早的 1982 年和 1990 年的行政范围分别来自《江苏省南京市地名录》及相关图件，《南京建置志》及其相关图件(1992 年)。明确调整范围及人口部分即直接划入，而对部分社区或者更小的地块划拨，则采用土地面积与人口比重进行相应调整。

4.3 研究方法

(1) 等扇分析和环线分析

引入等扇(李明玉、黄焕春，2009)和环线系统分析法(李晓文等，2003)定量揭示南京主城区开放空间景观格局特征。将南京主城区四个时段的遥感解译矢量数据转化成栅格(10 m×10 m)数据，输出主城区 6 类开放空间景观类型图。

将中央路和中山东路交叉点的新街口作为区域中心(图 4 - 9)，等扇分析自北偏西 11.25°为起点，将研究区划分成 16 个夹角为 22.5°的区域(按顺时针方向依次为 N、NNE、NE、NEE、E、SEE、SE、SSE、S、SSW、SW、SWW、W、NWW、NW、NNW)，环形分析的半

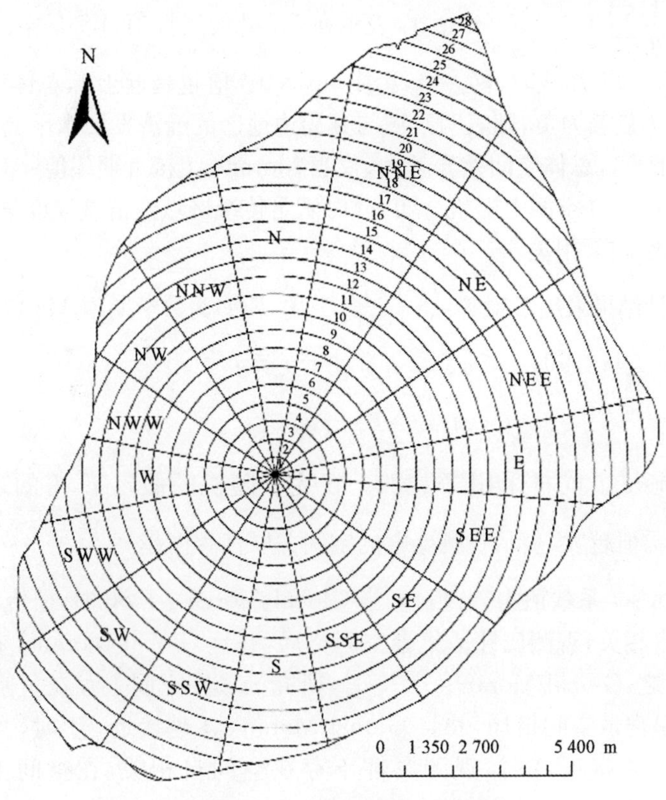

图 4-9 等扇、环线分析模型

径为 500m，共 28 个圈层。在 ArcGIS 中，将扇区、圈层与景观分类图进行空间分析，进行区域统计，探明各区域扩散特征及其各向异性。

(2) 空间自相关

地理学第一定律表明，地理事物距离越近，其关联程度越高；距离越远，关联程度越低(Goodchild, 1986)。探索性空间数据分析(Exploratory Spatial Data Analysis，ESDA)便是一种以空间关联测度为核心的空间统计分析方法，用一系列空间数据分析方法和技术的集合，以空间关联测度为核心，通过对事物或现象空间分布格局的描述与可视化，发现空间集聚和空间异常，揭示研究对象之间的空间相互作用机制，弥补了传统统计方法难以在空间视角解释研究对象空间差异及作用机制的不足。随着空间统计软件的突破和推广应用，国内将该方法更多地应用到城镇扩展以及区域发展问题等方面(马荣华等，2002；马晓东等，2004；蒲英霞等，2005；杨振山等，2009)。

ESDA 空间关联的测度主要利用空间相关性指数来衡量，引入探测整个研究区空间关联程度的全域自相关系数 Global Moran's I，以及局部的空间聚组特征的局域自相关系数 Local Moran's I，所用到的公式为：

$$I = \frac{\sum_{i}^{n} \sum_{j \neq i}^{n} W_{ij}(x_i - \overline{x})(x_j - \overline{x})}{S^2 \sum_{i}^{n} \sum_{j \neq i}^{n} W_{ij}}$$

式中：$S^2=\frac{1}{n}\sum_{i}^{n}(x_i-\overline{x})^2$；$x_i$、$x_j$ 表示在 i、j 处的属性值；W_{ij} 是空间权重值，采用邻接距离法，即当 i 和 j 邻接时，$W_{ij}=1$，否则 $W_{ij}=0$。值越趋近于1，总体空间差异越小。反之，若 Moran's I 显著为负，则表明区域与其周边地区的经济发展水平具有显著的空间差异。值越趋近于-1，总体空间差异越大；仅当 Moran's I 接近期望值$-1/(n-1)$时，观测值之间才相互独立，在空间上随机分布，此时满足传统区域经济差异度量方法所要求的独立条件，则表示空间不相关。

Moran's I 统计结果采用 Z 检验：$\frac{I-E(I)}{Var(I)}$，其中，$E(I)$为数学期望，$Var(I)$为理论方差。

Local Moran' I_i 与 Global Moran's I 有如下关系：

$$I=\sum_{i=1}^{n}I_i/(n-1)$$

对 Local Moran' I_i 同样采用 Z 检验。在完全随机的假定下，I_i 的理论平均值为 $E(I_i)=\frac{-W_i}{(n-1)}$。$I_i$ 值越大，表示观测要素的空间关联性程度越高。

Global Moran's I 系数值为$[-1,1]$，当 Global Moran's $I>0$ 时，研究区域在空间分布上呈现正空间自相关，观测属性呈集聚空间格局，并且 Global Moran's I 越接近 1 时，其正相关越强；反之，Global Moran's $I<0$ 时，研究区域在空间上存在负空间自相关，观测属性在空间上呈离散空间格局，并且 Global Moran's I 越接近-1时，其负相关越强；当 Global Moran's I 接近 0 时，观测属性不存在空间自相关，在空间上呈随机分布(Getis & Ord，1992；Anselin，1995)。

局部 Moran's I 指数的精确分布形式一般未知，对其检验通常采用条件随机化(conditional randomization)或随机排列(permutation)方法。条件随机化是指将位置 i 的观测值固定，其他观测值在整个空间位置上随机排列。这样可以得到 I_i 的经验分布函数，为计算所观测区的显著性检验提供参考依据。在一定显著性水平下，若 I_i 显著为正且 Z_i 大于0，则表明位置 i 和邻居的观测值都相对较高，属高高集聚，此类单元称为热点集中型单元；若 I_i 显著为正且 Z_i 小于 0，则表明位置 i 和邻居的观测值都相对较低，属低低集聚，此类单元称为冷点型；若 I_i 显著为负且 Z_i 大于 0，则表明周围邻居观测值远低于位置 i 上的观测值，属高低集聚，此类单元称为极化次热点型；若 I_i 显著为负且 Z_i 小于 0，则表明周围相邻观测值远高于位置 i 上的观测值，属低高集聚，此类单元称为塌陷次冷点型(徐丽华、岳文泽，2009；靳诚、陆玉麒，2009)。

(3) 景观指数

为了深入分析南京主城区开放空间的空间格局特征，采用生态学的景观指数方法定量揭示其景观格局特征。该指数能够高度浓缩景观格局信息，反映其结构组成和空间配置某些方面特征的简单定量指标(邬建国，2000)。在 ArcGIS 9.2 系统软件支持下，将南京主城区 2006 年开放空间的利用矢量数据转化成栅格(10 m×10 m)数据，输出主城区开放空间 6 个类型的景观类型图。应用景观格局分析软件 Patch Analysis for ArcGIS，对南京主城区开放空间景观空间格局特征参数进行分析，并计算相关的景观指标。

根据研究需要，选择以下景观指标来反映开放空间的分布格局：一是反映开放空间数量规模的指标，包括区域斑块个数（NUMP）、斑块密度（PD）、平均斑块面积（MPS）、斑块面积标准差（PSSD）；二是反映开放空间斑块形状特征的指标，包括边缘密度（ED）、平均斑块分维数（MPFD）、面积加权平均斑块分维数（AWMPFD）、平均斑块形状指数（MSI）、面积加权平均斑块形状指数（AWMSI）；三是反映开放空间斑块空间分布的指标，包括平均邻近指数（MPI）、平均最邻近距离（MNND）（傅伯杰等，2001；邓南荣等，2009）。

① 斑块密度(Patch Density，PD)

它是指区域内开放空间斑块的密度，用斑块数量与土地总面积的比值来表述，计算公式为：

$$PD=\frac{N}{A}\times 100$$

式中，PD 为区域内开放空间斑块的密度（个/平方千米）；N 为区域内开放空间斑块的数量（个），A 为区域总面积。在类型和景观水平都适用，可用来指示土地景观或生境的破碎化，也可指示景观各类型之间的差异。

② 平均斑块面积(Mean Patch Size，MPS)

它反映了研究区域内开放空间斑块的平均用地规模，平均斑块面积越大，说明开放空间的平均规模越大。计算公式为：

$$MPS=\frac{RL}{N}$$

式中，MPS 是指平均斑块面积（公顷），其值大于 0，无上界；RL 为区域内开放空间斑块的总面积（公顷）；N 为区域内开放空间斑块的数量（个）。

③ 斑块面积标准差(Patch Size Standard Deviation，PSSD)

反映各个斑块与平均规模之间的差距大小。斑块面积标准差增大，说明地类规模与平均规模之间的差距增大。计算公式为：

$$PSSD=\sqrt{\frac{\sum_{i=1}^{m}\sum_{j=1}^{n}\left[a_{ij}-\frac{A}{N}\right]^{2}}{N}}$$

④ 平均斑块形状指数(Mean Shape Index，MSI)

它反映了开放空间斑块的复杂程度，形状指数越大，说明开放空间形状越不规则，边界曲折度越大。计算公式为：

$$MSI=\frac{\sum_{i=1}^{m}\sum_{j=1}^{n}\left(\frac{0.25P_i}{\sqrt{a_{ij}}}\right)}{N}$$

式中，MSI 是指研究区域内开放空间斑块的平均斑块形状指数；P_i 为每个开放空间斑块的周长（米）；a_{ij} 是指每个开放空间斑块的面积（平方米）。

⑤ 面积加权平均斑块分维数(Area-Weighted Mean Patch Fractal Dimension，AWMPFD)

反映了开放空间斑块的不规则程度和破碎程度，分维数越大，开放空间形状越不规则、越破碎。也就是说，AWMPFD 是景观中单个斑块的分维数以面积为基准的加权平均值。计算公式为：

$$AWMPFD = \sum_{i=1}^{m}\sum_{j=1}^{n}\left[\frac{2\ln(0.25P_{ij})}{\ln(a_{ij})}\left(\frac{a_{ij}}{A}\right)\right]$$

⑥ 平均邻近指数(Mean Proximity Index, MPI)

反映了斑块的邻近程度以及景观的破碎度，MPI值越小，表明斑块间离散程度越高或景观破碎程度越高；MPI值越大，表明斑块近度高，景观连接性好。计算公式为：

$$MPI = \frac{\sum_{i=1}^{m}\sum_{j=1}^{n}\left[\frac{a_{ij}}{h_{ij}^{2}}\right]}{N}$$

式中，h_{ij} 为景观中每一个斑块与其最近邻体距离。

⑦ 平均最邻近距离(Mean Nearest Neighbor Distance, MNND)

反映了开放空间斑块之间的邻近程度，平均最邻近距离越小，说明斑块越密集。计算公式为：

$$MNND = \frac{\sum_{i=1}^{m}\sum_{j=1}^{n}h_{ij}}{N}$$

(4) 基于行进成本的服务便捷性分析方法

空间可达性(accessibility)反映了空间实体之间克服距离障碍进行交流的难易程度，表达了空间实体之间的疏密关系，它与区位、空间相互作用和空间尺度等概念紧密相关(李平华、陆玉麒，2005)。交通地理学和区域经济学上常用可达性作为评价交通网络和交通区位的综合性指标。近年来，空间可达性在城市基础设施的公平性、便利性的布局评价中应用广泛，比如商业服务设施(蒋海兵等，2010)、金融机构(祝英丽、李小建，2010)、公园绿地(李文、张林，2010)等。

随着可达性研究的不断深入，其量算方法日益丰富，目前常用的指标包括最短旅行时间、加权平均旅行时间、经济潜能及日常可达性等(吴威等，2007)。不同指标反映了学者对可达性概念理解上的差异，但大部分指标都考虑了节点间的旅行成本及目的地节点的吸引力(Gutiérrez, 2001)。选用行进成本法，对开放空间在城市中服务的便捷程度进行分析。行进成本法采用费用距离加权方法，计算从每一个"源"像元到最邻近像元的最短加权距离(shortest weighted distance)或累计行进成本。该方法通过计算经过不同区域的行进时间成本，来表征从某地到开放空间的难易程度，充分考虑了城市的交通网络以及人通过不同介质的成本。

在计算时间成本的可达性时，首先要准备分析的源文件(Source Grid)，即各时段的开放空间数据，以及成本数据(Cost Grid)。其中，各时段的道路数据主要是根据土地利用现状图及所在年份的交通图矢量化所得，并根据当时的实际通行能力划分不同的等级。

该方法所测度的是时间距离，因此需把空间距离转换为时间距离。一般来讲，步行的速度为4千米/时，则通过一个10 m×10 m的栅格所需要的时间为9秒，而河流等通过水域则需要绕行通过，主城区内河流差异不是很大，遂统一将行进成本设定为1 000秒/栅格。以此类推，根据非机动车、机动车方式在不同级别道路上的速度差异，确定行进成本(表4-2)。同时，南京主城区在1979—2006年的研究时段内，道路体系级别、通行能力等发生了较大变化(图4-10，表4-3)，同样根据当时的实际确定不同时段的道路级别。

表 4-2　不同道路及出行方式的行进成本

出行方式	等级体系	速度(km/h)	行进成本(s/Raster)
步行	道路及无道路区域	4	9
	河流	0	1 000
非机动车	道路	15	2.4
	无道路	4	9
	河流	0	1 000
机动车	快速通道	60	0.6
	主干道	40	0.9
	次干道	30	1.2
	支路	20	1.8
	无道路	4	9
	河流	0	1 000

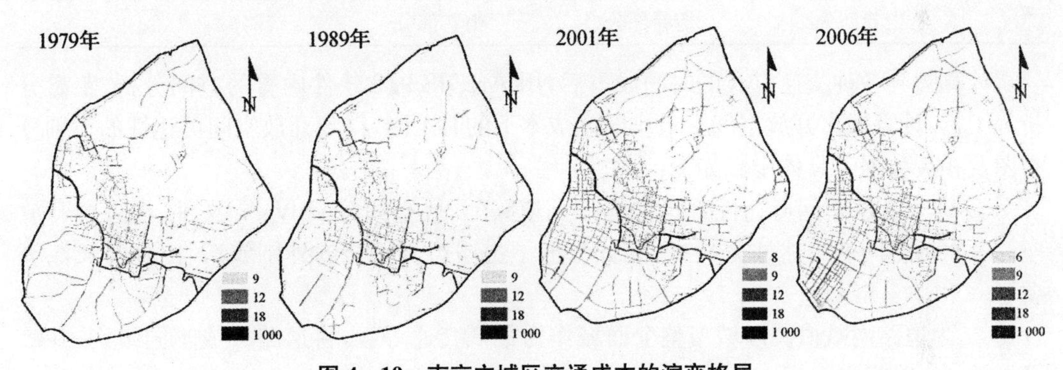

图 4-10　南京主城区交通成本的演变格局

表 4-3　南京主城区道路等级体系的划分

道路等级	1979 年	1989 年	2001 年	2006 年
快速通道			大桥南路—虎踞路—凤台路、中央路—中山路—雨花西路、龙蟠路—雨花大道	绕城高速、扬子江大道—定淮门大街—模范马路—玄武大道、郑和中路—幕府路—栖霞大道、大桥南路—虎踞路—凤台路、中央路—中山路—雨花西路、龙蟠路—雨花大道、应天大街

续表

道路等级	1979年	1989年	2001年	2006年
主干道	中央北路、中央路、中山北路、中山中路、和燕路、龙蟠路、大桥南路、应天大街等	"经三纬八":模范马路—玄武大道、郑和中路—幕府路—栖霞大道、大桥南路—虎踞路—凤台路、中央路—中山路—雨花西路、龙蟠路—雨花大道、应天大街、绕城公路等	绕城公路、"经五纬八"除去快速通道部分	6条经路、9条纬路(除去上述快速通道部分)
次干道	热河南路、中山门大街、大明路、北安门大街、下燕路、模范马路等	丹凤街、宁海路、苜蓿园大街、山西路、湖南路等	丹凤街、宁海路、苜蓿园大街、山西路、湖南路等	丹凤街、宁海路、苜蓿园大街、山西路、湖南路等
支路	剩余人车混行的小街巷部分	剩余人车混行的小街巷部分	剩余人车混行的小街巷部分	剩余人车混行的小街巷部分

计算得到各种交通方式的时间成本后,用ArcGIS 9.2软件内置的空间分析、距离分析等工具,计算城市开放空间在最小时间成本下的时距圈,得到开放空间可达性的类别分布图及相关数据。具体步骤如下:

① 建立开放空间可达性分析数据库。道路、开放空间等polygon文件,在进行开放空间及水体空间的可达性分析时,充分考虑了主城边界相交的外围农田、山林及长江等要素。

② 为道路网赋值。以城市整个面域作为最低交通等级,将道路分成不同级别,并赋予属性 t 为时间成本值。

③ 栅格化矢量图像。以时间成本为基准进行矢量图像的转化,栅格大小为10 m×10 m,得到具有不同时间成本值的栅格图像。

④ 计算可达性。用空间分析模块中的费用距离加权命令将开放空间层及各类型设为目标层,以上一步骤中的栅格图像作为成本栅格(cost raster),得到可达性图。根据上述计算模型,用raster calculator命令计算,将其转化为具有真实空间属性的开放空间可达性图,累计行进成本除以600,即为行进所需要的时间(min)。

⑤ 绘制等时线图。按照设置等级,用重分类(reclassify)命令得到较为直观的开放空间可达性分异图。

⑥ 获得城市不同区域的开放空间可达性。将街道区域、人口分布等与开放空间可达性图叠加,得到区域或人口的可达性水平。

4.4 技术路线图(图 4-11)

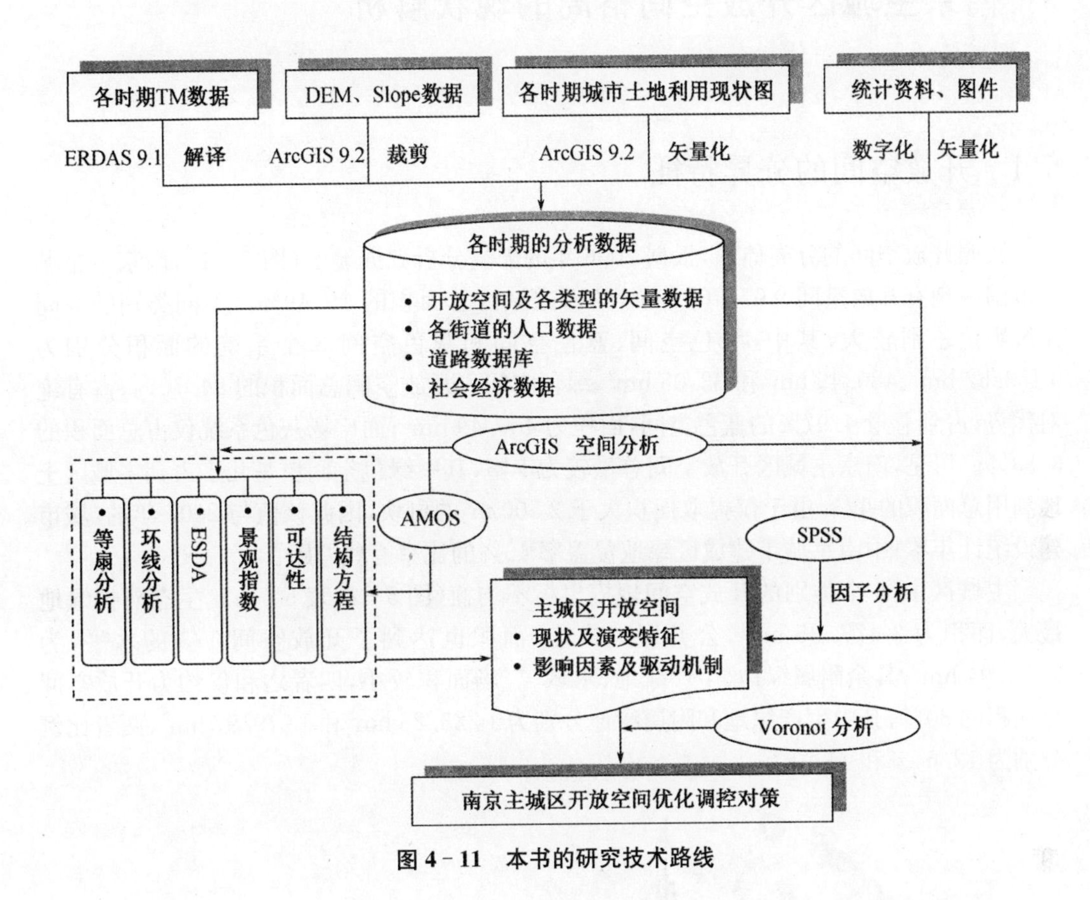

图 4-11 本书的研究技术路线

4.5 小　结

本部分首先对研究区域进行界定，交代了选取南京主城区作为典型案例地的原因——主要考虑到南京主城区与其他城市的共性特征，绿地系统完善，各类开放空间类型较为完备，而且近年来南京也迎来了城市的大规模扩张，具有较强的代表性。其次，详细描述了南京市的自然地理、社会发展背景，以及开放空间的发展概况。

在此基础上，明确了遥感数据、土地利用数据、社会经济发展数据、人口数据等数据资料的来源及处理方法。此外，还对环线分析、等扇分析、ESDA、景观指数分析、可达性计算等主要方法进行了细致的介绍，并将数据处理、技术方法等结合文章框架，做成了本书的技术路线图，进一步明晰了研究思路与实现路径。

5　南京主城区开放空间格局的现状解析

5.1　开放空间的分异特征

按照开放空间的分类体系，根据 2006 年的矢量分析数据显示(图 5-1)，南京市主城区范围内现有开放空间 9 676.06 hm^2，约占主城区总面积的 39.49%。不同类别的空间系统数量差别较大，其中，绿色空间、蓝色空间和灰色空间 3 个系统的面积分别为 9 163.52 hm^2、480.49 hm^2和 32.05 hm^2，绿色空间占开放空间总面积的 94.70%，占有绝对优势；占到总量 4.97%的蓝色空间，面积为 480.49 hm^2；而广场灰色系统仅占总面积的 0.33%。可见，南京主城区开放空间总量较为丰富，其中绿色空间更是几乎占到主城区土地利用总面积的 1/3，由于仅提取面积大于 2 500 m^2的斑块，因此该值与 2007 年的《城市建设统计年鉴》中南京城市建成区绿地覆盖率 45%的比率有些差距。

主城区中，6 个类别的开放空间规模也极不均衡(图 5-2，表 5-1)。生态防护绿地最大，面积为 3 477.35 hm^2，公共绿地次之，面积也达到了开放空间 1/3 的水平，为 3 382.94 hm^2，其余附属绿地、生产绿地、水域、广场面积较小，四者之和仅约为开放空间总面积的 30%，其中生产绿地和附属绿地分别为 1 223.26 hm^2和 1 079.97 hm^2，两者比例分别为 12.64%和 11.16%。

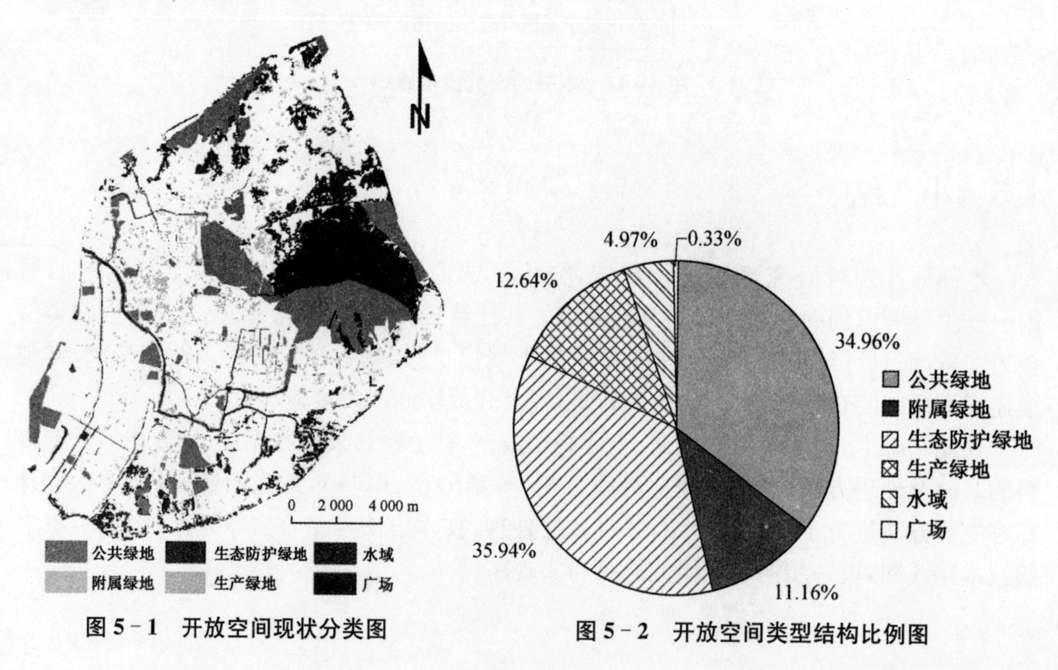

图 5-1　开放空间现状分类图

图 5-2　开放空间类型结构比例图

表 5-1　开放空间面积分类统计表

系统	类别	面积(hm²)	比例(%)
绿色空间	公共绿地	3 382.94	34.96
	附属绿地	1 079.97	11.16
	生态防护绿地	3 477.35	35.94
	生产绿地	1 223.26	12.64
蓝色空间	水域	480.49	4.97
灰色空间	广场	32.05	0.33
合计		9 676.06	100

5.1.1　开放空间在老城区内外的分布分异

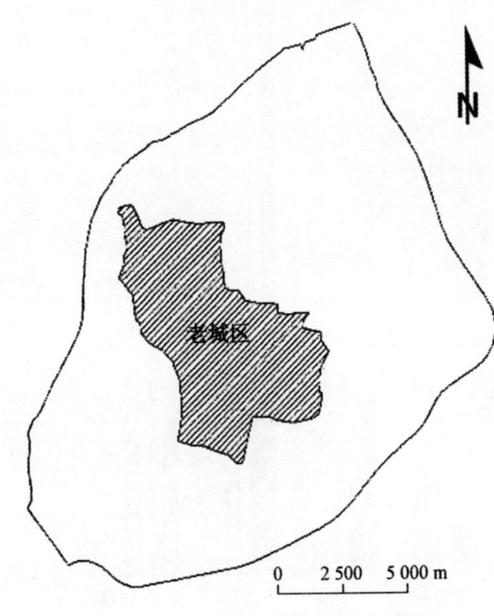

图 5-3　老城区内外分界示意图

南京明城墙以内为老城区，明城墙围合的老城区是古都南京的核心，面积约 41.2 km²，南京历代的都城均位于此范围之内(图 5-3)。老城区内至今尚存的各类历史文化资源约有 1 000 处，占南京历史文化资源总量的 2/3。老城区同时也是南京各项现代城市职能的集中地，用其占主城 20%的面积，集中了 50%多的人口。

在老城区内部共有民国时期公馆区、总统府、明故宫遗址区、中山东路近代建筑群、朝天宫地区、南捕厅传统民居风貌区、夫子庙地区、城南传统民居风貌区 8 个历史风貌保护区。

开放空间在老城区内外的数量和类型的分布差异也很大(表 5-2)，老城区内的开放

表 5-2　老城区内外开放空间面积分类统计表

	老城区		外城	
	面积(hm²)	比例(%)	面积(hm²)	比例(%)
公共绿地	279.36	35.32	3 103.58	34.93
附属绿地	426.79	53.96	653.18	7.35
生态防护绿地	1.88	0.24	3 475.47	39.12
生产绿地	0.00	0.00	1 223.26	13.77
水域	70.85	8.96	409.64	4.61
广场	12.04	1.52	20.01	0.22
开放空间	790.92		8 885.14	

空间不足外部的1/10，而内外部总面积之比约为1∶5，相比来讲，主城区内开放空间较少，其中老城区以附属绿地占绝对优势，附属绿地占内部开放空间总量的53.96%，其次为公共绿地，也占到1/3，水体有70.85 hm^2，比例达到8.96%，而生态防护绿地、广场仅有零星分布，没有生产绿地。老城的外部生态防护绿地和公共绿地所占比例分别为39.12% 和34.93%，生产绿地则占到13.77%，面积为1 223.26 hm^2，水域面积也不多，却达到内部的5倍之多，广场所占面积也很小，约为内部的2倍。

5.1.2 开放空间在行政区间的规模分异

在不同市辖区内，开放空间的分布也呈现出一定的差异(图5-4，表5-3)。各行政

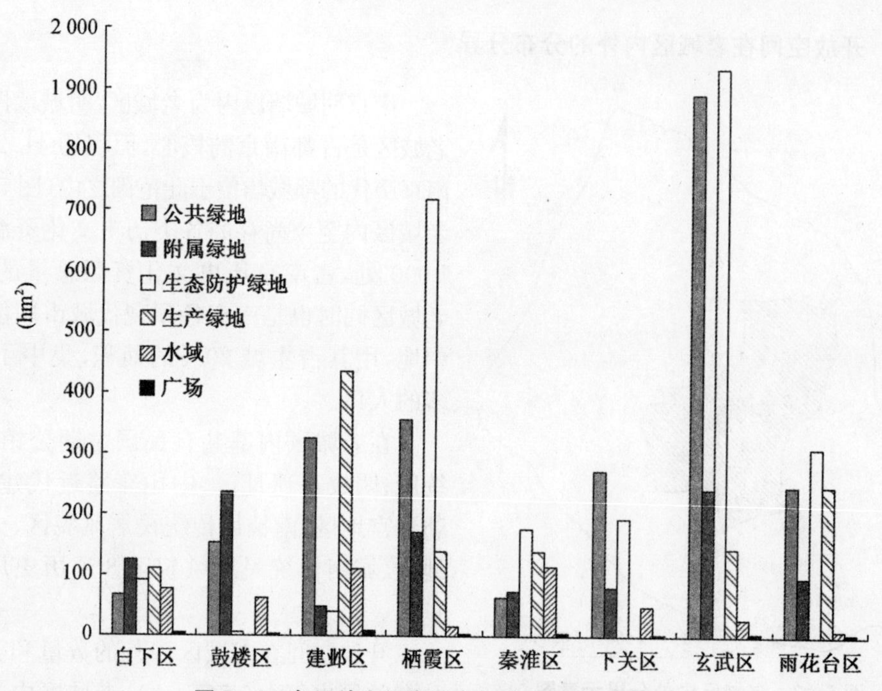

图5-4 各开放空间类型在行政区间的分布差异

表5-3 各行政区开放空间面积分类统计表 (单位：hm^2)

区名	白下区	鼓楼区	建邺区	栖霞区	秦淮区	下关区	玄武区	雨花台区
行政区总面积	2 166.56	2 477.92	3 257.32	3 797.23	2 068.30	2 429.11	6 195.48	1 908.08
开放空间总面积	481.50	461.11	973.12	1 405.69	578.65	602.85	4 254.54	918.60
行政区开放空间率	22.22%	18.61%	29.87%	37.02%	27.98%	24.82%	68.67%	48.14%
各区开放空间比例	4.98%	4.77%	10.06%	14.53%	5.98%	6.23%	43.97%	9.49%
公共绿地	67.60	154.51	328.10	355.86	66.60	271.69	1 894.14	244.44
附属绿地	126.29	237.02	47.85	172.87	74.19	80.77	243.59	97.39
生态防护绿地	93.75	5.59	39.91	716.82	175.68	196.14	1 935.63	313.83
生产绿地	110.47	0.00	434.99	140.45	142.40	0.39	146.60	247.96
水域	79.57	62.38	112.47	17.51	115.08	52.70	30.54	10.24
广场	3.82	1.61	9.81	2.18	4.70	1.15	4.04	4.74

区中最大的是玄武区，面积为 6 195.48 hm^2，其次是栖霞区和建邺区，其面积也分别达到 3 797.23 hm^2 和 3 257.32 hm^2，其余 5 个区的面积较为均衡，都在 1 900—2 500 hm^2。开放空间大规模地集中于玄武区，不论是 4 254.54 hm^2的总面积，还是开放空间占区域总面积 68.67%的比率，都是最高的，该区开放空间约占总开放空间面积的 43.97%；雨花台区、栖霞区在行政区开放空间率上次之，栖霞区开放空间面积达到 1 405.69 hm^2，占该区面积的 37.02%，而雨花台区这一比率为 48.14%，开放空间面积也达到 918.60 hm^2；建邺区和秦淮区相对较高，区域开放空间比例分别为 29.87%和 27.98%，开放空间面积分别为 973.12 hm^2和 578.65 hm^2；相比而言，下关区、白下区和鼓楼区的开放空间面积较少，比率也都约为区域总面积的 20%，开放空间面积分别为 602.85 hm^2、481.50 hm^2、461.11 hm^2。

就具体的开放空间类别而言，其在各行政区的分布也存在较大的分异。公共绿地主要分布在玄武区，面积达到 1 894.14 hm^2，约占区域公共绿地总面积的 56%，约为其他各区总和的 1.27 倍，相比之下，南京主城区内的白下区、秦淮区则小很多，分别为 67.60 hm^2和 66.60 hm^2；鼓楼区的公共绿地也很少，仅为 154.51 hm^2；其余栖霞、建邺、下关和雨花台四区公共绿地中等，分别为 355.86 hm^2、328.10 hm^2、271.69 hm^2和 244.44 hm^2。

附属绿地多分布于鼓楼区和玄武区，面积分别为 237.02 hm^2和 243.59 hm^2，在占研究区域 40%的范围内，附属绿地约占到 45%的水平，与其他 6 个区的总量相当，尤其是鼓楼区，在总面积占主城区总面积不足 10%的情况下，附属绿地约占到附属绿地总面积的 22%；其次是栖霞区和白下区，分别为 172.87 hm^2和 126.29 hm^2；秦淮区和建邺区最少，分别为 74.17 hm^2 和 47.85 hm^2。

玄武区的生态防护绿地也是最多的，面积为 1 935.63 hm^2，约占主城区生态防护绿地总面积的 56%。此外，该类型还大量集中于栖霞区和雨花台区，分别为 716.82 hm^2和 313.83 hm^2，而建邺、白下、鼓楼 3 区则较少分布，都不足 100 hm^2，尤其是鼓楼区，面积仅仅为 5.59 hm^2。

建邺区和雨花台区生产绿地分布较多，分别为 434.99 hm^2和 247.96 hm^2，建邺区占生产绿地总量的 1/3 还多，白下区、秦淮区、玄武区、栖霞区的生产绿地面积相当，都在 100—150 hm^2，下关区仅有零星生产绿地分布，鼓楼区则没有分布。

水体空间主要分布于秦淮区和建邺区，面积达到 115.08 hm^2和 112.47 hm^2，占到水体总面积的 47%，白下、鼓楼、下关 3 区次之，面积也有 79.57 hm^2、62.38 hm^2、52.70 hm^2，剩余部分零星散布于其余 4 个行政区内，雨花台区和栖霞区仅有零星分布；广场的总面积本身很小，建邺区 9.81 hm^2所占面积最大，占到总量的 31%，其余多集中于雨花台、秦淮、玄武和白下 4 区，分别为 4.74 hm^2、4.70 hm^2、4.04 hm^2和 3.82 hm^2，剩下各区则面积很小。

5.1.3 开放空间在各街道的分异特征

进一步以街道为单元，对开放空间及其各类型的空间分布进行分析。利用开放空间的分布矢量数据与行政区矢量数据做叠加(Overlay)的交集(Intersect)分析，对各街道单元的开放空间及其 6 种类型的面积进行统计。根据各单元的面积对开放空间进行标准化处理，再利用 Jenks 的最佳自然断裂点法进行分类，对其在各街道单元的分布特征进行分析，并利用 ESDA 分析其集聚格局(图 5-5)。探明开放空间及其各类型在各街道分布存在的问题，为开放空间的规划提供借鉴。

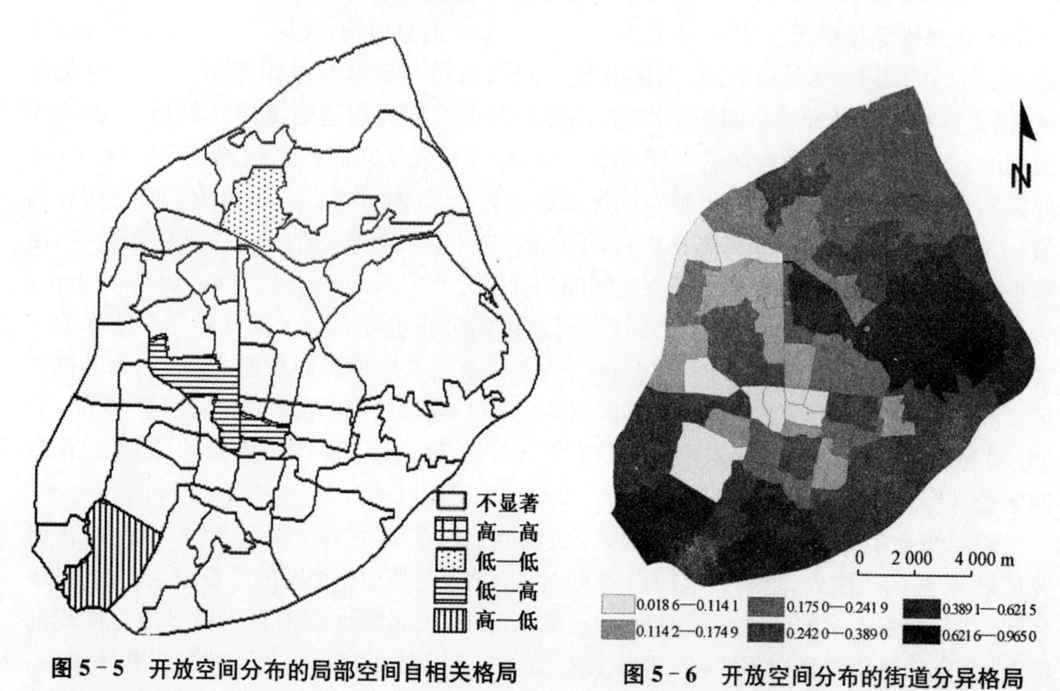

图 5-5　开放空间分布的局部空间自相关格局　　**图 5-6　开放空间分布的街道分异格局**

通过测算全局自相关系数得到 Moran's I 为−0.072 1，表明主城区内开放空间在各街道单元的分布较为离散，没有表现出明显的集聚特征。局部自相关的聚类图也表明，开放空间在各街道分布集聚的热点区域尚未形成：小市与其相邻街道形成了开放空间的分布"冷点"区，该区域及周边开放空间分布较少；华侨路和洪武路与周边社区相比，开放空间分布较少，形成局域的"中空"式分布；沙洲街道与相邻街道相比，开放空间分布较多，形成"孤点"式的格局。

通过分析，开放空间在各街道单元的分布共分为六类(图 5-6)，除去紫金山、玄武湖两个主要以开放空间为主体的单元外，红山、玄武湖街道、马群、双闸、沙洲、雨花新村、宁南、阅江楼等街道开放空间分布最多，约占到街道总面积的 40%—60%。宁海路、华侨路、玄武门、止马营、滨湖、兴隆、瑞金路、赛虹桥、孝陵卫等街道次之，开放空间覆盖率约为 25%—40%。新街口、朝天宫、中央门、湖南路、江东等街道的开放空间较少，开放空间占总面积的比例约为 20%。幕府山、淮海路、五老村、洪武路等街道的开放空间建设亟待加强，莫愁、南苑、五老村等街道的开放空间面积甚至不足街道总面积的 10%。

(1) 公共绿地

公共绿地在南京主城区各街道分布的全局自相关指数为−0.090 9，表明公共绿地分布也较为分散，在空间上未表现出明显的集聚。Local Moran's I 的计算结果也说明了这一点，公共绿地也没有形成明显的热点分布区，只是在紫金山及邻近的玄武湖区域形成了一个"次热点"，相邻的玄武湖、马群、孝陵卫、后宰门等街道的公共绿地较多，对照各街道的公共绿地分类图也可发现，这几个街道公共绿地覆盖率多在 10%—25%，最低也达到

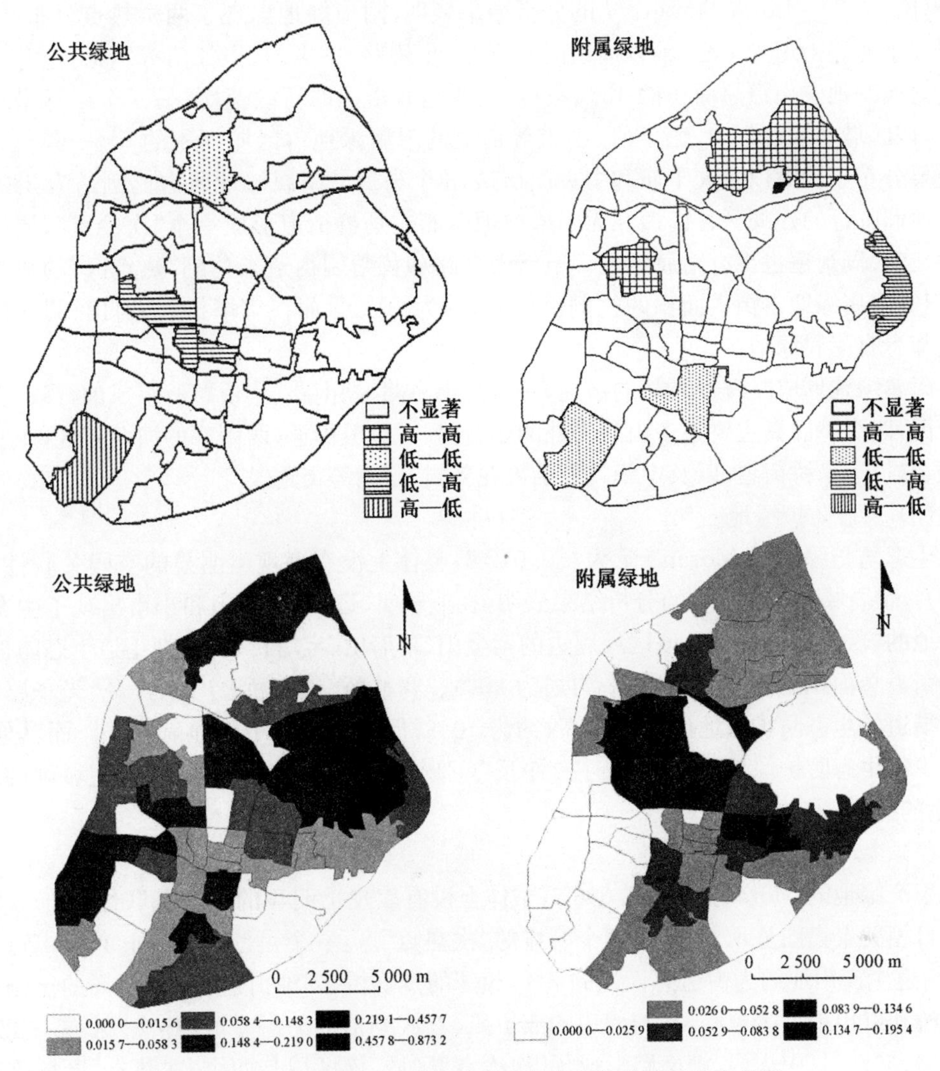

图 5-7　公共绿地、附属绿地的空间自相关格局及分布差异

了6%。沙洲、苜蓿园街道形成两个公共绿地分布的“冷点”，两个街道自身几无公共绿地分布，而两者周边的光华路、南苑等街道公共绿地覆盖面积也不过15%。以华侨路、淮海路、朝天宫、五老村街道为中心形成一个“次冷点”区，其周边的凤凰、新街口、止马营、建康路等街道的公共绿地覆盖率多在0—5%。此外，雨花新村、幕府山街道内的公共绿地面积较大，公共绿地的覆盖率都在25%以上。而锁金村、建宁路、迈皋桥等街道少有公共绿地分布(图5-7)。

公共绿地形成“一环四组团”的格局，一环即南京老城的护城河、城墙所经过的街道，四组团主要是北部燕子矶、幕府山等街道，东部玄武湖、紫金山、玄武门等街道，南部雨花新村、宁南等街道，以及滨湖、兴隆南苑等街道所在的西南部地区。

(2) 附属绿地

附属绿地的全局自相关指数 Moran's I 为 0.156 9，空间相关性一般，分布也不是很集中(图 5 - 7)。Local Moran's I 的分析结果表明,附属绿地出现了两个热点分布区,一个是以宁海路街道为中心,辅以周边的湖南路、华侨路、中央门、挹江门等街道,这几个街道的附属绿地占街道总面积的 13%左右,主要是鼓楼区的行政范围;另一个以迈皋桥为中心,该区域邻接的红山、燕子矶、小市等街道的附属绿地占区域面积的 5%—13%。冷点主要分布于沙洲以及夫子庙和中央门街道,3 个街道的附属绿地所占比例约为 3%,尤其是沙洲临近的建邺区各街道几无附属绿地分布。马群街道形成一个"次冷点",周边紫金山、玄武湖街道也少有附属绿地。虽然瑞金路和苜蓿园街道未达到"热点区"的显著水平,但其附属绿地占街道面积的比例也较高,约为 10%。而在宝塔桥、幕府山、阅江楼等街道却少有附属绿地。

附属绿地形成"一核四翼"的格局,一核是宁海路、湖南路、华侨路所组成的行政、教育集聚区,四个扩展翼主要是中山门内外的瑞金路、孝陵卫街道,西南部的河西新区,东北部的锁金村、迈皋桥街道,以及中华门外的雨花新村、宁南等街道。

(3) 生态防护绿地

生态防护绿地的 Moran's I 为－0. 042 6,整体上没有表现出明显的空间关联性(图 5 - 8)。而局域自相关指数的分析结果表明,在燕子矶、迈皋桥、红山和小市出现了生态防护绿地的"次热点"集聚区,该区域周边的紫金山、幕府山、宝塔桥、玄武湖街道生态防护绿地占街道总面积的比例都较高,平均约为 20%。赛虹桥、铁心桥、宁南、红花、光华路、马群等街道的生态防护绿地比例也较高,约为 10%,但未达到集中的显著水平。而其他街道则少有生态防护绿地分布,形成了一个反"C"形的格局,分布于老城区外,主城区的北、东、南的街道。

(4) 生产绿地

生产绿地的 Moran's I 为 0. 096 6,整体上没有表现出明显的空间关联性(图 5 - 8)。局部自相关聚集图显示,出现了两个明显的"次热点"区:一个是沙洲、双闸、兴隆街道,这 3 个街道生产用地约为街道总面积的 2%,相邻的赛虹桥、滨湖街道也有近 1%的比例;以迈皋桥和红山街道为中心,其与周边的燕子矶、玄武湖形成另一个"次热点"区域。江东、热河路、挹江门、中央门、湖南路形成了"次冷点"区域,该区域与两个"次热点"区域临近,差异水平显著。在宁南、红花、光华路、孝陵卫、马群等街道所在的主城区东南方向,也分布部分生产绿地,但整体规模较小。其他街道没有生产绿地分布。生产绿地在主城区的东北角和南部形成两集中的格局。

(5) 水域

水域分布的整体空间关联性较小,Moran's I 为－0. 023 5,没有明显的高分布集聚区,但在局部却出现了几个明显的"冷点"和"次冷点"区域(图 5 - 9)。铁心桥、止马营、中华门、淮海路出现明显低值区域,少有甚至没有水体空间分布,与周围水体分布较多的建邺区、秦淮区的街道(水体约占街道面积的 1. 34%—13%)形成较大的反差。栖霞区、玄武区(玄武区内玄武湖划归公共绿地)的街道少有水体分布,在栖霞区、玄武湖区形成两个次冷点。西部下关、建邺区内街道水体丰富,同时与秦淮河流经的街道,共同形成水域空间分布的"h"形分布格局。

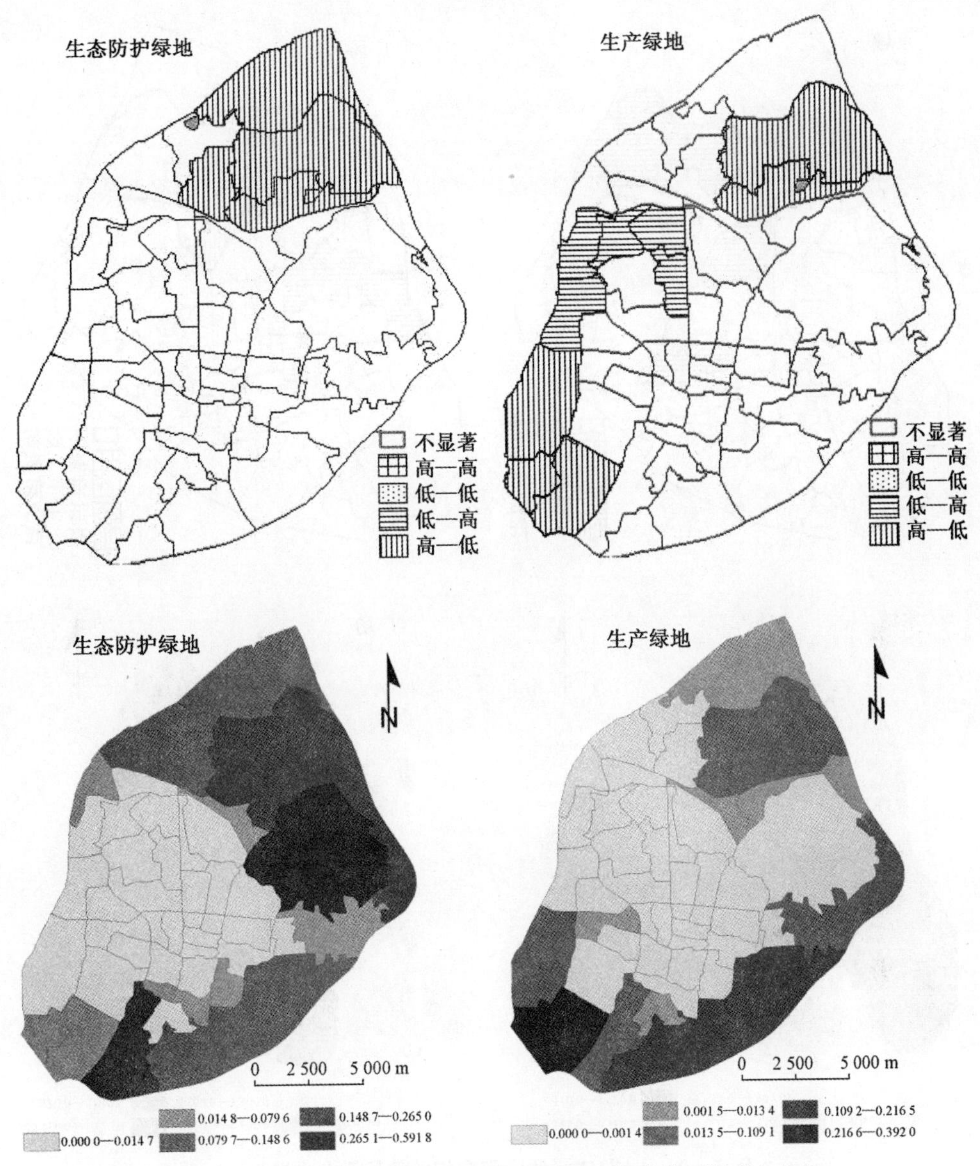

图 5－8　生态防护绿地、生产绿地的空间自相关格局及分布差异

(6) 广场

广场的全局自相关指数为－0.045 3，说明广场的整体分布也没有明显的空间关联性(图 5－9)。但在局部出现了明显的"热点""次热点""冷点"和"次冷点"。热点区域是淮海路，锁金村街道是次热点区域，广场约占街道总面积的 1%；反观冷点区域则较多，如赛虹桥、后宰门，以及次冷点的朝天宫、江东、宁海路、湖南路等。此外，除迈皋桥、阅江楼、挹江门有零星广场分布外，其他各区基本没有广场分布。广场则形成城市中心—雨花新村等南部街道—迈皋桥等街道—阅江楼等街道近"Y"字形分布格局。

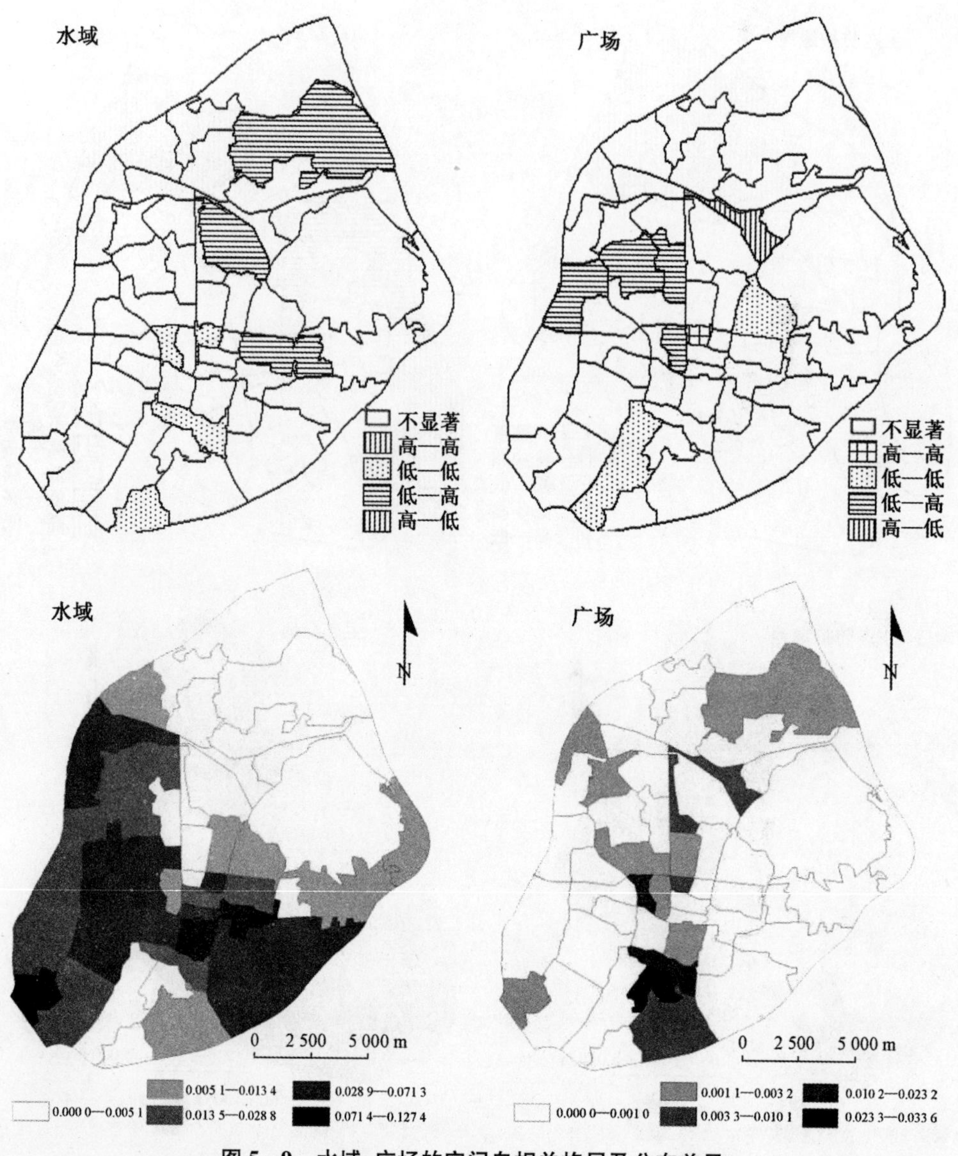

图 5-9 水域、广场的空间自相关格局及分布差异

5.2 开放空间的景观格局特征

为了深入分析南京主城区开放空间的空间格局特征，采用生态学的景观指数方法定量揭示其景观格局特征。在 ArcGIS 9.2 系统软件支持下，将南京主城区 2006 年开放空间利用矢量数据转化成栅格(10 m×10 m)数据，输出主城区开放空间 6 个类型的景观类型图。应用景观格局分析软件 Patch Analysis for ArcGIS，对南京主城区开放空间景观格局特征参数进行分析，并计算相关的景观指标(表 5-4)。

表 5－4　开放空间及其类型的景观指数

景观指标	整体	绿色空间(绿地)				蓝色空间	灰色空间
		公共	附属	生态防护	生产	水域	广场
斑块个数(个)	1438	251	721	226	131	82	27
斑块密度(个/km²)	5.79	1.01	2.90	0.91	0.53	0.33	0.11
平均斑块面积(hm²)	4.85	13.52	0.49	10.22	3.77	4.78	1.20
斑块面积标准差	51.79	80.07	0.74	97.08	8.98	28.69	1.84
边缘密度(m/hm²)	168.43	45.21	39.25	42.95	23.04	27.62	2.08
平均斑块分维数	1.09	1.08	1.08	1.11	1.10	1.11	1.06
面积加权平均斑块分维数	1.12	1.11	1.11	1.11	1.16	1.32	1.08
平均斑块形状指数	1.60	1.60	1.45	1.86	1.78	2.09	1.35
面积加权平均斑块形状指数	2.92	2.38	1.79	2.23	2.87	12.93	1.50
平均邻近指数	309.88	458.49	12.89	1 099.68	135.32	668.89	4.88
平均最邻近距离(m)	118.80	76.03	89.97	134.59	123.52	234.11	782.04

根据研究需要，选择以下景观指标来反映开放空间的分布格局：一是反映开放空间数量规模的指标，包括斑块个数(NUMP)、斑块密度(PD)、平均斑块面积(MPS)、斑块面积标准差(PSSD)；二是反映开放空间斑块形状特征的指标，包括边缘密度(ED)、平均斑块分维数(MPFD)、面积加权平均斑块分维数(AWMPFD)、平均斑块形状指数(MSI)、面积加权平均斑块形状指数(AWMSI)；三是反映开放空间斑块空间分布的指标，包括平均邻近指数(MPI)、平均最邻近距离(MNND)。

所提取到的南京主城区开放空间斑块共有 1 438 个(大于 2 500 m²)，每平方千米约为 6 个开放空间斑块，就其组成来看，其中包含了 1.01 个公共绿地、2.90 个附属绿地、0.91 个生态防护绿地、0.53 个生产绿地、0.33 个水域和 0.11 个广场斑块。

5.2.1　公共绿地

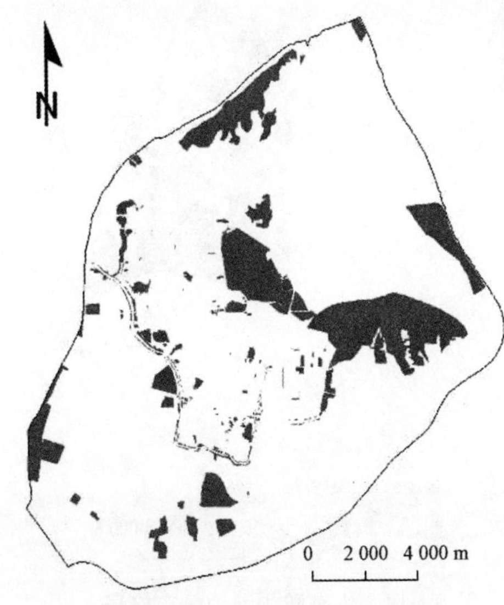

图 5－10　公共绿地分布格局

公共绿地多为大型斑块(图 5－10)，平均斑块面积最大，为 13.52 hm²，是平均斑块面积最小的附属绿地的近 28 倍，且斑块之间的差异较大，即大型斑块和小型斑块的面积差异较大，其斑块面积标准差达到 80.07，也是所有景观类型中最大的；公共绿地形状多规则，面积加权的平均斑块分维数和平均斑块形状指数分别为 1.11 和 1.60，公共绿地虽受到外界人为规划、修整等因素影响较大，但多在原有山水地形的基础上建造，因此形状多变，尤其是主城区滨河绿地丰富，形状也多保持了自然的状态；公共绿地的平均邻近指数为 458.49，高于整体平均水平，斑块间距离最小，平均最邻近距离为 76.03m，相互间联系紧密，便于市民的游憩活动。

5.2.2 附属绿地

附属绿地在开放空间中斑块数目最多、斑块密度最大(图 5－11)，占到开放空间斑块数量和密度的一半，而平均斑块面积仅约为开放空间平均斑块面积的 1/10，斑块间大小差异度极小，几无差异，斑块数量、斑块密度、平均斑块面积、斑块面积标准差指数分别为 721 个、2.90 个/km^2、0.49 hm^2、0.74；附属绿地边缘密度为 39.25 m/hm^2，但平均斑块形状指数较低，平均斑块分维数、面积加权平均斑块分维数、平均斑块形状指数、面积加权平均斑块形状指数的值都较低，分别为 1.08、1.11、1.45、1.79，说明其斑块形状十分规则，人为影响、改变最大，这与附属绿地多分布于学校、机关及居住小区等人类活动密集度高的地方有关，附属绿地已经变为建筑用地的辅助填充；附属绿地的平均邻近指数很小，为 12.89，主要受到附属绿地被不同的附属空间隔离的影响，分布分散，但由于其斑块数量庞大，平均最邻近距离仅为 89.97 m，低于开放空间的平均值 118.80 m，属于便于利用、常见的开放空间类型。

5.2.3 生态防护绿地

生态防护绿地多为自然生态林地(图 5－12)，因此形状较为自然，从 42.95 m/hm^2 的边缘密度高值、1.11 的平均斑块分维数及 1.86 的平均斑块形状指数中都可以得到验证，但由于斑块面积较大，平均斑块面积为 10.22 hm^2，为开放空间平均斑块面积的 2 倍还要多，导致基于面积加权的平均斑块分维数和形状指数都相对较低；研究区内每平方千米平均有 0.91 个生态防护绿地斑块，但斑块间面积差异最大，斑块面积标准差为 97.08，约为开放空间该值的 2 倍；生态防护绿地的分布非常集中，平均邻近指数达到 1 099.68，是开放空间平均邻近指数的 3 倍还要多，但由于生态防护绿地多分布于城市主城区的外围区

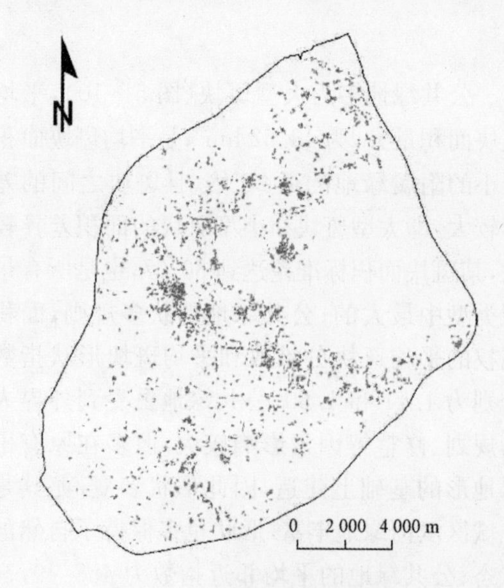

图 5－11 附属绿地分布格局

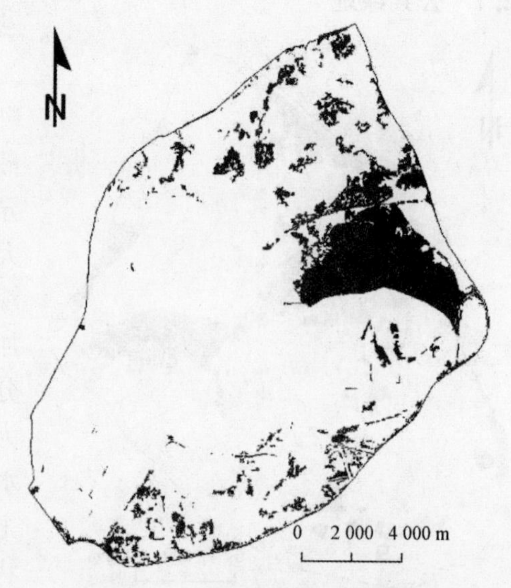

图 5－12 生态防护绿地分布格局

域，因此相互间距离较远，平均最邻近距离为 134.59 m。

5.2.4 生产绿地

主城区范围内生产绿地较少(图 5-13)，且高度集中，斑块数较少，仅为 131 个，且平均斑块面积 3.77 hm^2，小于开放空间平均斑块面积，它的集中主要体现在 135.32 的平均邻近指数和 123.52 m 的平均最邻近距离，从图 5-13 也可以看出，以农用地为主的生产绿地主要集中于主城区的西南、东南、东北三个角落，与计算结果一致；生产绿地的形状较为复杂，平均斑块分维数和平均斑块形状指数都较高，分别为 1.10 和 1.78，基于面积加权的平均斑块分维数和形状指数更高，在 6 类开放空间中位居次席，这主要是南京农业生产多为水作，生产绿地分布受自然地形影响的结果，因此相关形状指数较高，形状受人为影响相对其他开放空间类型较小。

5.2.5 水域

水域开放空间在主城区内只有 82 个斑块(图 5-14)，因此斑块密度较低，仅为 0.33 个/hm^2，平均斑块面积 4.78 hm^2 与开放空间的平均水平相当，不同水域的开放空间差异不大，斑块面积标准差仅为 28.69；水域是开放空间中形状最为自然，受人类活动影响度最小的空间类型，各个形状指数都是最高的，平均斑块分维数、面积加权平均斑块分维数、平均斑块形状指数、面积加权平均斑块形状指数分别为 1.11、1.32、2.09、12.93，尤其是基于面积加权的平均斑块形状指数，约为开放空间平均水平的 4.5 倍；水域开放空间的斑块之间十分集中，平均邻近指数为 668.89，结合图 5-14 亦可看出，水域开放空间主要集中于秦淮河及护城河所围合的区域。

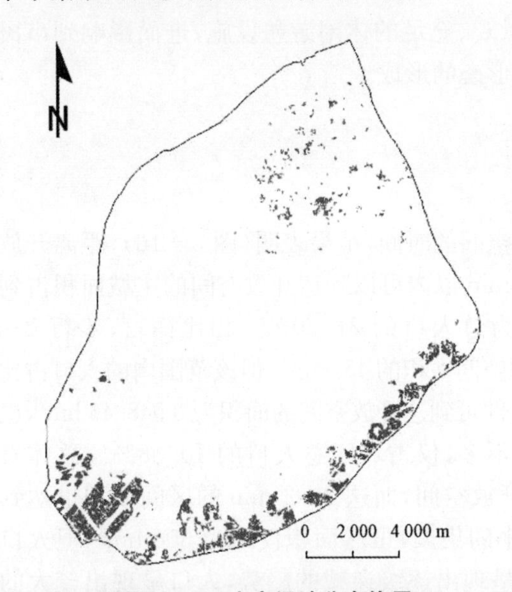

图 5-13 生产绿地分布格局

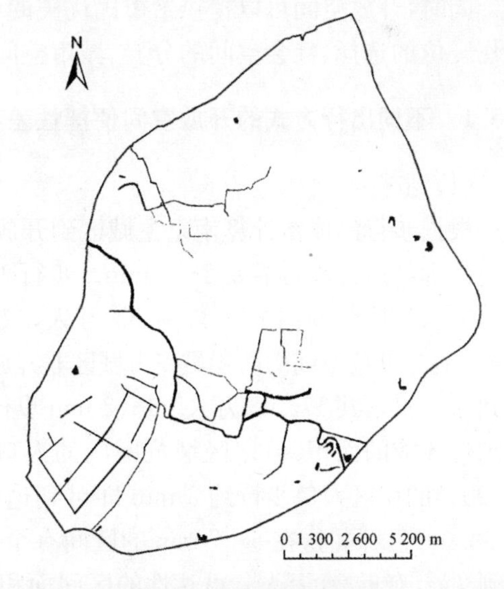

图 5-14 水域分布格局

5.2.6 广场

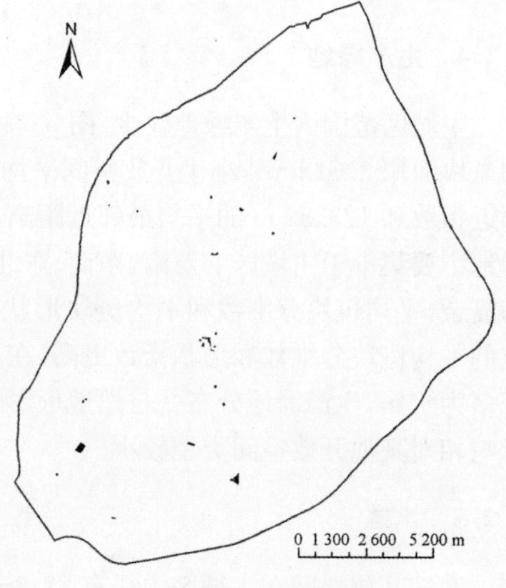

图 5-15 广场分布格局

南京主城区的广场开放空间仅有 27 个斑块(图 5-15),而且面积极小、极均匀,平均斑块面积为 1.20 hm^2,斑块面积标准差 1.84。与水域开放空间相反,广场的形状极为规则,边缘密度、平均斑块分维数、面积加权平均斑块分维数、平均斑块形状指数、面积加权平均斑块形状指数都是最小的,分别为 2.08 m/hm^2、1.06、1.08、1.35、1.50,说明广场完全是一个人造的简单空间体,目的就是为了满足交通、人流集散、集会的需求;同时,广场空间分布极为分散,平均邻近指数仅仅为 4.88,平均最邻近距离达到 782.04 m。

5.3 基于交通成本的开放空间服务便捷性分析

城市开放空间最首要的功能便是生态环境保护功能,以绿地、水体为主要元素的开放空间可以降温增湿、净化空气、降噪杀菌、调节气候,提高环境质量。水体是城市的肾,在改善气候、抵消城市"热岛效应"、控制污染、美化环境和维护区域生态平衡等方面有不可替代的作用(王胜男、王发曾,2006)。

同时,开放空间可以提供给市民优美的景观、充足的休闲游憩设施,进而影响到市民居住区位的选择、社会空间的分异、城市空间形态的形成。

5.3.1 不同出行方式的开放空间便捷性差异

(1) 步行

根据步行的成本计算南京主城区到开放空间的时间,结果表明(图 5-16),距离开放空间最远的地区步行需要 10.3 min。步行 1 min 以内可以到达开放空间的主城面积占到 47.40%,但该范围内的人口为 63 万人,仅为总人口的 21.20%。相比而言,步行 2—3 min 到达开放空间的面积虽仅占城区非开放空间面积的 13.69%,但该范围内的人口占比达到 59.23%,共 176.03 万人。1—2 min 步行即可到达开放空间的面积为 3 948.46 hm^2,也占到近 3 成的面积,但该区域范围内的人口不多,仅占城区总人口的 10.58%。总体看来,90%的城区人口步行约 3 min 即可到达开放空间,而这 2—3 min 的区间面积也达到了 88.09%。同时,在 5—7 min 的区间有个小的集聚,虽然面积仅约为 300 hm^2,但人口占到 7%,有近 20 万人。可达性的区间面积呈现出逐级递减的趋势,人口呈现出较大的波动性,步行 7 min 以上才能到达开放空间的区域和人口仅有零星分布。

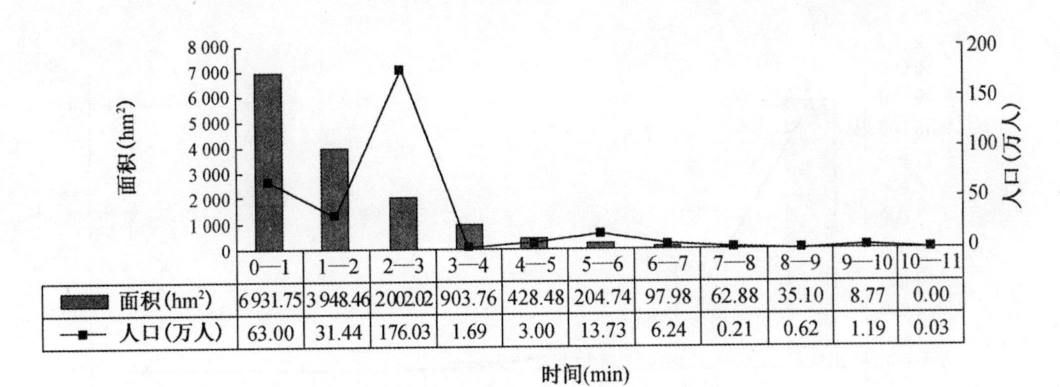

	0—1	1—2	2—3	3—4	4—5	5—6	6—7	7—8	8—9	9—10	10—11
面积(hm²)	6 931.75	3 948.46	2 002.02	903.76	428.48	204.74	97.98	62.88	35.10	8.77	0.00
人口(万人)	63.00	31.44	176.03	1.69	3.00	13.73	6.24	0.21	0.62	1.19	0.03

图 5-16　市民步行出行的开放空间便捷性分析

(2) 非机动车

对非机动车交通方式的南京主城区开放空间可达性的分析表明(图 5-17),距离开放空间最远的区域通过非机动车的方式需要 6.6 min。非机动车 1 min 内可以到达开放空间的区域面积为 8 185.02 hm^2,而该区域的人口数更是达到 200 万人,约占总人口的 56%。1—2 min、2—3 min 和 3—4 min 可到达开放空间的区域面积分别为 4 150.27 hm^2、1 636.42 hm^2 和 520.61 hm^2,其比例分别为主城区非开放空间面积的 28.38%、11.19% 和 3.56%,对应区域上的市民则分别约为 67 万人、22 万人和 6 万人。用时超过 4 min 到达开放空间的区域不到非开放空间面积的 1%,人口也大约只有 2 万人。

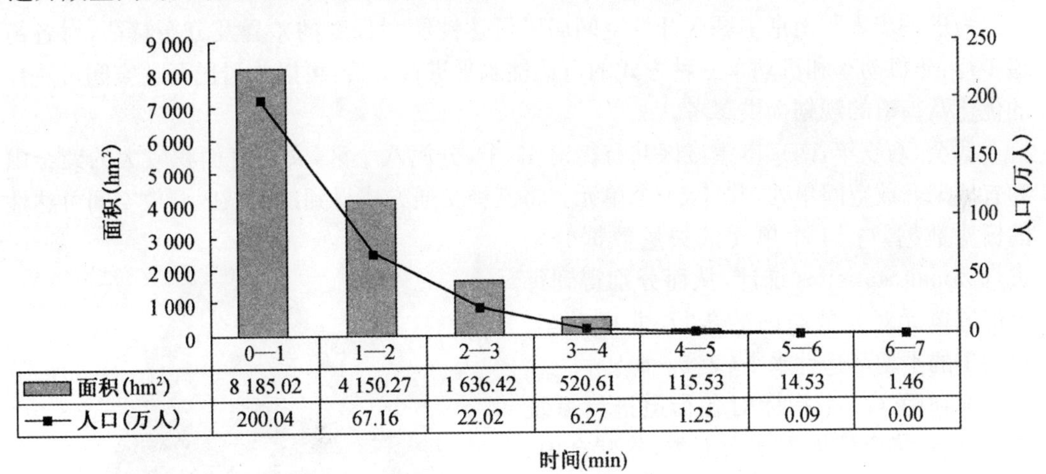

	0—1	1—2	2—3	3—4	4—5	5—6	6—7
面积(hm²)	8 185.02	4 150.27	1 636.42	520.61	115.53	14.53	1.46
人口(万人)	200.04	67.16	22.02	6.27	1.25	0.09	0.00

图 5-17　市民非机动车出行的开放空间便捷性分析

(3) 机动车

当改变出行方式为机动车时,开放空间的可达性进一步提高(图 5-18)。虽然从最远的地方到达开放空间也需要 6 min 的时间,但近 9 000 hm^2 的范围在 1 min 内可到达开放空间,而在该范围内的人口数更是占到 73.23%,约为 218 万人。1—2 min 的空间面积约为非开放空间面积的 1/4,但人口仅为总人口数的 20.31%。几乎主城区内的所有居民都可通过机动车的出行方式在 3 min 内到达开放空间,而超出 3 min 时间范围的人口共计约 3.7 万人,它们所占据的区域面积也仅为 384.61 hm^2。

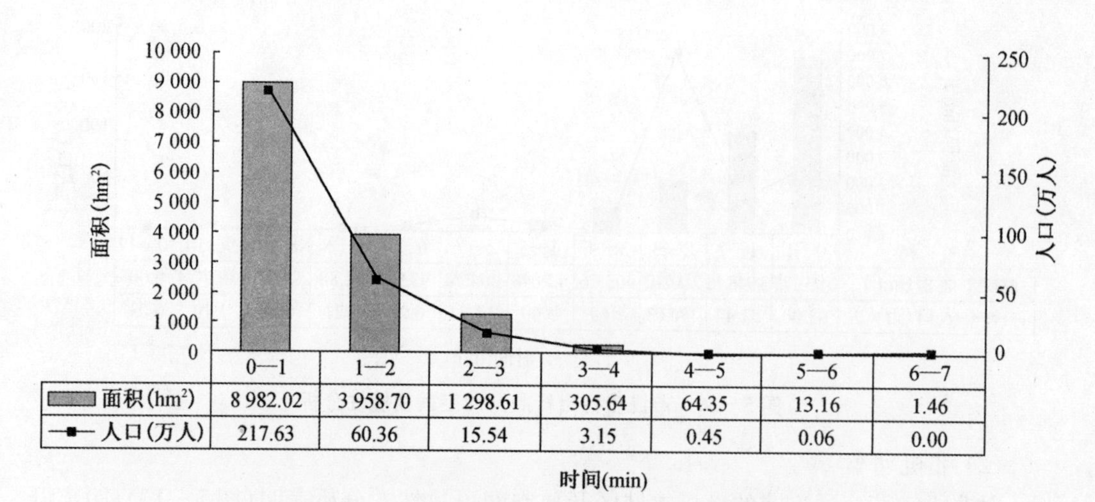

图 5-18　市民机动车出行的开放空间便捷性分析

总体来看，南京主城区的开放空间量较为丰富，距离开放空间最远的区域到达开放空间步行的时间也仅为 10 min 左右，而通过非机动车和机动车的方式这个最小时间都缩减到约为 6 min。

5.3.2　开放空间便捷性的街道分异特征

为进一步表明南京主城区开放空间居民可达性便利程度的差异及分布特征，对各街道步行、非机动车和机动车三种方式的可达性水平进行分析，可以为居民开放空间可达性的优化及街道的规划提供参考。

截至 2006 年，南京市主城区共有街道 49 个，分属八个区，文中将面积较大的紫金山和玄武湖开放空间单列，共计 51 个单元。将三种交通方式得到的主城区开放空间可达性的栅格数据，与 51 个单元的矢量数据分别进行 Zonal Statistics 统计，从而分别得到每个街道单元对开放空间的步行、非机动车、机动车的平均可达性水平(表 5-5)。

再利用这 3 个指标对各街道进行系统聚类分析，将全部街道分为五类，除紫金山、玄武湖外，其他可达性分为可达性好、可达性一般、可达性差、可达性很差四类，分别对其可达性特征进行分析(图 5-19)。

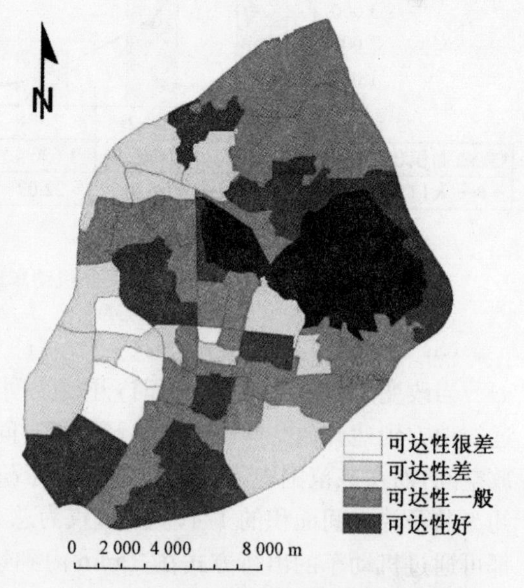

图 5-19　开放空间便捷性的街道分异

可达性好的街道共有 14 个(表 5-6)，这些街道步行到达开放空间的平均用时为 0.557 4 min，换用非机动车和机动车的方式时间虽然减少到 0.448 3 min 和0.401 8 min，但整体看来改善效果并不明显，说明这些地区距离开放空间的距离非常近、非常便捷；可

表 5-5　各街道居民三种出行方式的可达性（单位：min）

区	街道名称	步行	非机动车	机动车
白下区	光华路	0.912 2	0.783 6	0.711 9
	止马营	1.542 4	0.985 1	0.802 1
	朝天宫	1.293 3	0.811 8	0.661 3
	建康路	1.064 5	0.749 4	0.618 5
	洪武路	1.825 5	1.037 4	0.776 1
	五老村	1.258 6	0.865 3	0.704 7
	瑞金路	0.524 1	0.457 4	0.436 1
	大光路	0.945 1	0.704 0	0.598 2
	苜蓿园	1.485 0	1.114 9	0.955 7
	淮海路	3.088 1	1.475 6	1.057 6
	江东	2.219 8	1.236 4	0.971 2
鼓楼区	华侨路	0.594 4	0.463 5	0.406 9
	湖南路	1.012 5	0.687 0	0.571 7
	挹江门	0.987 7	0.804 9	0.712 6
	中央门	0.897 8	0.671 4	0.575 6
	宁海路	0.671 0	0.509 1	0.430 2
	莫愁湖	3.407 9	1.809 7	1.426 3
	新街口	1.305 6	0.805 4	0.636 2
玄武区	后宰门	1.106 1	0.898 1	0.826 5
	梅园新村	0.880 0	0.714 9	0.626 1
	玄武门	0.553 3	0.444 1	0.410 0
	玄武湖	0.057 5	0.038 9	0.031 6
	紫金山	0.027 7	0.026 3	0.025 6
	孝陵卫	0.888 6	0.764 6	0.712 2
	红山	0.534 1	0.445 3	0.402 9
	锁金村	0.792 6	0.648 0	0.585 2
	玄武湖街道	0.378 0	0.312 3	0.287 1
下关区	小市	1.003 9	0.900 0	0.831 1
	热河路	1.326 1	0.905 1	0.708 0
	建宁路	1.269 5	0.990 5	0.865 5
	宝塔桥	1.242 9	1.033 9	0.955 5
	幕府山	0.680 3	0.589 1	0.502 1
	阅江楼	1.231 2	0.997 3	0.911 3
秦淮区	夫子庙	0.727 4	0.510 6	0.440 1
	红花	1.164 8	0.987 9	0.934 2
	秦虹	0.963 7	0.785 8	0.685 9
	中华门	0.817 7	0.668 2	0.588 8
	双塘	1.217 2	0.757 0	0.613 4
建邺区	兴隆	1.848 1	1.153 4	0.951 3
	南苑	2.247 4	1.529 5	1.200 4
	南湖	1.938 0	1.392 7	1.146 6
	滨湖	2.086 4	1.122 1	0.785 8
	双闸	0.552 2	0.451 1	0.414 9
	沙洲	0.508 3	0.367 4	0.322 4
栖霞区	燕子矶	0.744 9	0.681 7	0.637 8
	迈皋桥	0.740 5	0.661 3	0.622 2
	马群	0.631 1	0.502 5	0.458 2
雨花台区	赛虹桥	0.707 3	0.626 8	0.572 4
	铁心桥	0.501 9	0.450 6	0.421 3
	宁南	0.522 0	0.460 0	0.435 5
	雨花新村	0.425 1	0.313 6	0.257 7

表 5-6　居民到访开放空间便捷性的街道类型统计

类别	街道
可达性好	雨花新村、玄武湖、沙洲、红山、玄武门、华侨路、双闸、铁心桥、宁海路、宁南、瑞金路、夫子庙、马群、幕府山
可达性一般	湖南路、赛虹桥、中央门、锁金村、中华门、大光路、双塘、建康路、迈皋桥、梅园新村、新街口、燕子矶、朝天宫、秦虹、五老村、热河路、光华路、孝陵卫、挹江门
可达性差	洪武路、滨湖、止马营、后宰门、小市、建宁路、阅江楼、红花、兴隆、宝塔桥、苜蓿园、江东
可达性很差	淮海路、南湖、南苑、莫愁湖

达性一般的街道共有 19 个，步行到最近开放空间的平均时间为 1 min，非机动车和机动车方式下的时间分别为 0.741 9 min 和 0.639 1 min；洪武路、滨湖等 12 个社区的可达性较差，步行到最近的开放空间用时为 1.5 min，即使换用其他两种交通方式，也都为 1 min 左右；莫愁、南苑、南湖、淮海路 4 个街道的可达性最差，亟待改善，步行到最近开放空间的时间达到 2.67 min，非机动车和机动车交通方式对可达性用时大幅缩减，仍远高于其他三类的用时，分别为 1.55 min 和 1.21 min。

5.3.3 开放空间便捷性的类型差异

本部分根据到达某类开放空间所需的时间 0—10 min、10—20 min、20—30 min 和>30 min，分别将它们定义为可达性好、可达性一般、可达性差和可达性很差，以此来表征居民到达某类开放空间的难易程度(图 5-20)。

通过步行的方式，在 0—10 min 内，最方便到达的是附属绿地和生态防护绿地，两者在该时段范围所覆盖的主城区面积分别为 19 348.87 hm^2 和 15 997.75 hm^2。而广场和生产绿地在 0—10 min 内的可达性较差，占主城区面积分别为 31.42%、40.94%；广场、水域和公共绿地是步行 10—20 min 南京主城区可达区域最大的开放空间类型，面积分别为 7 880.85 hm^2、6 326.03 hm^2 和 5 311.63 hm^2。步行超过 30 min 才可到达广场和生产绿地的主城区面积很大，分别达到 4 911.60 hm^2 和 7 874.29 hm^2。总体看来，主城区通过步行的交通方式可达性最好的是附属绿地和生态防护绿地，而广场和生产绿地则可达性较差。

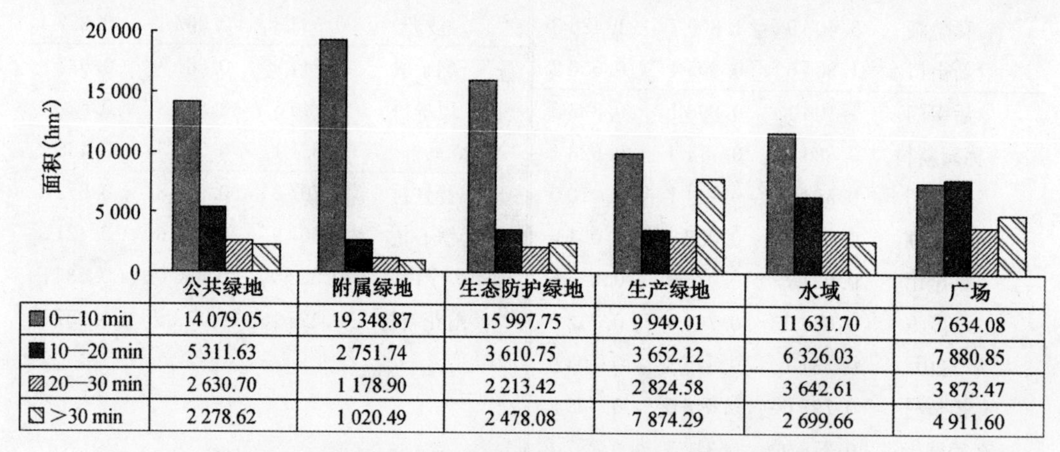

	公共绿地	附属绿地	生态防护绿地	生产绿地	水域	广场
0—10 min	14 079.05	19 348.87	15 997.75	9 949.01	11 631.70	7 634.08
10—20 min	5 311.63	2 751.74	3 610.75	3 652.12	6 326.03	7 880.85
20—30 min	2 630.70	1 178.90	2 213.42	2 824.58	3 642.61	3 873.47
>30 min	2 278.62	1 020.49	2 478.08	7 874.29	2 699.66	4 911.60

图 5-20 步行出行的各类型开放空间便捷性差异及其区域面积

进一步根据人口分布，对各种类型开放空间相对于市民的服务便利性进行分析(图 5-21)。主城区市民通过步行方式到达附属绿地、公共绿地和水域用时在 10 min 以内的人口数都超过或接近 200 万人，尤其是附属绿地，更是达到 279.31 万人，约占到总人口的 94%。针对生产绿地和生态防护绿地，主城区大部分人口若想通过步行方式到达，用时将超过 30 min，尤其是生产绿地，近 200 万人口的步行用时超过 30 min。就步行的服务便利程度来看，附属绿地、公共绿地最好，生态防护绿地和广场的服务功能较差，生产绿地最差。

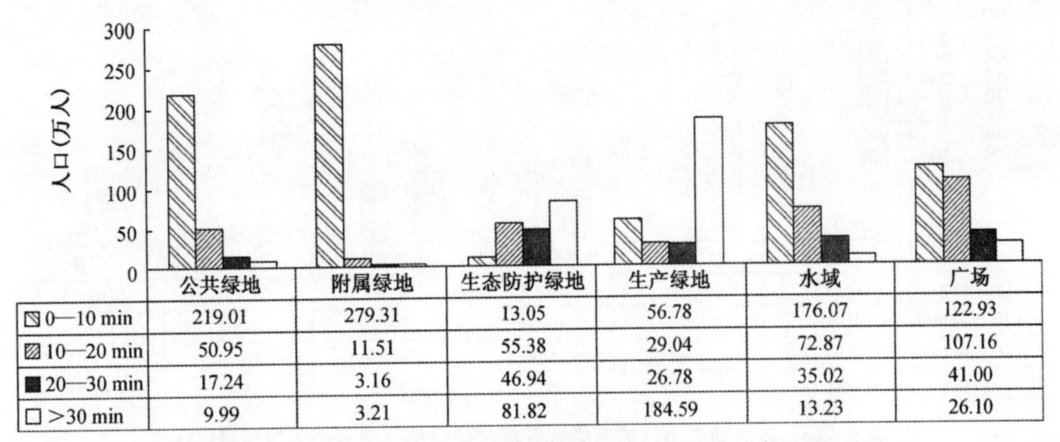

	公共绿地	附属绿地	生态防护绿地	生产绿地	水域	广场
0—10 min	219.01	279.31	13.05	56.78	176.07	122.93
10—20 min	50.95	11.51	55.38	29.04	72.87	107.16
20—30 min	17.24	3.16	46.94	26.78	35.02	41.00
>30 min	9.99	3.21	81.82	184.59	13.23	26.10

图 5－21　步行出行的各类型开放空间便捷性差异的人口数量统计

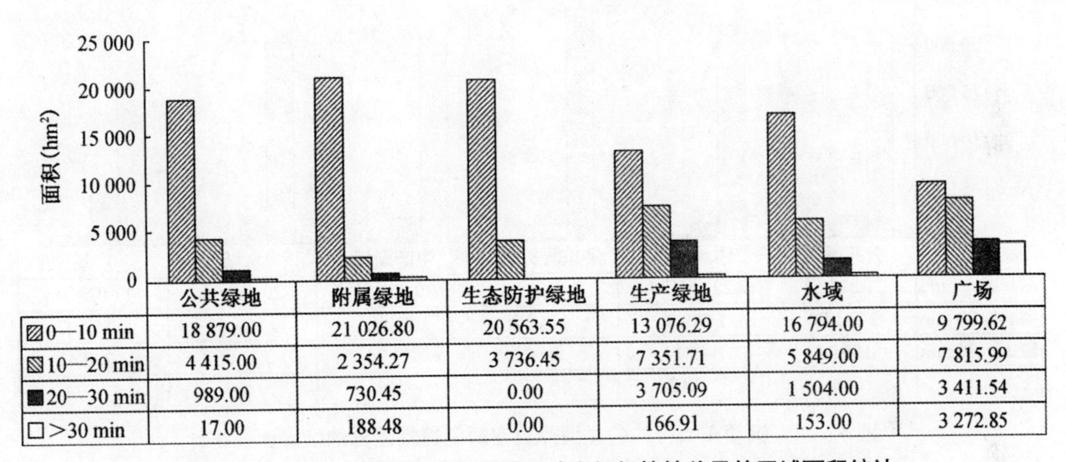

	公共绿地	附属绿地	生态防护绿地	生产绿地	水域	广场
0—10 min	18 879.00	21 026.80	20 563.55	13 076.29	16 794.00	9 799.62
10—20 min	4 415.00	2 354.27	3 736.45	7 351.71	5 849.00	7 815.99
20—30 min	989.00	730.45	0.00	3 705.09	1 504.00	3 411.54
>30 min	17.00	188.48	0.00	166.91	153.00	3 272.85

图 5－22　非机动车出行的各类型开放空间便捷性差异的区域面积统计

当换用非机动车的出行方式时，开放空间的各种类型的方便到达程度都有所提高(图5－22)。附属绿地和生态防护绿地仍然是 10 min 内覆盖范围最多的类型，面积均超过2 万 hm^2，10 min 内可以到达公共绿地和水域的面积也分别占到主城区总面积的 77%和69%以上。在全城区的任意地区，通过非机动车的方式 20 min 内都可接触到生态防护绿地。广场和生产绿地的可达性没有得到明显改善，通过非机动车的方式超过 10 min 能够到达的范围分别高达 60%和 50%左右的水平。

通过非机动车的方式(图 5－23)，10 min 内主城区 90.89%的居民可以到达公共绿地，96.61%的居民可到达附属绿地，可达性好。而约 24 万和约 9 万居民 10—20 min 的时间也分别可以到达以上两类开放空间。但仍有约 3 万和约 1 万的市民很难到达公共绿地和附属绿地，通过非机动车的方式需要超过 20 min 的时间。市民方便到达生态防护绿地、水域和广场 3 种开放空间的人口数相差不大，拥有好的可达性的居民数分别约为 194万、175 万和 162 万，约有 1/3 的市民到达生态防护绿地的可达性一般，约有 42 万市民到达水域可达性差，约有 33 万市民到达广场可达性差。生产绿地的可达性仍然最差，仅有30.45%的市民通过非机动车的方式 10 min 内可以到达生产绿地。

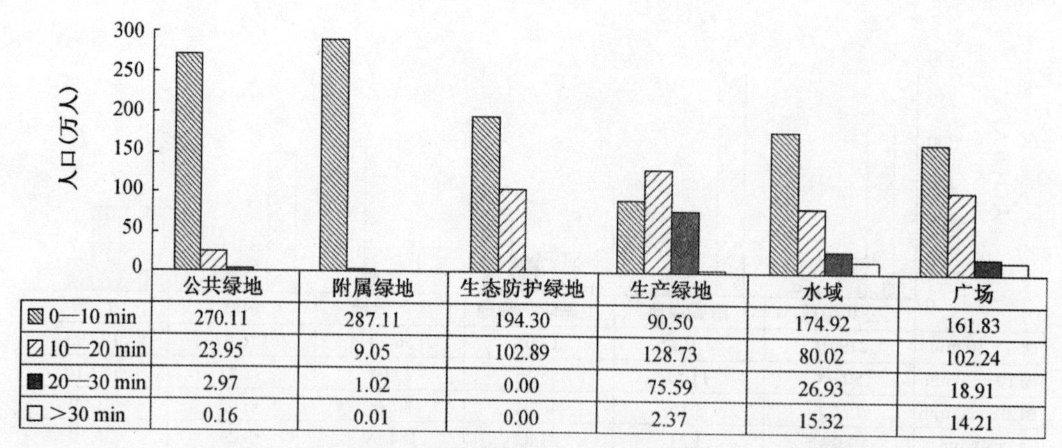

	公共绿地	附属绿地	生态防护绿地	生产绿地	水域	广场
0—10 min	270.11	287.11	194.30	90.50	174.92	161.83
10—20 min	23.95	9.05	102.89	128.73	80.02	102.24
20—30 min	2.97	1.02	0.00	75.59	26.93	18.91
>30 min	0.16	0.01	0.00	2.37	15.32	14.21

图 5-23　非机动车出行的各类型开放空间便捷性差异的人口数量统计

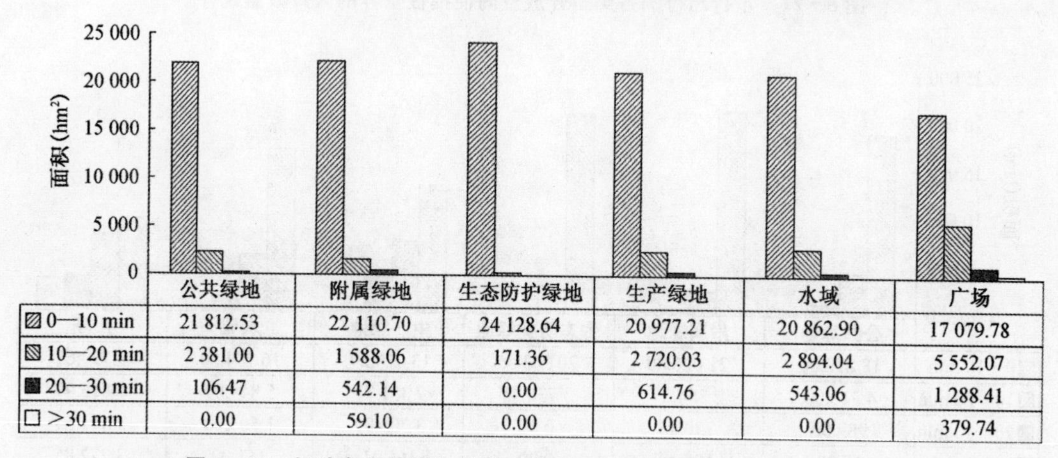

	公共绿地	附属绿地	生态防护绿地	生产绿地	水域	广场
0—10 min	21 812.53	22 110.70	24 128.64	20 977.21	20 862.90	17 079.78
10—20 min	2 381.00	1 588.06	171.36	2 720.03	2 894.04	5 552.07
20—30 min	106.47	542.14	0.00	614.76	543.06	1 288.41
>30 min	0.00	59.10	0.00	0.00	0.00	379.74

图 5-24　机动车出行的各类型开放空间便捷性差异的区域面积统计

当选用机动车的出行方式时(图 5-24),主城区交通可达性大大改善,除广场外,主城区 10 min 内到达其他 5 类开放空间的区域面积都超过了 2 万 hm^2,这些区域相对于 5 类开放空间的可达性好。公共绿地、生产绿地和水域可达性一般的区域面积都在 2 500 hm^2 左右。广场的可达性是 6 类开放空间中最差的,可达性好、一般和差的区域面积分别为 17 079.78 hm^2、5 552.07 hm^2、1 288.41 hm^2。

当选用机动车的出行方式时(图 5-25),主城区的居民 6 类开放空间可达性好的人数几乎都占到总人口的 90%以上(仅有广场为 88%),尤其是生态防护绿地和附属绿地,达到 295.56 万人和 293.34 万人;可达性一般和差的居民几乎没有或仅有零星分布。相比而言,居民对于广场和生产绿地的可达性依然较差,可达性一般的人群数量分别约为 32 万人和 22 万人。

综合步行、非机动车和机动车 3 种出行方式的结果来看,不论是各种类型的可达性范围还是居民的可达性,附属绿地都是最好的。居民选用 3 种出行方式可达性好的人口数均超过总人口的 90%。附属绿地基于机动车的可达性好的区域为 22 110.70 hm^2,相对于步行和非机动车方式的 19 348.87 hm^2、21 026.80 hm^2 提升不大,主要因为附属绿地常分布于人们的日常生活、工作环境周围,距离本身就很近,步行的交通方式本身就可便捷到达;公共

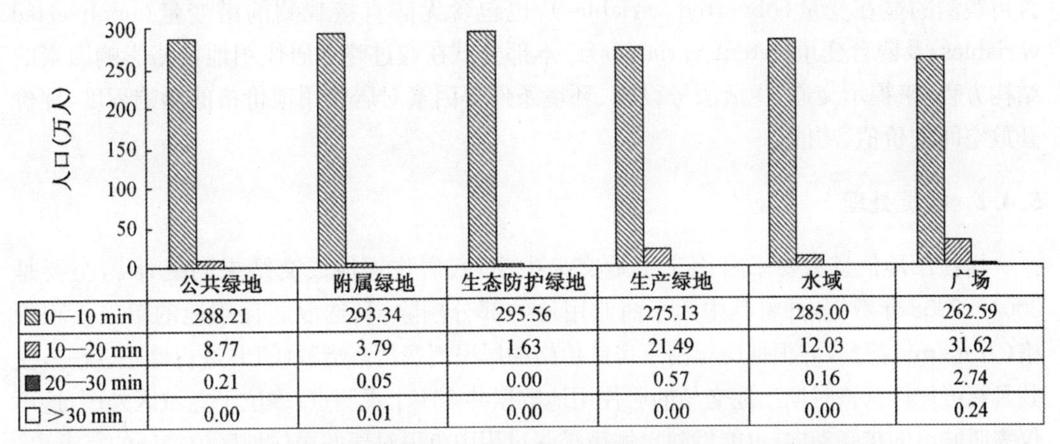

	公共绿地	附属绿地	生态防护绿地	生产绿地	水域	广场
0—10 min	288.21	293.34	295.56	275.13	285.00	262.59
10—20 min	8.77	3.79	1.63	21.49	12.03	31.62
20—30 min	0.21	0.05	0.00	0.57	0.16	2.74
>30 min	0.00	0.01	0.00	0.00	0.00	0.24

图 5-25　机动车出行的各类型开放空间便捷性差异的人口数量统计

绿地次之,73.69%的居民步行可达性好,90%以上的非机动车和机动车可达性好。相对于步行,非机动车的方式对公共绿地的可达性提升了近20个百分点,而机动车相对于非机动车变化不大,表明虽不及附属绿地,公共绿地距离市民也很近,往往不需要机动车的方式便可到达,服务便捷性也很好;水域和生态防护绿地的可达性相仿,但生态防护绿地面积大,可达性好的服务范围也更大一些。水域和生态防护绿地也多分布于交通较为便捷的区域,远离人口密集区,致使其服务可达性好的面积较大,但居民可享用性相对较差;机动车相对于步行和非机动车对生产绿地的可达性提升很大,但超过20万的居民驱车超过10 min才能见到生产绿地景观;广场的可达性最差,尽管机动车方式对其可达性提升非常大,但限于其自身面积很小,服务的便捷性程度有限。

5.4　基于居住用地出让价格的开放空间价值评价

5.4.1　研究模型的选择

城市土地经济学的基本理论假设认为,在均衡状态下,土地价格反映了不同土地利用类型的竞租能力(Alonso,1964)。土地与住房价格受到地块的区位、可达性和城市形态等空间因素的影响(武文杰等,2010),城市的交通便利程度、生活服务设施以及环境设施等都在左右着土地的价格,居住用地也不例外。开放空间的生态、休闲、娱乐、社会经济等价值一直是国外开放空间研究的热点,Hedonic模型在评价房产交易中开放空间的隐含价格上的应用十分广泛。这一传统计量方法尽管能够得到某一变量与地块或住房价值的相关程度大小与统计显著水平,但很难建立起变量之间的因果关系,也很难解决变量之间相互影响的共线性问题,因而也很难对居住用地价格与其影响因素之间的复杂关系进行模拟和分析。

结构方程模型(Structural Equation Modeling, SEM)是一种通用的线性统计建模技术,没有严格的假设限定条件,并允许自变量和因变量存在测量误差,为这类问题的定量化分析提供了很好的工具。它是一种建立、估计和检验因果关系模型的方法,模型中既包含可观测的显在变量(obverted variables),也包含无法直接观测的潜变量(unobverted variables)及隐含变量(latent variables)。本部分试在通过建立居住用地价格影响因素的结构方程,来揭示交通、生活服务设施、环境条件等因素对居住用地价格的影响程度,评价开放空间的价值、功能。

5.4.2 数据处理

居住用地信息主要来自南京土地交易中商业、居住用地成交结果的统计①,主要是2004—2008年数据,并将其中关于商业用地的部分剔除,只选取居住用地的单位面积价格(万元/m^2)指标,并根据历年南京房产价格的居民消费价格指数(CPI)进行修正、统一,使其具有可比性。该时期土地交易的居住用地数据共354个观测点,多位于老城区外围,这不仅表明城市的扩张动向,也能发映出城市扩张过程中市民对新的居住地区位特征的需求。

而土地价格相关的影响因素共选取三类13个指标,分别是反映交通便捷性的公交站点和地铁,反映基本生活设施的医院、购物中心、中小学校、高校、行政机关单位(数据来自南京地图②,并结合各单位网站、南京城市客运网以及Google Earth等一一核对),以及反映环境条件的开放空间的各种类型(2006年开放空间中的公共绿地、水域和生态防护绿地数据,由于开放空间多为狭长条带或大面积区域,本部分选用开放空间面数据,即为到达开放空间或某种类型的边缘的最短距离)(图5-26,表5-7)。影响程度用居住用地到上述目标的最短距离(m)来衡量,主要用ArcGIS的Proximity功能进行分析。

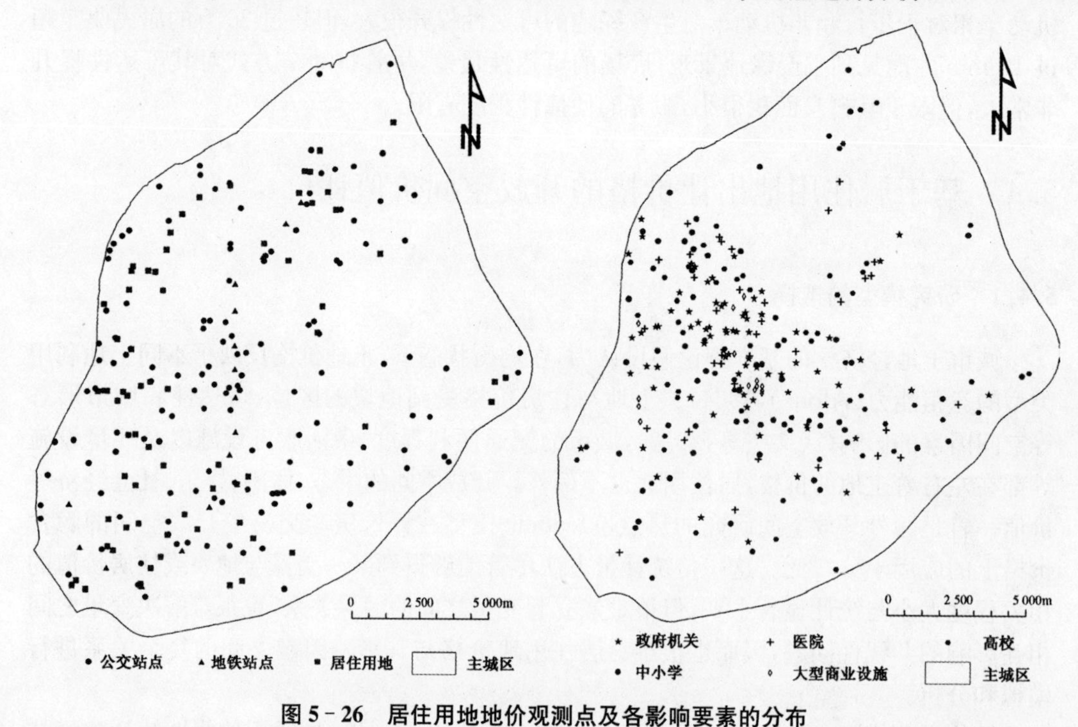

图5-26 居住用地地价观测点及各影响要素的分布

① 参见 http://www.landnj.cn/LandBargainInfo.aspx? Type=0.相关内容。

② 南京地图(2008)由江苏金威测绘服务中心编制。

表 5-7　居住用地价格模型的指标解释

潜在变量 η 内生变量 ε		观测变量 χ
居住用地价格 η	Price_residential land	单位居住用地价格(万元/m^2)
交通便利性 ε_1	D_public transportion station	居住用地到最近公交站的距离(m)
	D_subway station	居住用地到最近地铁站的距离(m)
基本生活设施便利性 ε_2	D-junior or senior high schools	居住用地到最近中小学的距离(m)
	D_college	居住用地到最近高校的距离(m)
	D_hospital	居住用地到最近医院的距离(m)
	D_shopping mall	居住用地到最近购物中心的距离(m)
	D_administrative units	居住用地到最近行政单位的距离(m)
环境设施便利性 ε_3	D_public greenland	居住用地到最近公共绿地的距离(m)
	D_ecology buffer land	居住用地到最近生态绿地的距离(m)
	D_water land	居住用地到最近水域的距离(m)

5.4.3　模型的假设与检验

根据结构方程理论模型和相关理论基础，本书提出以下三个研究假设：

H_1：市民在选择居住地的时候首先考量的是出行的便捷程度，周边交通设施的级别、数量是影响地价的最重要因素。

H_2：临近医院、学校、购物中心以及行政单位给生活带来的便利，严重影响着土地交易的价格，这些生活设施也是居住地周边生活品质、氛围的重要元素。

H_3：国外居民一般选择风景宜人、环境优美、静谧的郊区作为居住地，价格法和效用估价法的很多研究表明，房产价值中的很大一部分是为环境设施所负担(Anderson & West, 2006; White & Leefers, 2007)。城市居民在选择新的居住地时，更多看重的是周边的公园、广场等休闲娱乐设施，以及自然山水、农田等自然景观。

采用 AMOS 16.0 对结构方程模型进行参数估计和拟合度检验，模型参数估计包括测量模型的验证性因子分析和结构模型的路径系数估计。模型采用极大似然(the maximum likelihood)估计法。

为了确定模型的可靠性，利用测量模型的组合信度(Composite Reliability, CR)和反映聚敛效度(convergent validity)的平均变异萃取量(Average Variance Extracted, AVE)指标，对模型的信度和效度进行了检验(表 5-8)。信度反映了变量内部的一致性，用标准化的因子载荷计算各潜变量的组合信度，结果在 0.66—0.82，符合弗奈尔和拉克建议组合信度为 0.6 以上的标准，表示潜变量内部一致性良好。平均变异萃取量(AVE)的结果表明，环境设施的 AVE 值为 0.32，小于 0.5，交通便捷性和生活基本设施分别为 0.63 和 0.71，均大于 0.6，说明测量模型的聚敛效度较好。

表 5-8　居住用地价格模型的整体拟合指数

指标	绝对拟合指数				相对拟合指数				简约拟合指数	
指标	χ^2/df	GFI	AGFI	RMSEA	NFI	CFI	IFI	RFI	PNFI	PGFI
标准	[2,5]	>0.9	>0.9	<0.1	>0.9	>0.9	>0.9	>0.9	>0.5	>0.5
观测值	2.663	0.81	0.84	0.094	0.92	0.94	0.92	0.91	0.62	0.53

对地价影响因素的结构方程模型进行拟合度检验。绝对拟合指数：拟合优度指数(GFI)、调整拟合优度指数(AGFI)均大于0.8，与标准0.9很接近；卡方检验χ^2/df，近似误差均方根(RMSEA)分别为2.663和0.094，稍超出标准。相对拟合指数：规范拟合指数(NFI)、相对拟合指数(CFI)、增值拟合指数(IFI)、相关拟合指数(RFI)也与标准0.9很接近。简约拟合指数：简约基准拟合指标(PNFI)、简约拟合指标(PGFI)均大于0.5，说明该结构方程模型的整体拟合状况良好。整个模型的P值<0.001，具有显著性。

根据侯杰泰等(2004)的研究，评价拟合指数可以遵循3个原则：一是χ^2除以自由度在2—5；二是RMSEA在0.08以下(越小越好)；三是NFI和CFI在0.9以上(越大越好)，满足这3个条件，所拟合的模型是一个“好”模型。通过前文对地价评价模型的信度和效度的分析，本模型Chi-square为276.3，df值为105，χ^2除以自由度为2.63，介于2—5，RMSEA值为0.094，介于0.08—1，尚能接受；CFI值为0.94，PNFI值为0.62，都表明该模型较为理想，拟合度较好，能够较好地反映出观测变量与隐含变量之间的关系。

5.4.4　结果分析

通过对测量模型的验证性因子分析可知，13个指标中，除生产用地和生态防护绿地因子载荷值为0.12和0.28外，其他所有测量变量的标准化因子载荷都在0.4—0.89(图5-27)，基本符合因子载荷大于0.4的标准，说明各因子对测量模型具有较强的解释能力。公交线路的站点对交通便捷性的体现度较高，这也说明2006年前后公交是南京市民主要依靠的公共出行方式，地铁只有一号线开通，整体站点较少，尚不能满足大部分地区的出行需求。生活基本设施中，购物、机关单位、医院、中小学校的解释度较高，而对高校的体现度较小，前几个观测量是市民购房最看重的影响因素。

基本生活设施对居住用地价格影响最大，其次为交通便捷性，而开放空间所包含的公共绿地、附属绿地、广场、水体等环境基础设施对地价的影响程度则相对较小，不是市民优先考虑的条件，但仍能明显地看出广场对环境设施的高解释度，所选广场为交通、集会广场，因此新开发的城市外围居住用地必然和良好的交通条件相匹配，而建立在良好通行条件上的公共绿地和附属绿地对居住环境的改善和增值能力也是毋庸置疑的。主城区内的水域、生产绿地和生态防护绿地分布极不均衡，难以对整体的居住用地的价格产生显著影响。

因此，就南京主城区而言，开放空间的价值相对于生活基础设施和交通环境，仍不是市民选择居住区位的关键因素，城市的基本生活设施制约着城市居住用地的出让价格，这与国外看重居住环境的研究结果存在一定差异。同时，距离较近的附属绿地、公共绿地等开放空间也在一定程度上左右着部分市民的居住区位，而其他开放空间形式没有明显作

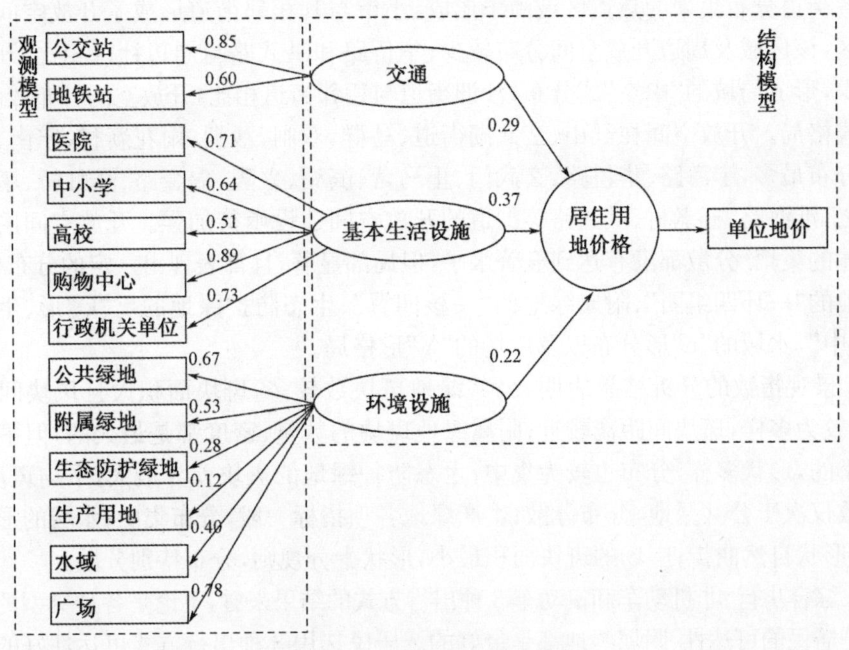

图 5-27 居住用地价格模型

用。因此，当前城市应当加强居住区内外附属、公共绿地的建设，以合理引导城市扩张过程中人口、居住用地的扩展，优化城市布局，在满足市民基本生活设施的基础上，努力改善生活环境，提升生活品质，更好地促进城市的健康发展。

5.5 小 结

根据遥感解译和城市土地利用的现状数据，对南京主城区开放空间的分布、景观、服务便捷性以及对居住用地地价影响的现状格局进行解析，结果表明：

(1) 在南京主城区范围内，开放空间以公共绿地、附属绿地、生态防护绿地和生产绿地组成的绿色空间为主，达到主城面积的 40%，占开放空间的 90%以上，而水体空间和广场则较少，尤其是广场，不足总面积的 1%。

开放空间在老城区内外的结构、分布差异较大，老城区内的开放空间不足外部的 1/10，以附属绿地占绝对优势，其次为公共绿地、水体，而生态防护绿地、广场仅有零星分布，没有生产绿地。相比老城，外部生态防护绿地和公共绿地所占比例较大，其次为生产绿地、水域和广场。同样，开放空间在各行政区的分布也存在明显差异，玄武、栖霞、建邺区内开放空间丰富，而下关、白下、鼓楼区内则分布较少，其中公共绿地主要分布在玄武、栖霞等区，附属绿地主要分布在鼓楼、玄武区，玄武、栖霞、雨花台区的生态防护绿地最为丰富，建邺、雨花台区生产绿地最多，水体空间主要分布于建邺、秦淮区，而广场则较多分布在建邺区内。

利用 ESDA 对开放空间在街道的分异特征进行探析，结果表明主城区内开放空间在各街道单元的分布较为离散，没有表现出明显的空间联系。局部自相关分析也表明，开放空间在各街道分布集聚的热点区域尚未形成:小市与其相邻街道形成了开放空间的分布"冷点"区,该区域及周边开放空间分布较少;华侨路和洪武路与周边社区相比,开放空间分布较少,形成局域的"中空"式分布;沙洲街道与相邻街道相比,开放空间分布较多,形成"孤点"式格局。开放空间在红山、玄武湖街道、马群、双闸、沙洲、雨花新村、宁南、阅江楼等街道分布最多,宁海路、华侨路、玄武门、止马营、滨湖、兴隆、瑞金路、赛虹桥、孝陵卫等街道次之,淮海路、五老村、洪武路等街道的开放空间建设亟待加强。开放空间的各种类型在整体的集聚/分散都没有达到显著水平,但局部显著,且都表现出一定的分布格局,如公共绿地的"一环四组团"、附属绿地的"一核四翼"、生态防护绿地的反"C"形、生产绿地的"两集中"、水域的"h"形分布以及广场的"Y"形格局。

(2) 景观指数的分析结果表明,公共绿地斑块数较多,斑块面积大且斑块间差异也大,形状较为多样,斑块间距离较近;附属绿地斑块的数量、密度都是最大的,但平均面积却是最小的,形状多样,分布也较为集中;生态防护绿地的斑块差异最大,平均斑块面积、形状指数仅次于公共绿地,分布分散;生产绿地各项指标一般,分布集中;水域的形状分维数最大,形状自然曲折;广场的斑块面积最小,形状十分规则,分布特别分散。

(3) 综合步行、非机动车和机动车 3 种出行方式的结果来看,不论是各种类型的可达性范围还是居民的可达性,附属绿地都是最好的。居民选用 3 种出行方式可达性好的人口数均超过总人口的 90%。附属绿地基于机动车的可达性好的区域为 22 110.70 hm^2,相对于步行和非机动车方式的 19 348.87 hm^2、21 026.80 hm^2 的区域提升不大,这主要因为附属绿地常分布于人们日常生活、工作环境的周围,距离本身就很近,步行的交通方式就可方便到达;公共绿地次之,70%的居民步行可达性好,90%以上的非机动车和机动车可达性好。相对于步行,非机动车的方式对公共绿地的可达性提升了近 20 个百分点,而机动车相对于非机动车变化不大,表明虽不及附属绿地,公共绿地距离市民也很近,往往不需要机动车的方式便可方便到达,服务便捷性也很好。水域和生态防护绿地的可达性相仿,但生态防护绿地面积大,可达性好的服务范围也更大一些。但两者也多分布于交通较为便捷的区域,但远离人口密集区,致使其服务可达性好的面积较大,居民可享性相对较差。相对于步行和非机动车,机动车对生产绿地的可达性提升很大,但超过 20 万的居民驱车超过 10 分钟才能见到生产绿地景观。广场的可达性最差,尽管机动车方式对其可达性提升非常大,但限于其自身面积很小,服务的便捷性程度有限。

(4) 就当前南京主城区而言,开放空间的价值相对于生活基础设施和交通环境,仍不是市民选择居住区位的关键因素,城市的基本生活设施制约着城市居住用地的出让价格。同时,距离较近的附属绿地、公共绿地等开放空间也在一定程度上左右着部分市民的居住区位,而其他开放空间形式没有明显作用。因此,当前城市应当加强居住区内外附属、公共绿地的建设,以合理引导城市扩张过程中人口、居住用地的扩展,优化城市布局。

6 南京主城区开放空间格局的演变

6.1 开放空间规模、结构的动态变化

1979—2006 年,开放空间总规模呈现不断减小的趋势,27 年间总共减少 3 470.49 hm²,年均减少 128.54 hm²,1989—2001 年是减少量最多的时段,减少强度也达到 0.827 2,近年来减小强度有所减弱,但形势仍不容乐观(表 6-1)。

表 6-1 1979—2006 年开放空间类型的面积变化

年份	单位	开放空间	公共绿地	附属绿地	生态防护绿地	生产绿地	水域	广场
1979 年	面积/hm²	13 146.84	1 949.53	716.60	4 821.28	4 201.81	1 448.80	8.82
	比例/%		14.83	5.45	36.67	31.96	11.02	0.07
1989 年	面积/hm²	12 587.00	2 094.05	737.80	4 501.87	4 070.93	1 165.86	16.49
	比例/%		16.64	5.86	35.77	32.34	9.26	0.13
2001 年	面积/hm²	10 155.15	2 350.57	824.24	4 207.54	2 226.36	520.21	26.23
	比例/%		23.15	8.12	41.43	21.92	5.12	0.26
2006 年	面积/hm²	9 676.06	3 382.94	1 079.97	3 477.35	1 223.26	480.49	32.05
	比例/%		34.96	11.16	35.94	12.64	4.97	0.33
1979—1989 年	面积/hm²	−559.84	144.52	21.20	−319.41	−130.88	−282.94	7.67
	演变强度	−0.228 5	0.059 0	0.008 7	−0.130 4	−0.053 4	−0.115 5	0.003 1
1989—2001 年	面积/hm²	−2 431.86	256.52	86.44	−294.33	−1 844.57	−645.65	9.74
	演变强度	−0.827 2	0.087 3	0.029 4	−0.100 1	−0.627 4	−0.219 6	0.003 3
2001—2006 年	面积/hm²	−479.09	1 032.37	255.73	−730.19	−1 003.10	−39.72	5.82
	演变强度	−0.391 1	0.842 8	0.208 8	−0.596 1	−0.818 9	−0.032 4	0.004 8

开放空间各类型表现出较大的演变差异,公共绿地、附属绿地和广场面积均保持增加,而生产绿地、生态防护绿地和水域则大幅减少。公共绿地增量为 1 433.41 hm²,是面积增加最多的类型,增长主要发生在 2001—2006 年,占增加总量的 70%,演变强度更是达到 0.842 8;尽管附属绿地的增加规模较小,研究时段内共增加 363.37 hm²,但演变过程类似于公共绿地,也是近年来增长量较大的,2001—2006 年也有近 70%的增量;虽然广场面积一直在增加,但原有规模、增量很小,增加主要集中在 1989—2001 年,其总量仍未达到开放空间总面积的 1%的水平;生产绿地总共减少 2 978.55 hm²,占开放空间减少总量的 86%,三个时段的减少强度分别为 0.053 4、0.627 4、0.818 9,减少加剧,生产绿地的

保护形势极其严峻，生产绿地减少也是开放空间减少的主要影响因素；生态防护绿地共减少 1 343.93 hm^2，其减少趋势类似于生产绿地，近年来减少幅度加大，2001—2006 年减少强度高达 0.596 1；同为面积减少的水域 27 年间共减少 968.31 hm^2，其大面积减少主要发生在 1989—2001 年，年均减少 54 hm^2，尽管 2001—2006 年以 0.032 4 的减少强度呈现出递减趋势，但减量很小。

6.2 景观指数的变化

6.2.1 整体景观指数动态特征

从整体上来看（表 6－2），开放空间规模在不断减小，斑块数量、平均斑块面积、斑块面积标准差也都呈现出递减趋势，减小幅度最大的是 1989—2001 年，斑块数量减少 170 个；平均斑块形状指数反映了开放空间斑块的复杂程度，研究时段内，开放空间形状指数变小，说明形状越来越规则，边界曲折度渐小。面积加权平均斑块分维数变小同样反映了开放空间的不规则程度和破碎曲折程度降低；平均邻近指数与平均最邻近距离同样反映出斑块间的距离在拉大，同时还表现出了距离扩大化的趋势。

表 6－2　1979—2006 年开放空间景观指数的变化

年份	规模			形状		分布	
	斑块数量（个）	平均斑块面积（m^2）	斑块面积标准差	平均斑块形状指数	平均斑块分维数	平均最邻近指数	平均最邻近距离（m）
1979	2 521	5.28	57.53	6.88	1.23	1 789.27	71.6
1989	2 489	4.99	56.57	6.73	1.22	1 440.94	75.3
2001	2 319	4.65	53.34	5.73	1.21	676.67	84.1
2006	2 206	4.42	53.18	4.51	1.18	297.99	93.7

6.2.2 不同类型开放空间的景观指数动态特征

从开放空间内部结构来看（表 6－3），不同类型开放空间的景观指数的变化也存在较大差异。公共绿地数量在增多，而整体平均斑块面积、斑块面积标准差在减小；而公共绿地的分布更加集中，相互间的平均邻近指数在增大、平均最邻近距离在减小；公共绿地形状更加接近自然，自然风景区、城墙内外沿护城河的绿地、游园增多，平均斑块分维数整体还是在变大，形状更加自然、复杂。

附属绿地除斑块数量、平均斑块面积逐渐增大外，平均斑块形状指数、平均斑块分维数、平均邻近指数和平均最邻近距离未发生明显变化，都维持在相对固定的水平，形状、分布较为稳定。斑块平均面积有所加大，说明新建居住小区对小区绿地重视程度较高，绿地丰富度有所改善，因为附属绿地所在的市政事业单位用地相对稳定，居住区是近年来增加变化最强烈的类型。

表 6-3　1979—2006 年开放空间各景观类型景观指数的变化

类型	年份(年)	规模			形状		分布	
		斑块数量(个)	平均斑块面积(m^2)	斑块面积标准差	平均斑块形状指数	平均斑块分维数	平均邻近指数	平均最邻近距离(m)
公共绿地	1979	75	25.99	128.82	1.49	1.07	3 322.28	130.09
	1989	104	20.14	111.07	1.45	1.07	1 294.30	101.02
	2001	207	11.35	79.51	1.47	1.08	699.35	79.03
	2006	260	13.01	78.51	1.59	1.09	581.93	74.66
附属绿地	1979	797	0.90	2.03	1.46	1.08	23.89	86.96
	1989	836	0.88	1.99	1.45	1.08	23.63	83.83
	2001	935	0.92	2.06	1.47	1.08	26.25	86.55
	2006	1 177	0.98	1.86	1.46	1.08	23.11	83.48
生态防护绿地	1979	515	9.36	103.79	1.68	1.09	4 452.40	52.44
	1989	407	11.06	113.75	1.84	1.10	2 803.05	60.32
	2001	388	10.84	111.86	1.89	1.10	1934.71	70.19
	2006	307	11.33	120.31	1.93	1.11	1 204.49	84.60
生产绿地	1979	817	5.14	35.55	1.64	1.08	1 951.23	40.52
	1989	867	4.70	38.97	1.62	1.08	2 580.83	40.07
	2001	745	3.83	20.64	1.63	1.08	798.34	54.51
	2006	332	3.90	14.32	1.65	1.08	180.27	84.43
水域	1979	270	5.37	36.15	1.99	1.11	1 103.77	114.80
	1989	292	3.99	22.23	1.99	1.11	341.85	121.81
	2001	127	4.10	24.52	1.93	1.10	447.14	182.95
	2006	100	4.81	26.71	2.04	1.11	488.46	158.09
广场	1979	15	0.59	0.44	1.34	1.06	7.63	540.06
	1989	15	1.10	0.86	1.32	1.06	0.96	954.65
	2001	17	1.55	2.12	1.32	1.06	17.15	900.44
	2006	30	1.77	1.70	1.30	1.06	12.73	643.64

生态防护绿地、生产绿地和水域的空间斑块数量减少趋势类似，尤其是生产绿地和水域，两者斑块面积减小、破碎化加剧、形状人为改变较大、分布分散化。水域在 2001—2006 年有所改善，有优化的趋向。生态防护绿地虽然斑块密度明显减少、分布趋于分散，但平均斑块面积非但没有减少反而有所增加，表明主城区以自然山体为主的大型生态防护绿地保护较好。

广场的平均斑块形状指数、平均斑块分维数变化不大，形状稳定，都较为简单规整。斑块数量在增加，平均斑块面积逐渐增大，1979—2006 年广场的分布经历了集中—分散—集中的过程，早期广场数量较少，多分布于鼓楼、下关区内，而后分散化，数量也在不断增加，后期随着密度增加，分布也相对更加集中。

6.3 基于 ESDA 的开放空间街道分布分异的演变特征

6.3.1 开放空间整体的演变特征

将四个年份各街道开放空间的面积根据街道面积进行标准化处理，并利用 Jenks 最佳自然断裂点法将结果分为五类(图 6 - 1)。从图中可以看出，1979 年和 1989 年两个年

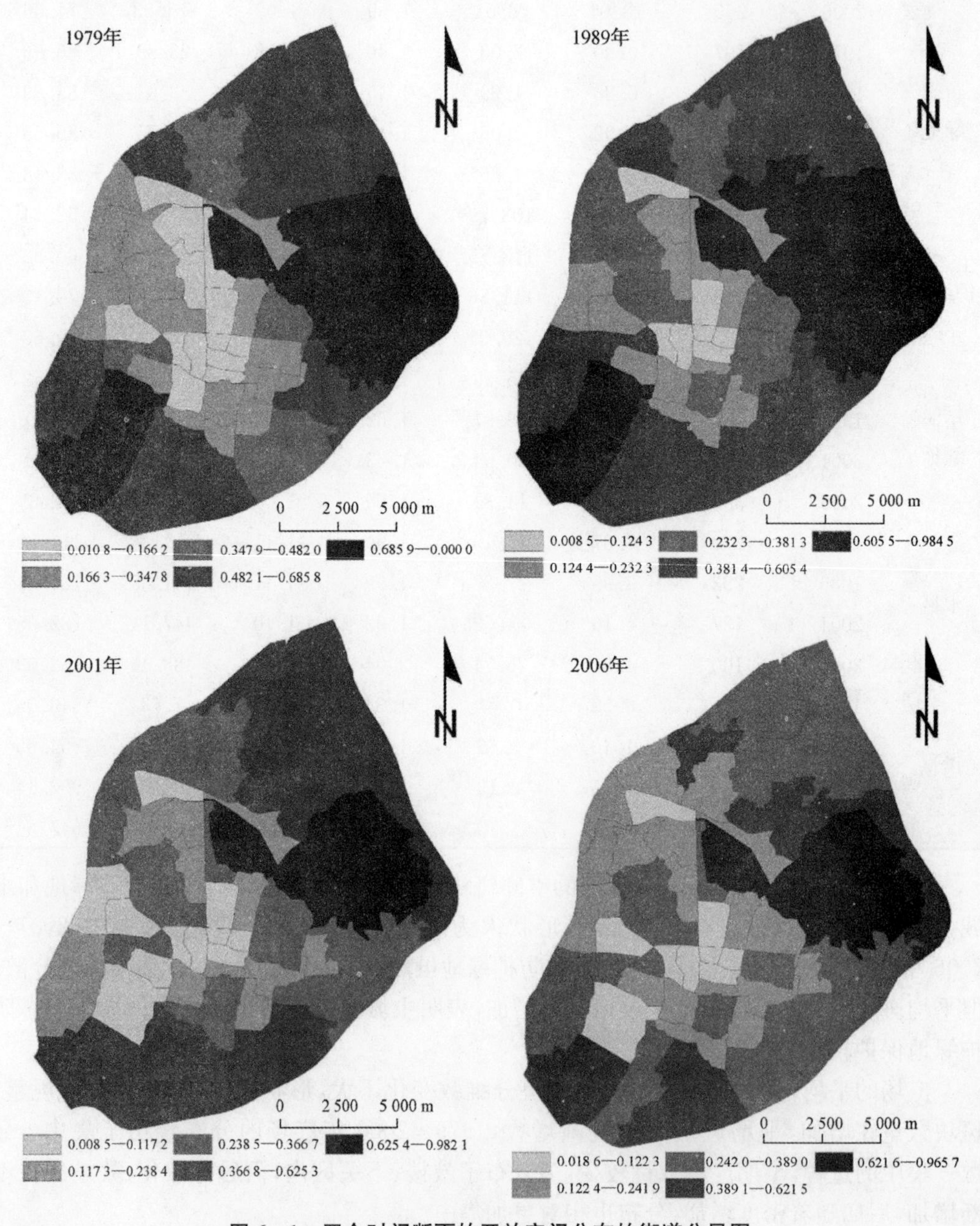

图 6 - 1 四个时间断面的开放空间分布的街道分异图

份开放空间在各街道分布变化不大,开放空间分布最多的街道集中于紫金山、玄武湖自然风景区及其周边的玄武湖、马群、孝陵卫等街道,以及南苑、沙洲、双闸街道,开放空间所占面积均超过 60%;开放空间较少的是老城区内的街道,主要是以新街口为中心的淮海路、朝天宫、五老村等街道。2001 年与 1989 年相比变化较大,主要体现在开放空间的大规模减少。集聚水平最高的紫金山、玄武湖周边以及南苑、沙洲等街道的开放空间大幅减少;同时,开放空间约为街道总面积 40%—60%的兴隆、孝陵卫、光华路等街道的开放空间减少近半。这些街道主要集中在城市中心的东西两侧。2006 年开放空间较之 2001 年又出现了较大变化,城市南北方向边缘的赛虹桥和红花、栖霞区的街道开放空间减少了近原有规模的 10%。

利用 ESDA 的全局自相关指数和局部自相关指数两个指标,对 1979 年、1989 年、2001 年和 2006 年开放空间的分街道数据进行分析,探明不同街道的开放空间格局演变特征(图 6-2)。四个年份的全局自相关指数 Global Moral′I 分别为 0.228 2、0.188 1、0.125 5 和 0.122 0,相同属性单元存在一定程度的聚集,但未达到集聚或分散的显著水平,仍能看出开放空间分布的整体分散化、破碎化的态势,开放空间分布较多的街道和分布较少的街道差距缩小,趋同性强,尤其是 1989—2001 年和 1979—1989 年,变动趋势较大。

进一步对 1979—1989 年、1989—2001 年、2001—2006 年三个时段的开放空间变化量进行局部自相关指数分析。三个时段的开放空间均表现出了明显的局部增加或减少的集聚现象(图 6-3)。1979—1989 年,主城区内的华侨路、新街口、玄武门等街道,表现出明

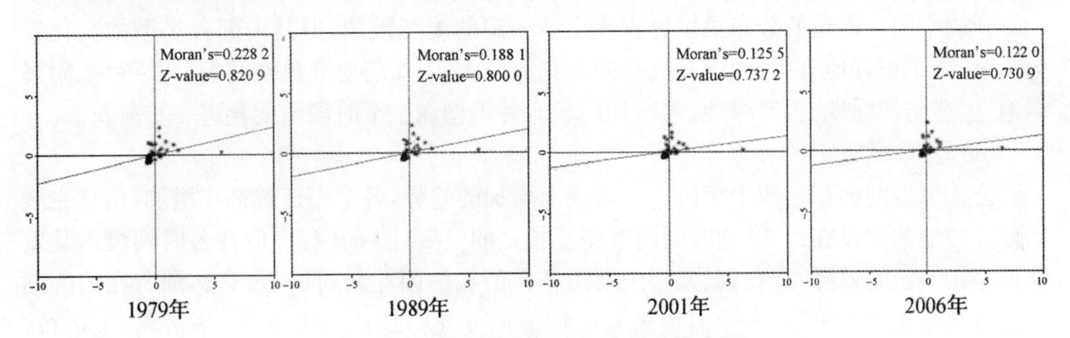

图 6-2 各街道开放空间演变的聚类图

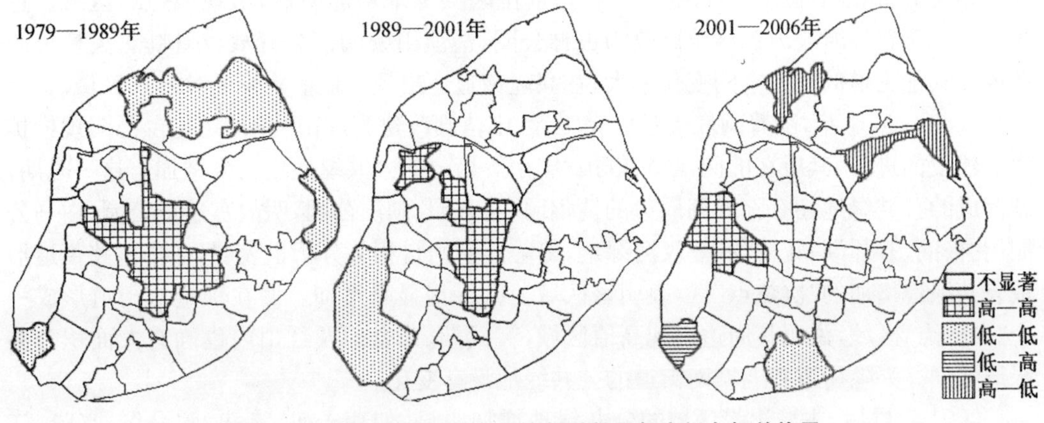

图 6-3 开放空间面积变化的各时段局部空间自相关格局

显的高值集聚，开放空间的面积增加。1989—2001年，开放空间增加的范围有所减小，主要集中到了城市的中心区，比如新街口、淮海路、湖南路、挹江门等街道。而2001—2006年，以江东、莫愁和滨湖街道形成增长“热点”区域，以幕府山和玄武湖街道为中心形成增长“次热点”区域，表明这些街道及其周边开放空间的增加量显著，开放空间增加的“热点”和“次热点”区域逐渐向城区的外围边缘区扩展。

1979—1989年，开放空间减少十分显著，开放空间变化的“冷点”主要有三个：一个以迈皋桥、幕府山为中心，一个以沙洲和赛虹桥为中心，另外一个以马群为主中心，三个“冷点”周围的主城区边缘地区，开放空间减少量较大。1989—2001年，开放空间的减少区域缩小为一个“冷点”区域，即以沙洲、兴隆和双闸为中心，该区域及周边的开放空间减少显著。2001—2006年，开放空间在变化过程中，出现了一个“冷点”（宁南街道）和一个“次冷点”（沙洲街道），主城区内开放空间减少趋势有所缓解。开放空间的减少区域一直在城市边缘区域，三个时段的方向又各有不同，经历了东北和西南部—西南部—南部的变化过程。

从四个时段及其变化来看，南京主城区开放空间在各街道的分布空间格局，由早期的中心匮乏、边缘丰富的“漏斗形”，逐渐向玄武湖、紫金山等高值的孤点单元与趋于均衡化单元并存的格局转变。

6.3.2 不同类型开放空间的演变特征

开放空间在街道的分布虽然也表现出了一定的演变规律，但其内部各类型的变化较为复杂，为了更好地分析、厘清开放空间变化的原因，下文将对开放空间的公共绿地、附属绿地、生态防护绿地、生产绿地、水域和广场6种类型在三个时段的变化进一步分析。

（1）公共绿地

公共绿地的面积在四个年份一直呈现出增加的趋势，各个街道也都在增加，南京主城区公共绿地的建设在近30的时间内取得了长足的发展（图6-4）。但在各时间段内其发展也存在一定的差异，玄武湖、紫金山及雨花台所在的雨花新村街道、莫愁湖所在的滨湖街道公共绿地最为丰富，三个时段未发生明显的变化。1979—1989年，华侨路、宝塔桥、宁海路街道公共绿地由不足5%增加到20%的水平。1979—1989年，公共绿地变化的空间自相关分析表明（图6-5），挹江门街道周围公共绿地增加明显，出现“热点”区域。这主要是由于在该时段内古林苗圃改为古林公园，清凉山公园部分开放，小桃园、大桥公园落成。其他街道的开放空间变化不大，在兴隆街道还出现了低值集聚的“冷点”区域。

1989—2001年，随着阅江楼景区完工、红山苗圃改建为红山公园、菊花台公园规模扩大等建设的进程，其所在的阅江楼、红山、宁南等街道的公共绿地也大大增加。这一时期，新落成的公共绿地还有玄武湖周边的情侣园、花卉园、湖滨公园，明故宫遗址公园、白马公园、北极阁、月牙湖、花神湖、三汊河绿地，等等。空间自相关分析也表明，在华侨路街道形成公共绿地增加的“次热点”区，表明该区域公共绿地显著增加。而在锁金村街道形成一个“次冷点”区域，说明其周边出现高值区域，玄武湖、紫金山及红山内也确有大面积公共绿地增加。兴隆街道和老城南街道的公共绿地没有变化。

2001年以后，主城边缘区域的公共绿地增加明显，如燕子矶、玄武湖、马群、兴隆、江

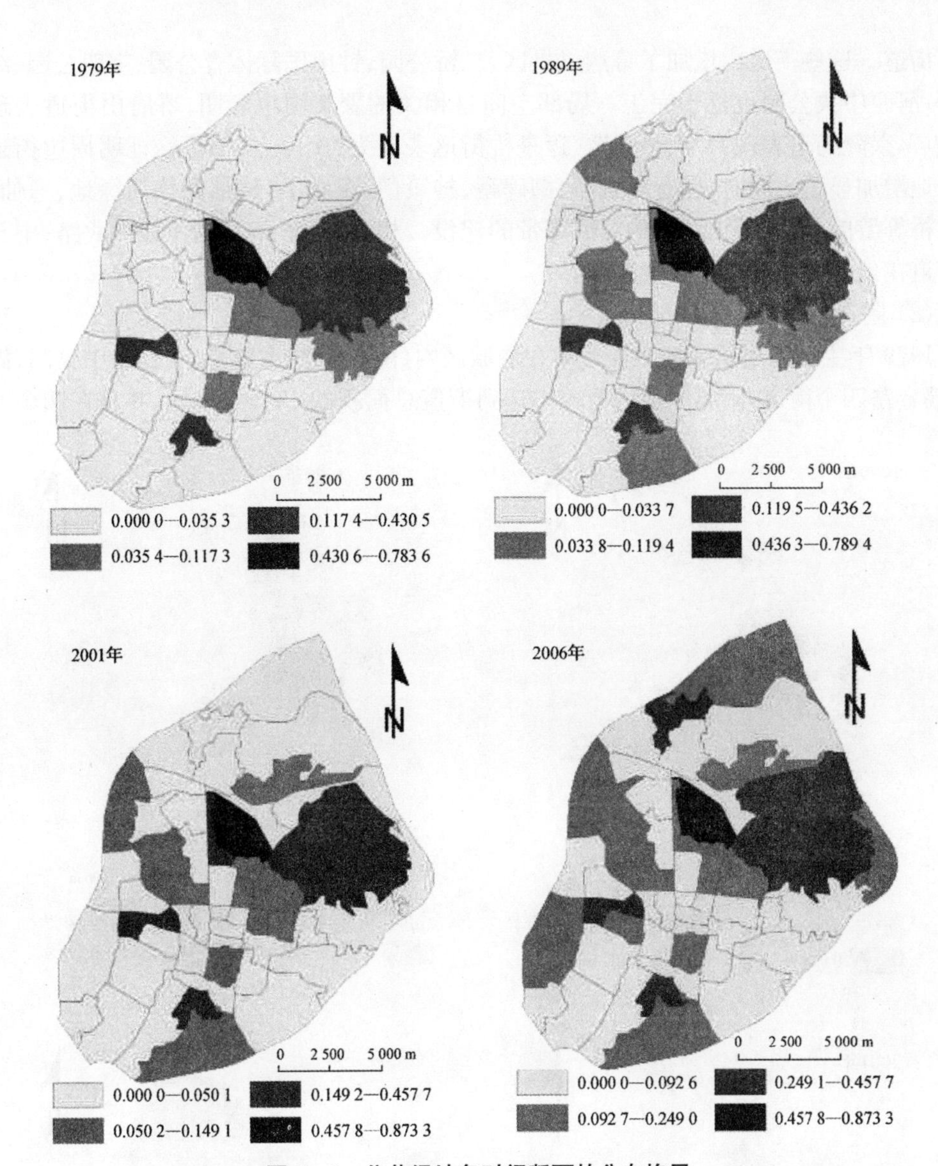

图 6-4　公共绿地各时间断面的分布格局

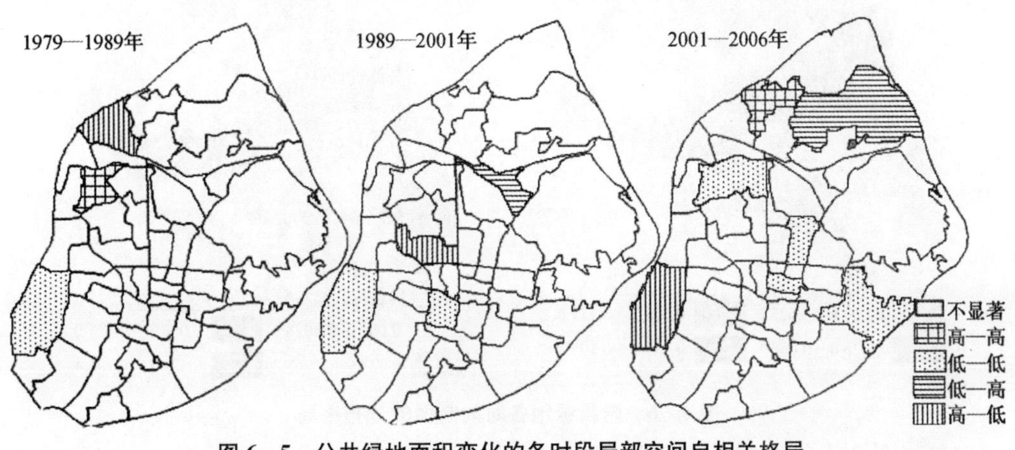

图 6-5　公共绿地面积变化的各时段局部空间自相关格局

东等街道。这些街道内增加了幕燕风景区、二桥公园、钟山国际体育公园、宝船公园、绿博园等，河西中央公园也近于完工。局部空间自相关的聚类图也表明，幕府山街道表现为"热点"，兴隆街道表现为"次热点"。迈皋桥街道表现为"次冷点"也恰恰证明周边街道公共绿地增加显著。同时，也有乌龙潭、御碑亭、神策门、东水关、建邺路滨河绿地、逸仙桥、大中桥等游园，以及环护城河的滨河绿带的建设。相反，光华路、苜蓿园、洪武路、中央门等街道在该时段公共绿地几无变化。

（2）附属绿地

1979 年主城区附属绿地主要分布在老城区内（图 6－6），主要是宁海路、中央门、湖南路、瑞金路四个街道，附属绿地的覆盖率达到街道总面积的 11%—19%，并且在四个时间

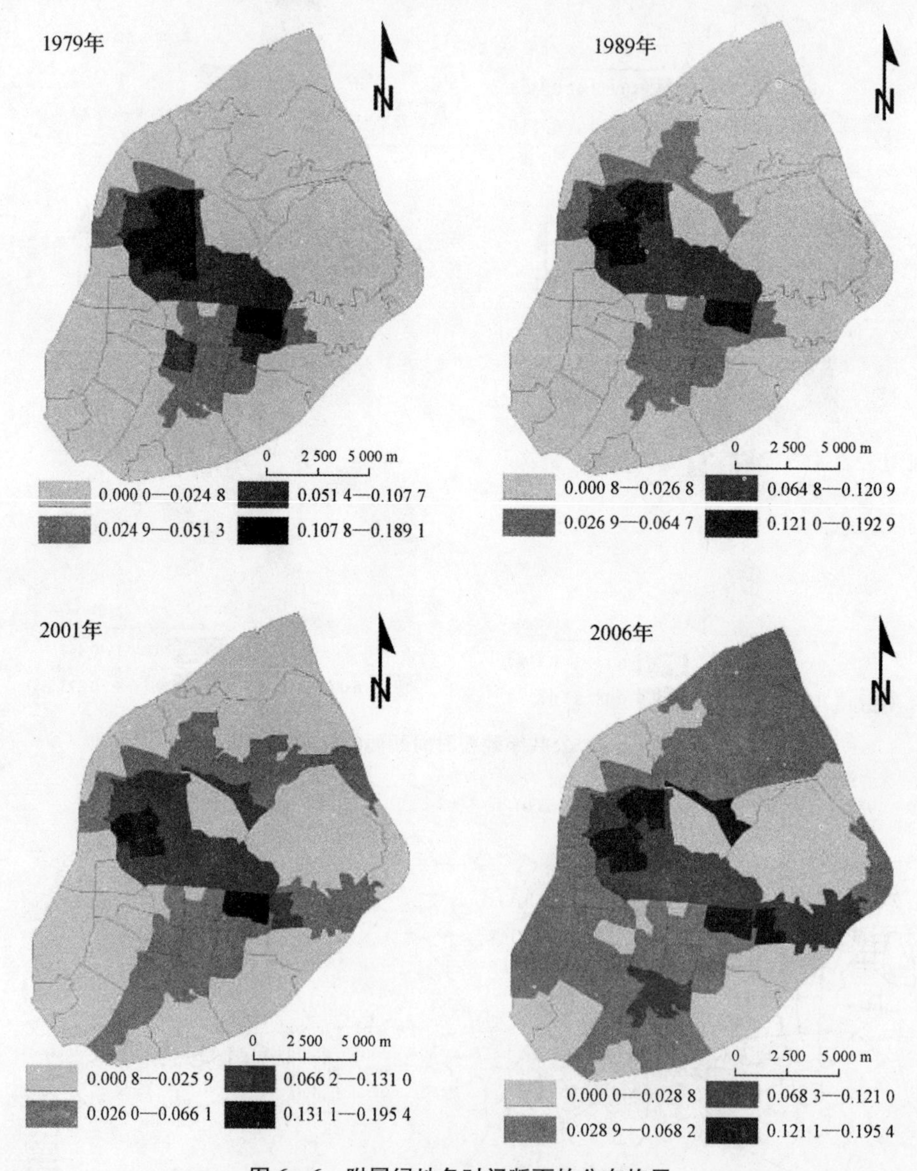

图 6－6　附属绿地各时间断面的分布格局

断面上，这些区域的附属绿地覆盖率一直都很高，尤其是宁海路和瑞金路，覆盖率一直是最高的，主要是省直机关和高校密集分布的原因。以宁海路为例，分布有省委、省政府、工商、民政、审计、机关医院等部门，还有南京艺术学院、南京工程学院、南京信息职业学院等院校；此外，颐和路的民国使馆区也在该区。附属绿地较为丰富的区域呈现出不断增加的趋势，如锁金村、苜蓿园、孝陵卫等街道在后三个年份逐渐增加，2006 年，锁金村和苜蓿园也逐渐成为附属绿地最丰富的街道。

从四个年份来看，附属绿地的分布范围不断加大，而且高值区域不断增加。结合三个时段附属绿地变化的局部空间自相关指数聚类图发现(图 6 - 7)：1979—1989 年，附属绿地向锁金村、小市扩展明显，相邻的紫金山、迈皋桥等街道出现"次冷点"区域，说明相邻近单元出现了增加的高值，主要受到居住区建设和学校建设的影响。1989—2001 年，附属绿地向城市中心的东部扩展最为明显，苜蓿园、孝陵卫、光华路三个街道呈现出高值的集聚"热点"，受到南京东扩文教区的影响显著；另一个"热点"出现在城市中心的西侧南湖街道，期间白鹭花园、茶南新村等一批居住区形成，长江第二医院、建邺医院及一些高校、中学进驻。而在 2001—2006 年，附属绿地向栖霞区和建邺区的扩展幅度较大，栖霞区燕子矶受到工业区建设和居住区及相应的配套市政基础设施的跟进影响，而建邺区主要是河西开发的影响。附属绿地密集的城市中心区则相对稳定，未发生明显变化。

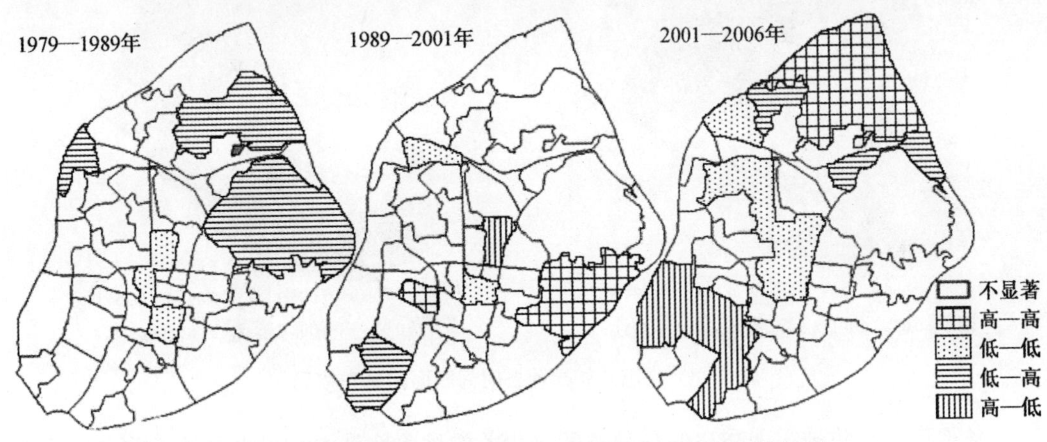

图 6 - 7　附属绿地面积变化的各时段局部空间自相关格局

(3) 生态防护绿地

四个时间断面生态防护绿地整体表现出不断减少的趋势(图 6 - 8)。生态防护绿地多为自然山体林带，由于我国较为严格的森林保护制度，其减少幅度较小，整体的格局形态较为稳定，在主城区北—东—南部的边缘蜿蜒分布，呈反"C"字形。自然生态的防护绿地减少的路径主要有建设侵占(工业、居住、公共设施等形式)，或改造为公园等风景区。1979—1989 年，清凉山、古林公园的修建使得华侨路和宁海路内生态防护绿地减少，而后的幕府山、白马公园、菊花台、幕燕风景区、七桥瓮的建设也使部分生态防护绿地主要转为公共绿地等其他绿地用地形式。建设的侵占在赛虹桥、宁南、孝陵卫、光华路、迈皋桥等街道也不同程度地存在，但规模相对较小，上述街道生态防护绿地占街道面积的比例由 1979 年的 15%—37%减少到 2006 年的 10%—27%。

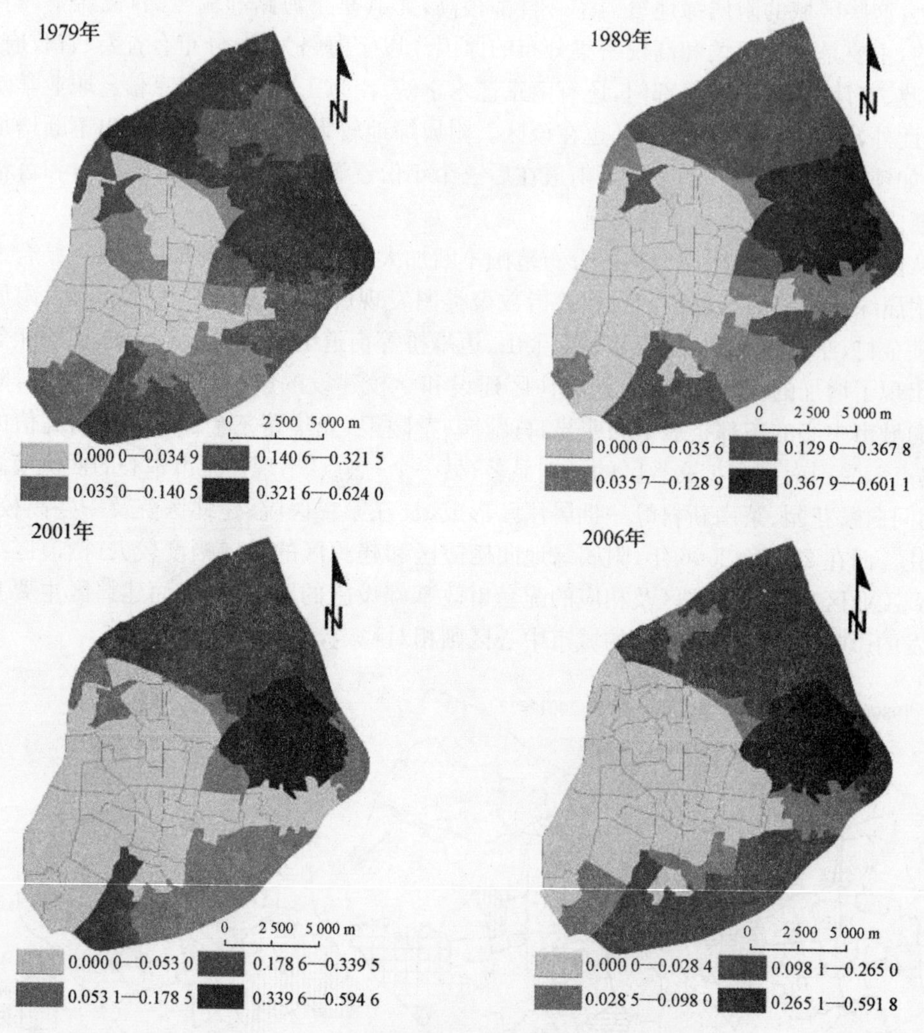

图 6-8　生态防护绿地各时间断面的分布格局

各街道生态防护绿地减少的局部空间自相关的显著性聚类结果也验证了前文的分析(图 6-9)。1979—1989 年,生态防护绿地减少最多的是燕子矶、迈皋桥街道,这一时期南京工业建设大面积地落户这两个街道及附近的小市、红山等,生态防护绿地减少明显。市中心的华侨路和清凉山变为公共绿地,成为"次冷点"。1989—2006 年,紫金山周围城市东部地区及燕子矶、迈皋桥等街道生态防护绿地减少最为明显,除去生态防护绿地转为自然风景区、公园外,城市工业区、居住区、公共设施的扩张是主要原因。

(4) 生产绿地

生产绿地在 1979—2006 年期间减少最多,生产绿地最多的街道由占街道总面积的 68%,逐年递减至 59%、46%、39%。1979 年,城市生产绿地最多的街道有马群、孝陵卫、苜蓿园、光华路、兴隆、沙洲、双闸、南苑街道,老城区内部也有古林、玄武湖东侧等苗圃存在,生产绿地丰富。但随着时间推移,玄武湖、红山、迈皋桥等街道的生产绿地迅速减少,随后,城市的南部、东部相继萎缩;同时,生产绿地在主城区内有消失殆尽的趋势(图 6-10)。

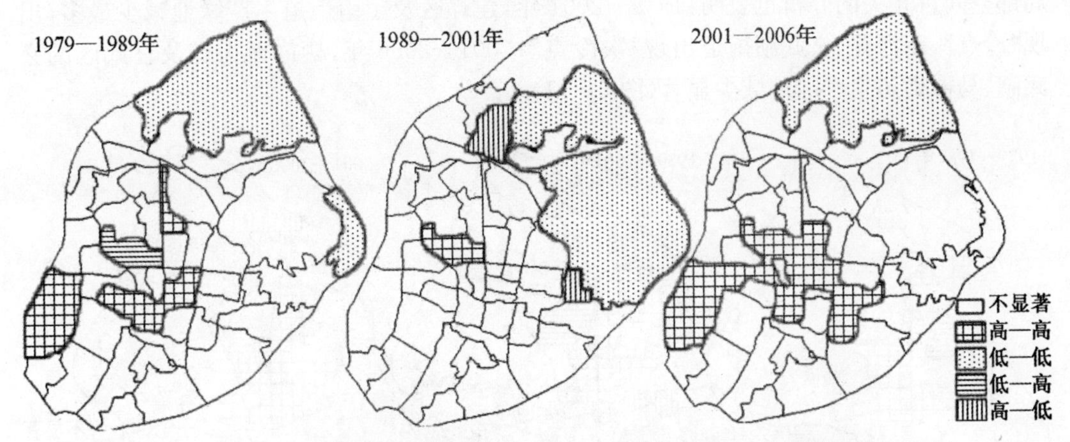

图 6-9　生态防护绿地面积变化的各时段局部空间自相关格局

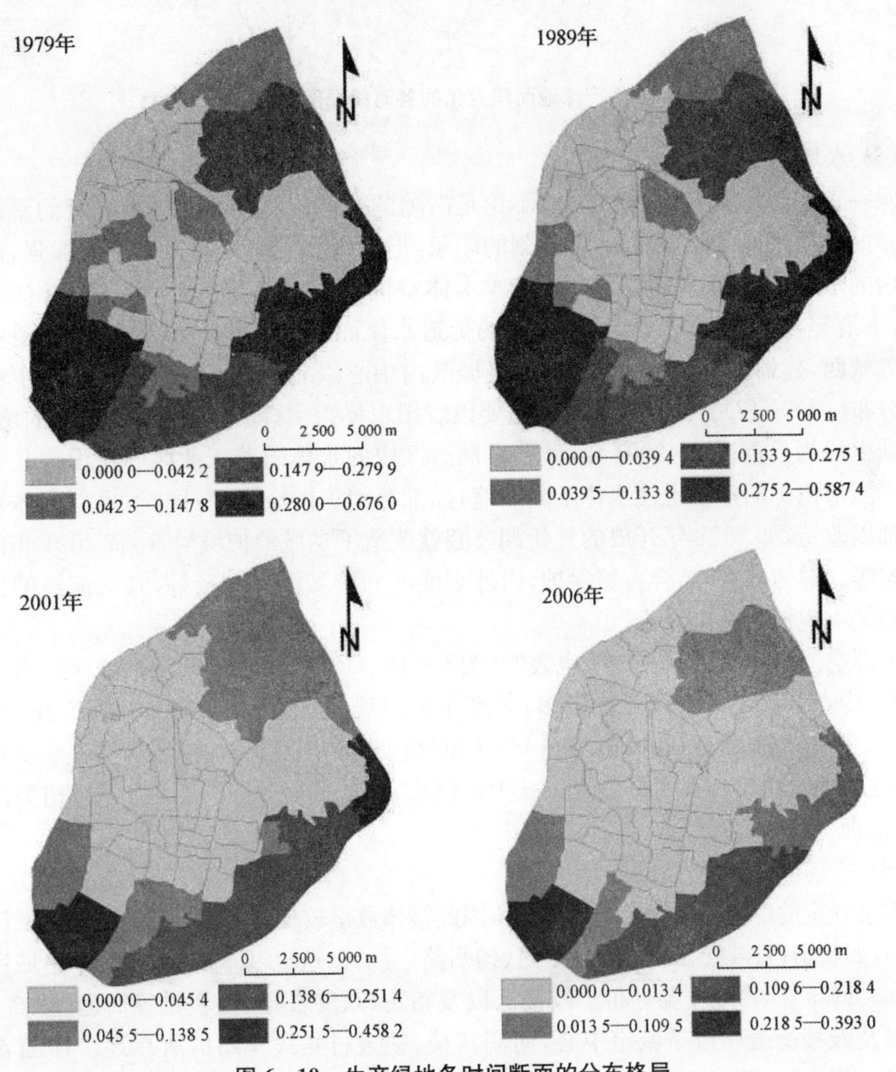

图 6-10　生产绿地各时间断面的分布格局

局部空间自相关的分析也表明:1979—2001年,建邺区及宁南街道生产绿地减少最多,出现"冷点",宁海路、玄武湖街道出现"次冷点";2001—2006年,栖霞区街道及玄武区的玄武湖、马群街道生产绿地减少显著(图6-11)。

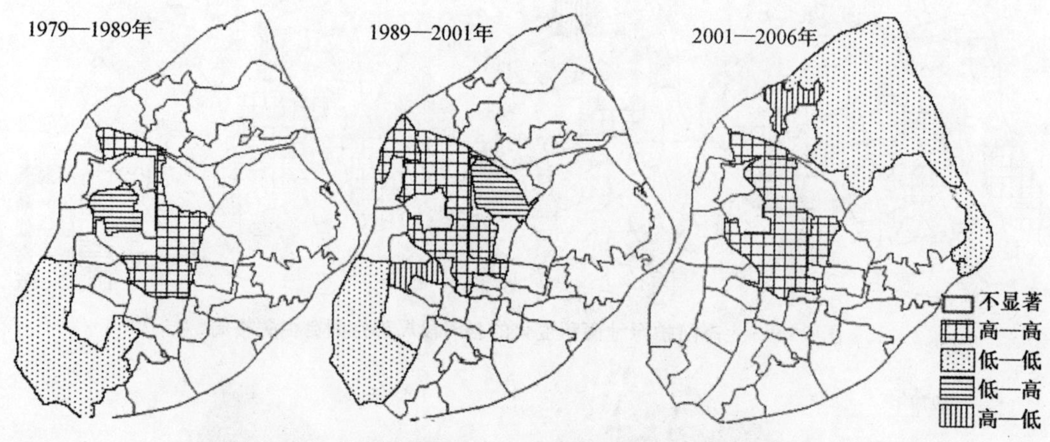

图6-11 生产绿地面积变化的各时段局部空间自相关格局

(5) 水域

水一直是南京城市的重要名片,不论是浩瀚的长江、荡漾的玄武湖、蜿蜒的秦淮河还是散布的小块水体,都给人以非常深刻的印象,但近年随着城市建设力度的加强,南京主城区内的水体空间呈现出递减的趋势,水体空间面积最多的街道由占街道总面积的23%,下滑至13%。1979年,约有1/3的街道水体面积在11%—23%,这些街道主要分布于老城西,建邺区、下关区的部分,而老城区内中心以北和老城外以南区域则少有水体空间分布(图6-12)。早期河西地区主要以农田水体为主,随着河西建设力度的增大,其水体减少最为严重;截至2001年,散布在栖霞区内的水体随着工业区的建设也几被蚕食殆尽。城市内部的建设也使水体不断萎缩,如部分消失的金川河;同时,也有水体被划归公园加以改造,如1998年开放的月牙湖公园就改造了老城的护城河,还有2001年的乌龙潭公园等。总体看来,结合古城保护,内外秦淮河和护城河保护较好,其所流经的社区水体空间基本也没有发生变化。

局部空间自相关的分析结果也表明(图6-13),1979—2001年,河西地区一直是水体变化的"冷点",该区域水体减少最多,并且十分显著,无水体分布区域几无变化,呈现为"热点"。同时也可发现,2001—2006年,主城区内水体空间基本稳定了下来,减少趋势不明显,这主要是由于河西可开发水域减少量巨大;与此同时,城市也加强了对相关河流的保护、治理。

(6) 广场

本书界定的广场主要为交通、集会型,因此整体数量较少。南京最早的广场是民国时期出现的,如新街口、鼓楼、山西路、莫干路、扬州路广场等,这也基本成为1979年主城区广场的主体。1979年,广场主要分布于鼓楼区以及新街口、阅江楼、锁金村等街道(图6-14)。新街口及鼓楼街道周边是城市中心,而阅江楼、锁金村是火车站的所在地。伴随着中央门、新庄、盐仓桥、草场门等广场的落成,1989年这种格局有所加强,这也是局部空间自相

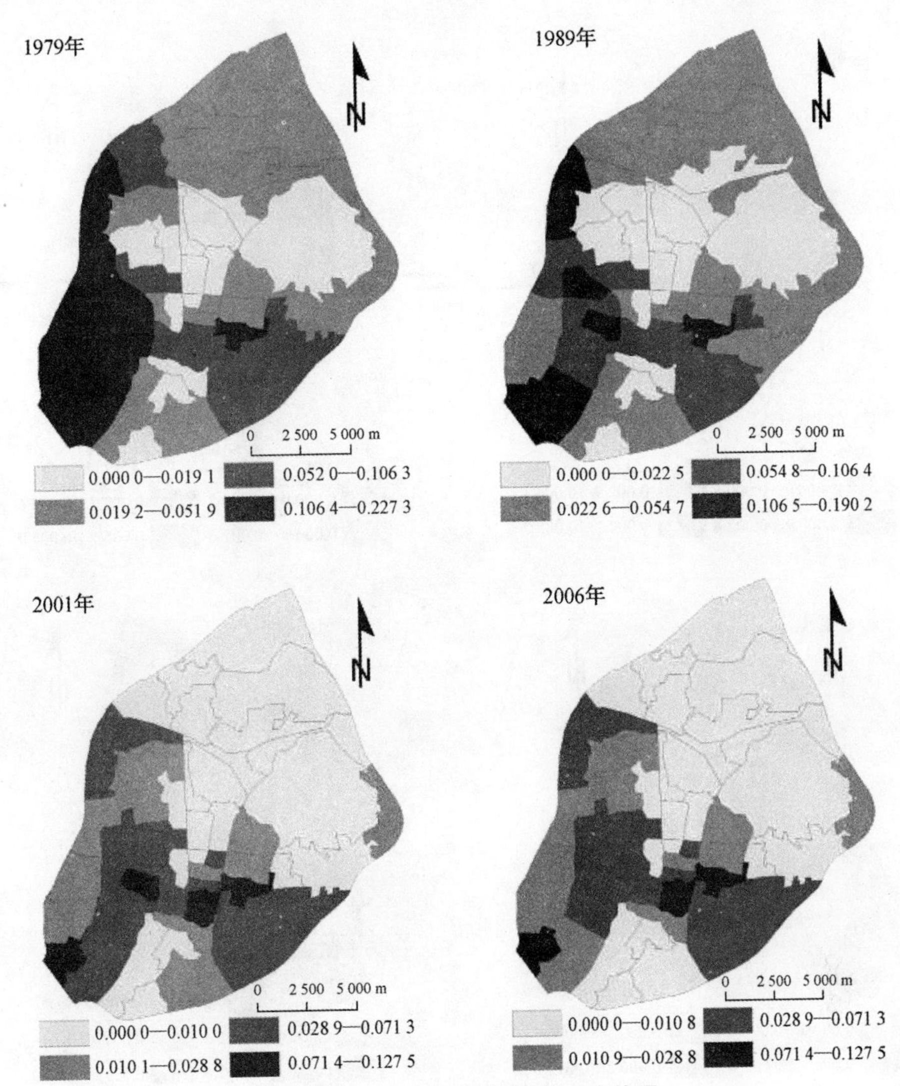

图 6-12 水域各时间断面的分布格局

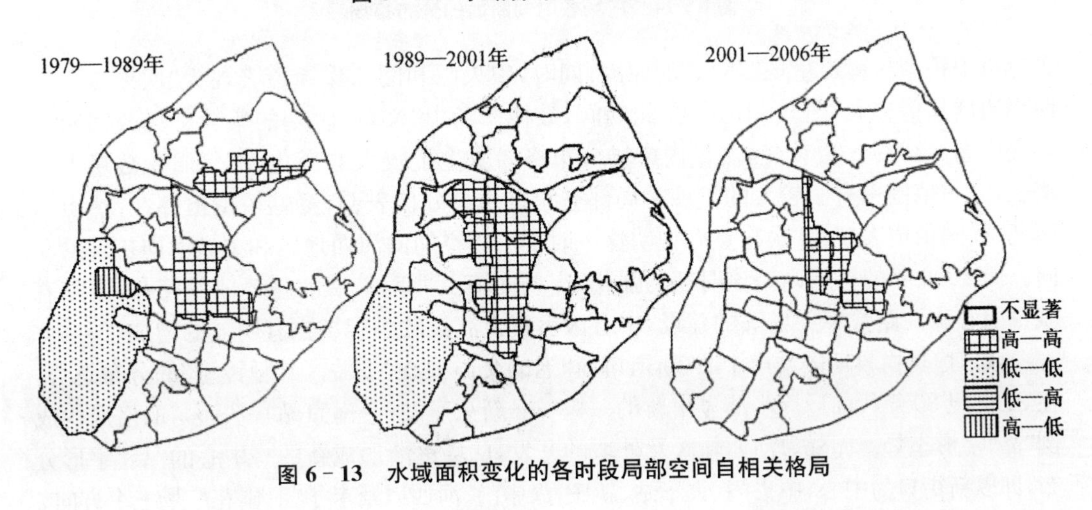

图 6-13 水域面积变化的各时段局部空间自相关格局

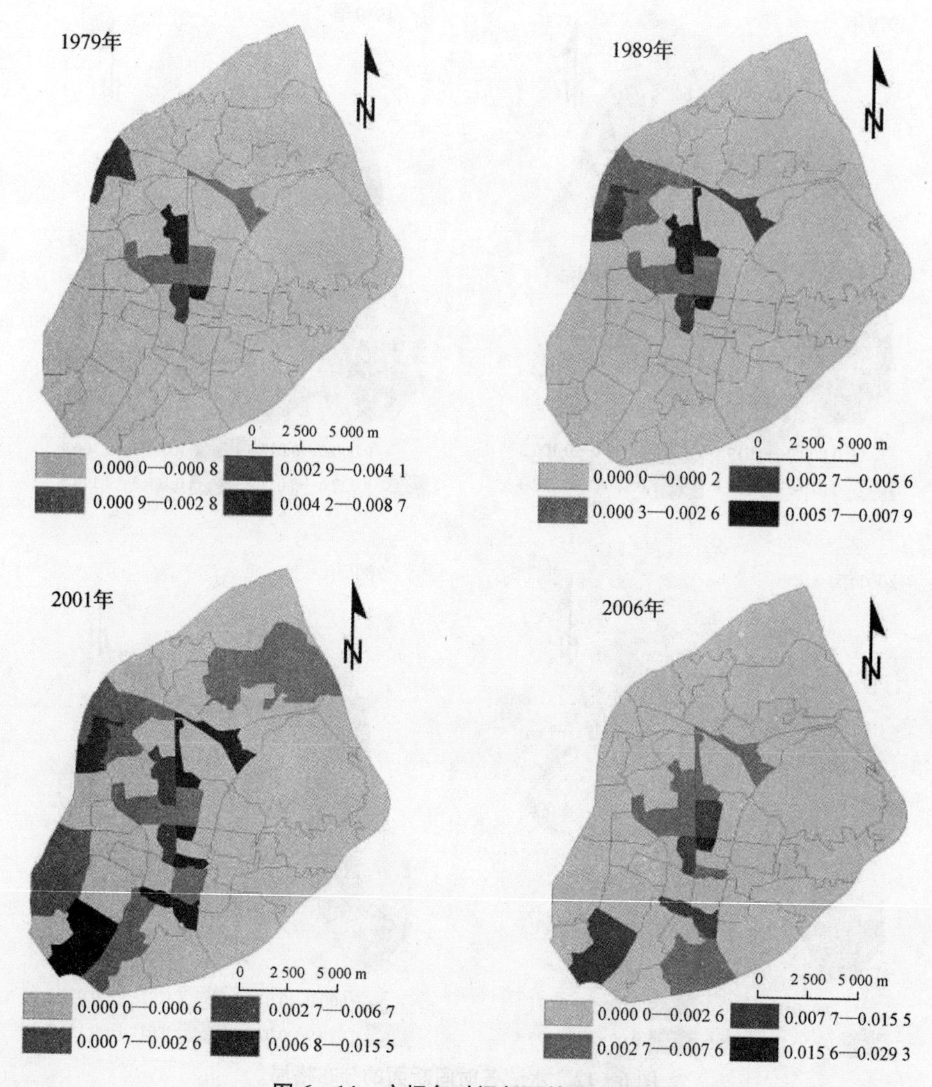

图 6-14　广场各时间断面的分布格局

关分析中锁金村街道呈现"热点"的原因;同时,中央门和阅江楼街道表现为"次冷点",说明周边增加值较大(图 6-15)。在此期间,鼓楼广场由"文革"时期的集会广场改回交通环交广场。1989—2001 年,主城内广场分布格局发生了较大的变化,不仅面积数量大为增长,分布范围也有了较大的扩展。局部空间自相关分析表明,赛虹桥街道存在"热点",南苑、双闸街道表现为"次冷点",说明这一时期广场空间向河西地区和主城南向扩展的动向。而 2006 年的格局则是该时期的强化,广场向南及西南扩展的趋势依然存在,而随着城市中心珠江路数字广场等的建设,中心区负责人流集散的广场也有明显的增加。

城市广场由早期的城市中心(新街口)和老的交通中心(下关区)"哑铃型"的分布态势,在 20 世纪 80 年代前后逐步凸显出新的一极——新火车站(今南京站),从而与旧格局构成倒"品"字形态势。而随着河西新区及外城的开发,广场逐渐形成新的一中心的"品"字形分布,即以新街口为中心,中央门、火车站、新庄,汉中门、河西以及卡子门、雨花广场三个方向。

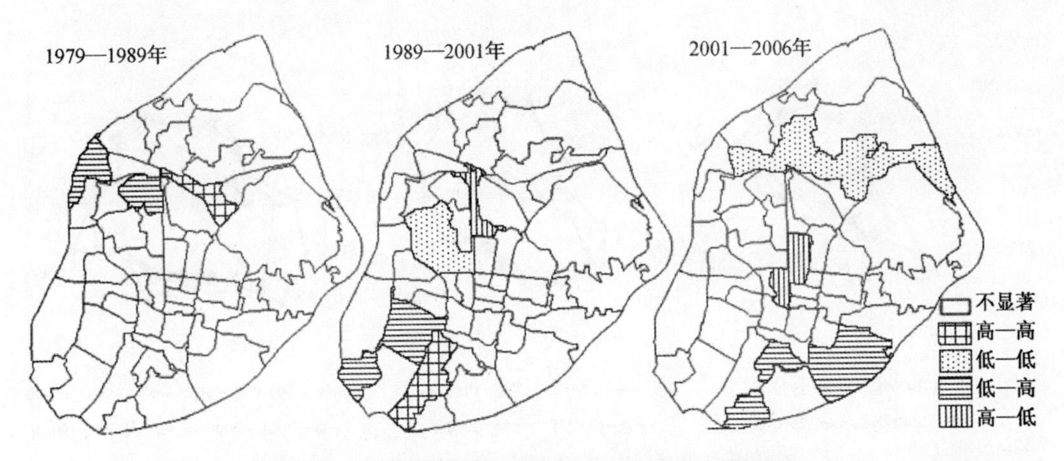

图 6－15　广场面积变化的各时段局部空间自相关格局

6.4　格局演变的方向、中心性分异特征

城市扩展的动态特征可以通过各方位、距离城市中心不同距离圈层的增长、扩展强度的差异来揭示(储金龙,2007)。同样,开放空间作为城市空间的一个子空间,其空间格局的演变也存在空间差异。本部分即利用环形分析法和等扇分析法,对开放空间在空间的分布及演变情况进行探析。

由于等扇分析和环线分析所划分的单元面积存在一定差异,在判断开放空间及其类型分布时,也需要考虑划分单元的面积差异,这样才能使评价结果更为合理(尹海伟,2006)。因此,在分析时引入均衡比指标,来反映开放空间及其类型在不同单元分布的均衡程度。其中,均匀比的计算公式为:

$$ER = \sum_{j=1}^{n} \mid R_{ij} \mid = \sum_{i=1}^{n} \left| \log_2 \left(\frac{a_{ij}}{a_i} \Big/ \frac{A_j}{A} \right) \right|$$

式中,ER 为均匀比指数;R_{ij} 为第 i 类开放空间在第 j 单元的均匀比;a_{ij} 为第 i 类开放空间在第 j 单元的分布面积;a_i 为第 i 类开放空间的总面积;A_j 为第 j 单元的面积;A 为区域总面积;n 为单元数。当某类开放空间在某一单元分布的比例与某单元占研究区域总面积的比例一致时,均匀比为 0,说明其分布是均匀的。

6.4.1　格局演变的整体空间分异

开放空间主要分布于 N-E 方向之间,该区域密集分布着紫金山、玄武湖、红山、聚宝山等大型开放空间体(图 6－16)。其中,NEE 方向四个年份一直非常稳定,基本未发生变化,但 NNE 方向则减少迅速,主要是受农田及生态绿地减少的影响。开放空间在 SW 方向也很多,该地区早期农田、水网密集,但由于河西新区的开发,变动较大。相比之下,NW 方向和 SE 方向开放空间的分布变化则要小很多。

进一步利用各个方向的开放空间演变强度进行分析:1979—2006 年整体上来看,SW 方向减少最为强烈,演变强度达到 1.8,其次是 SWW、SEE 及 E 方向,演变强度也超过了

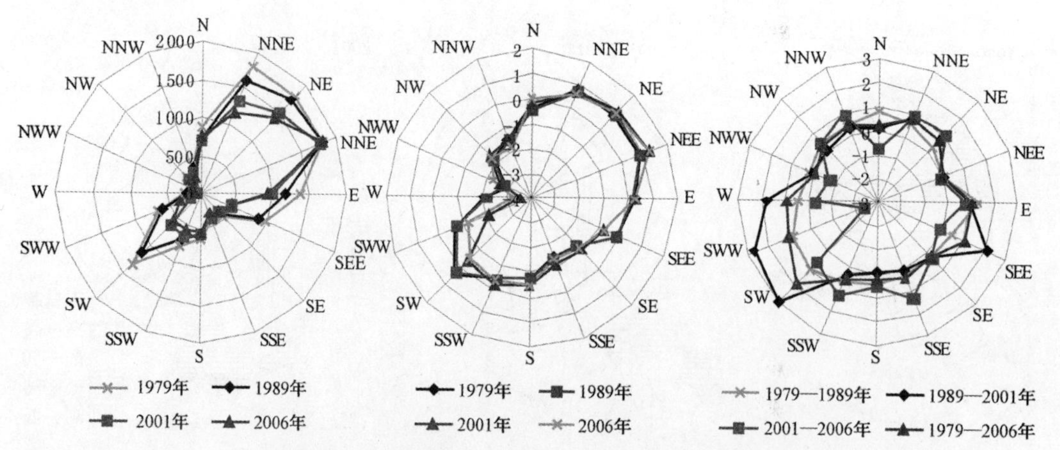

图 6-16　开放空间演变的面积、均匀比、演变强度的各向异性(单位:hm²)

1,分别为 1.11、1.10 和 1.07。NWW 方向是唯一一个开放空间面积增加的方向,这主要是由于早期幕府山南部的采石场经过植被的修复,得到了改善。其他方向则都存在一定程度的减少。

1979—1989 年,E 方向减少幅度最大,达到 1.31,其次为 SWW、SW、SSW 方向,以及 N、NNE 等方向,而 NEE、NWW 及 SE、SSE 方向上的减少幅度相对较小;1989—2001 年是开放空间变动差异最大的时期,不仅出现了接近 3 的高值,而且 SW、SSW、SEE 三个方向都出现了超过 2 的减少强度,依次为 2.86、2.71、2.09,W 方向也较高,达到 1.78。此外,NNE、NE、E 三个方向上的减小幅度也较大,减小强度接近 1,分别为 0.84、0.76、0.95。其他几个方向则相对较小,都在 0.5 以下,尤其是 N、NWW、NW、NEE、S 等方向未发生大的变化;2001—2006 年,减少幅度最为强烈的区域有 SSE、SSW、NE、NNW 及 NNE 方向,减少强度在 1 左右。这一时期开放空间出现了几个明显增加的方向,以 SWW 方向最强,强度值为 −2.35,其他还有 NWW、N、W、NEE、SEE 等方向,而其余方向则出现一定程度的减少。

环线分析的面积分异结果表明(图 6-17),开放空间在南京主城区内分布十分不均衡,均匀比的变动较大。在城市中心 4—11 km 的圈层一直都是开放空间分布的密集区域,几个圈层开放空间的面积都在 500 hm² 以上,几乎所有大型开放空间都位于该范围内,比如玄武湖、紫金山、幕燕山、清凉山、红山、雨花台等。5—12 km 圈层的均匀比指数则一直都接近或大于 0,该区域圈层面积较大。而 0—5 km 区域的内部为城市中心区,多为商业、公共设施用地,人口密集,土地开发强度也很高,开放空间的变化量很小,呈现出逐渐增多的趋势,分布也更加均衡,均匀比指数有了近 1 的平均增幅。11—14 km 范围主要是城区的燕子矶街道,该区域面积较小,早期主要为农村和工厂,后来逐渐开发增加了部分公共绿地(二桥公园等),开放空间有所增加,均匀比急剧变化。

就 1979—2006 年面积、均匀比和演变强度的变化趋势来看,开放空间整体减少的趋势非常明显,演变强度分异图表明,从离中心 4—12 km 的范围减少强度超过 0.5 以上,尤其是 6 km 周边出现峰值,演变强度达到 1.98,后在 9.5 km 处减少强度变缓,出现一个小的波谷,向外又增强,出现 1.16 的次波峰,再向外急剧减缓。

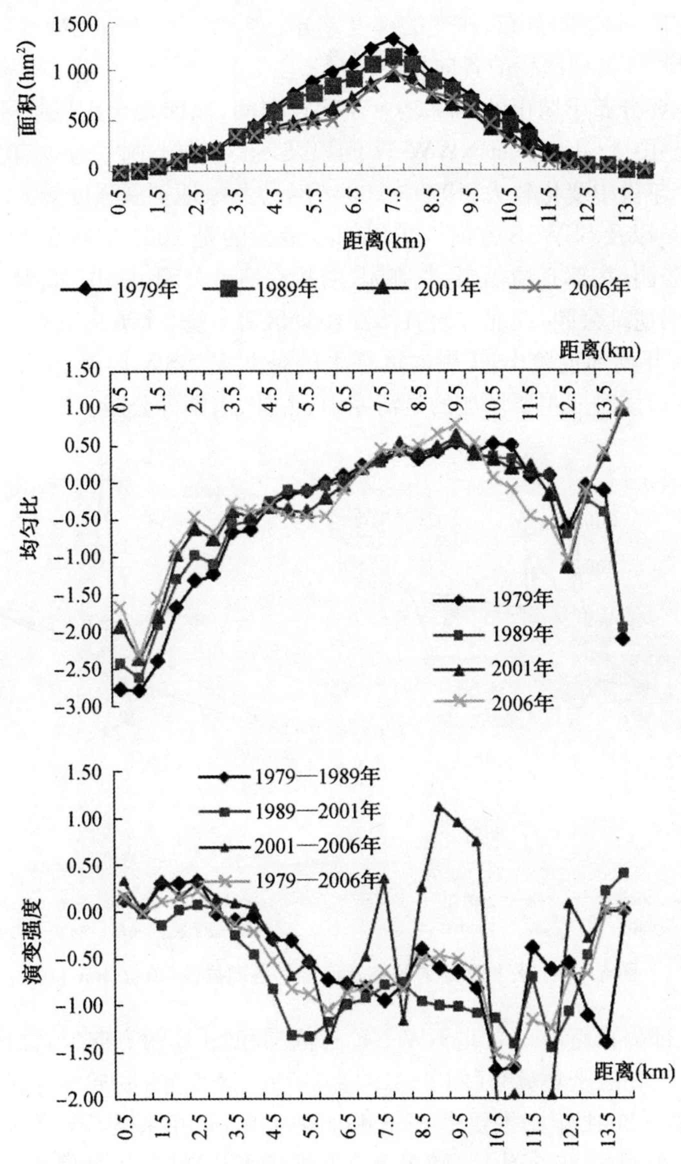

图 6-17　开放空间分布的面积、均匀比、演变强度的中心性分异

三个时间段开放空间的变化也存在一定的梯度差异。1979—1989 年，开放空间减少集中于 6—11 km 的圈层，并且在 7 km 处、10 km 处分别出现 0.7 和 0.5 两个峰值。1989—2001 年是减少幅度最大的时期，在距离城中心 6 km 处出现了演变强度为 1 的单峰值曲线。2001—2006 年，开放空间的演变强度波动性较大，除 5—10 km 范围整体表现为减少外，中间 7.5 km 处与 8—10 km 出现了一定程度增加的区域。

6.4.2　各类型格局演变的空间分异

城市开放空间不同类型增加或减少的变化趋势不一致，因此开放空间整体空间特征演变的实质是内部结构的变化，本部分即对各类型的动态变化进行深入分析，以更好地揭示开放空间在方向、圈层间分布、演变的梯度差异。

(1) 开放空间各类型演变的各向异性

公共绿地主要分布于城市的N-E、SWW-S方向间,比如紫金山风景区、玄武湖公园、红山森林公园等(图6-18)。而NWW-W间以及SE方向上则一直少有公共绿地分布。公共绿地在四个年份中变化较大:1979—2006年,公共绿地扩展强度最大的是N方向,其次是NEE、SWW以及SSW、S方向。扩展幅度最大的是2001—2006年,北部新建了幕燕风景区、二桥公园,东部有情侣园、花卉园、明故宫遗址公园、钟山国际体育公园,西南方向有绿博园、宝船遗址公园,西北方向有阅江楼景区等,这几个方向的扩展强度都在2左右。1979—2001年增加量较小,扩展幅度最大的是NW、SSW以及SEE方向,其扩展强度也都在50左右,该时期主要增加的是清凉山、古林、南湖等公园。

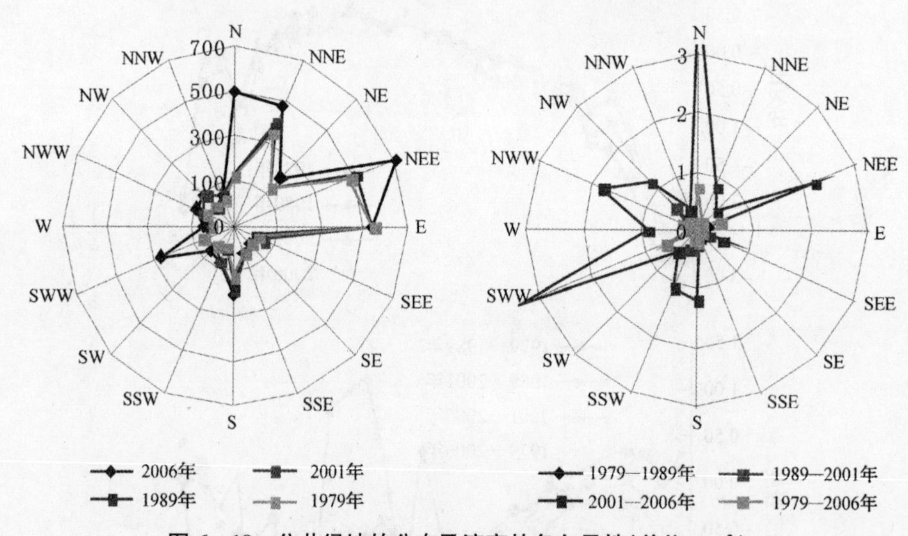

图6-18 公共绿地的分布及演变的各向异性(单位:hm²)

附属绿地大部分在新街口以北NW-NE的范围和SEE的方向上,该区域机关单位、高校、科研院所、居住区密集分布(图6-19)。1979—1989年,附属绿地扩展主要集中于NE方向,而1989—2001年则主要是SEE和SW方向,近年来S-SW、NNE、SEE等方向扩展强度较大。20世纪80年代后,随着南京经济技术开发区、迈皋桥工业园、化工园、河西新区等一系列新区的开发建设,尤其是2001—2006年,附属绿地扩展强度最大,在NNE、SEE、SW、S等方向上迅速扩散,以NNE和S方向扩展强度最大,而在1989—2001年,南京东扩文教区,中山门内外增加了大量附属绿地。

生态防护绿地绝大部分分布在N-E方向范围之间,该区间山林密布,有紫金山、笆斗山、北固山、农场山、朝阳山、聚宝山,同时在S-SSW方向之间也分布部分山地等生态防护绿地(图6-20)。受到新区开发、工业园区建设、高校外迁等因素的影响,生态防护绿地大面积萎缩,仅在NNE方向上27年间就减少400 hm²;受到采矿影响的北部幕燕自然山体,从20世纪90年代起一直进行自然植被的修复,环境有所改观,随着2001年幕燕风景区的建设,大量生态防护绿地演变为了公共绿地,这也是N方向上生态防护绿地减少的主要原因。而SSW、E等方向上生态防护绿地或多或少有些损失,但程度都不大,基本保持了稳定。

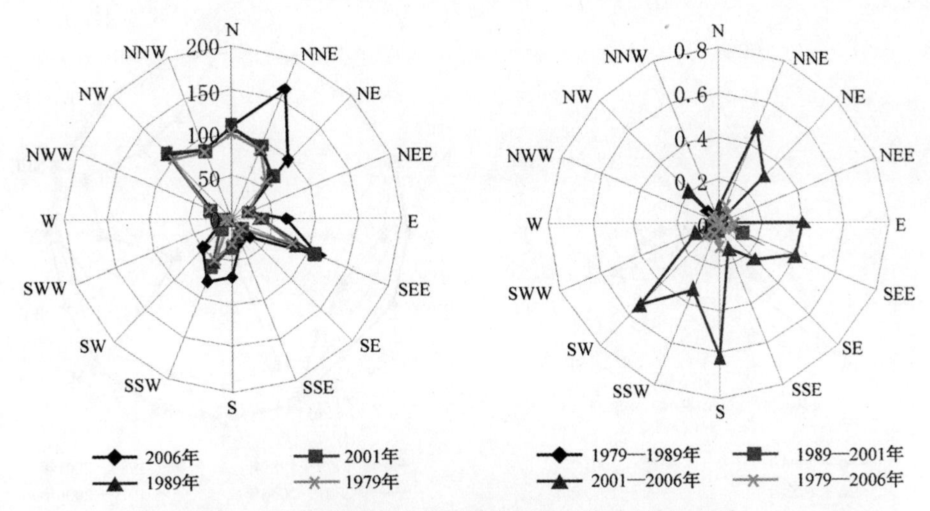

图 6-19　附属绿地分布及演变的各向异性(单位:hm^2)

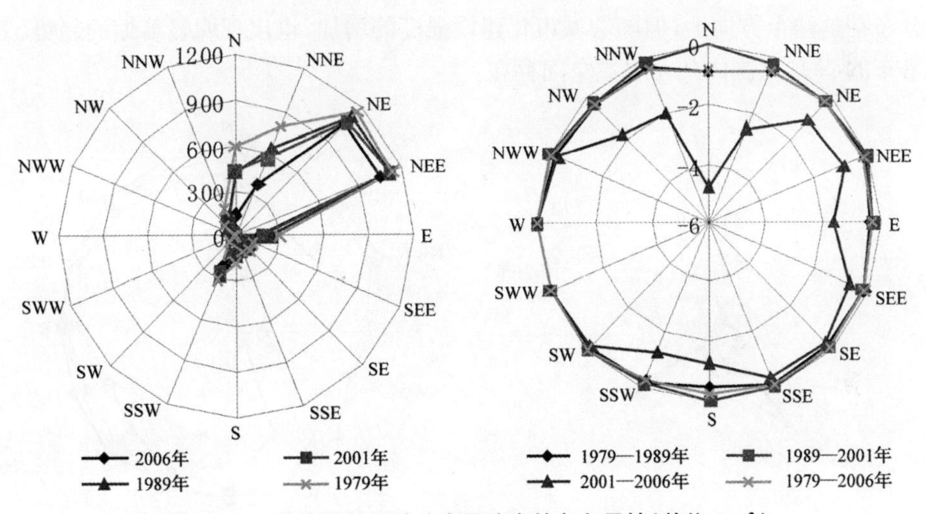

图 6-20　生态防护绿地分布及演变的各向异性(单位:hm^2)

生产绿地的减少趋势更甚于生态防护绿地，以农田为主的生产绿地主要分布于SWW-SSW、NNE-NE 及 E-SEE 的方向范围上(图 6-21)。1979—2006 年，减少幅度最大的是 NWW-SWW 范围；此外 NNE、SEE 也减少明显，27 年间生产绿地几乎消失殆尽，仅在 SW-SEE 间有零星分布。最明显的时间段是 1989—2001 年，生产绿地减少迅速，年均减少量约为 160 hm^2，2001 年后减少量仍高居不下。相比而言，在 N-W 方向间几乎没有生产绿地分布，该范围主要为鼓楼、下关两区，一直是城市的中心以及重要的港口、铁路分布区，且低山丘陵散布不宜农作生产，因此生产绿地也没有明显的变化。

南京主城区水域空间多分布于 SSW-SWW 范围(图 6-22)，1979 年该范围的水体空间总面积接近城区水域总面积的 1/2。20 世纪 80 年代后，水域空间开始减少，1989—2001 年减少最多，2006 年该区域水域空间面积仅为 1979 年的 1/3，但该区域仍能占到总量的 30%。另外，水域分布较多的是 NNW 和 SE 方向，主要是由于内外秦淮河水系大面

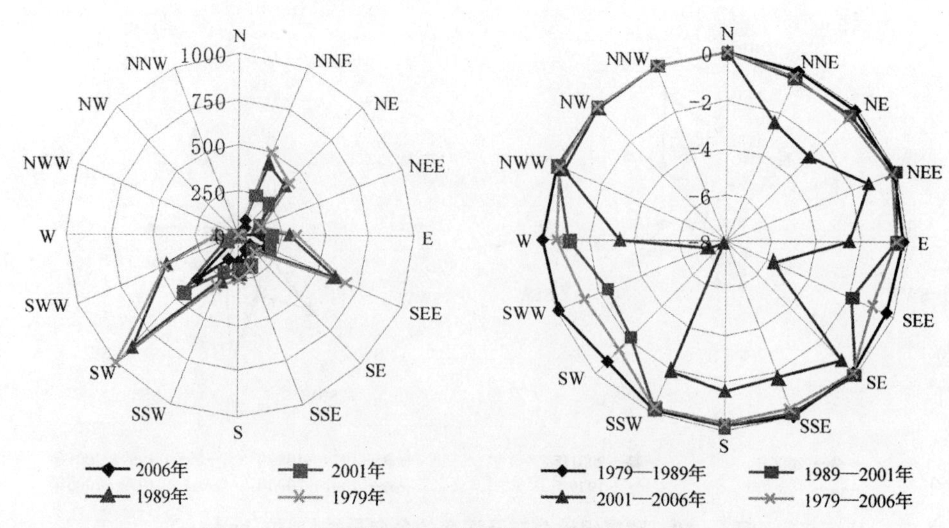

图 6-21　生产绿地分布及演变的各向异性(单位:hm^2)

积地分布在这两个方向上,但随着城市化建设强度的增加,也出现明显萎缩的趋势。丘陵山地密布的 N-E 范围内几无水域空间存在。

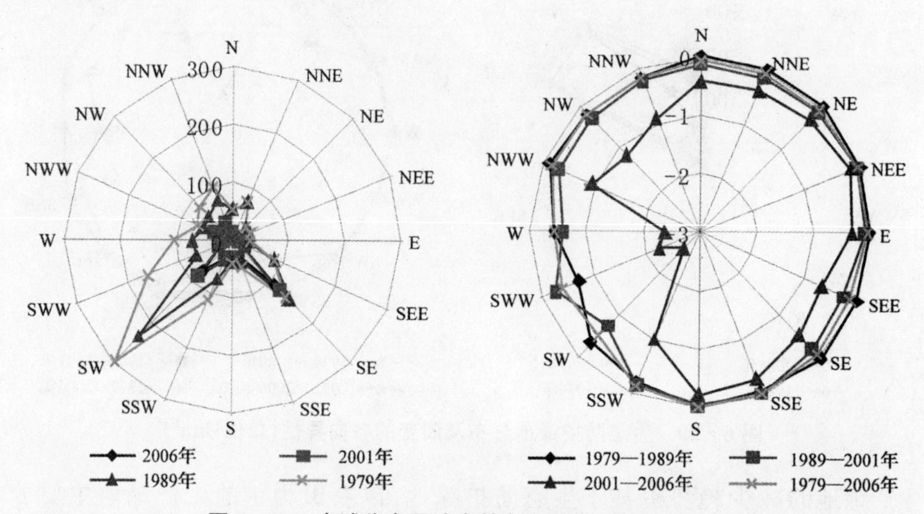

图 6-22　水域分布及演变的各向异性(单位:hm^2)

早期广场主要分布于 N-W 间的鼓楼、下关区(图 6-23),该区域是城市的商业经济、文化中心,也是交通中心,人流集散频度高,集中了一半以上的广场等集散市政基础设施,20 世纪 90 年代前保持了这种优势。随着河西新区、南部经济开发区的建设及新火车站的落成,主城区与几个副城联系加强,交通集会广场随之向 SW、NW、SSE 方向增加,如河西市政广场、新庄广场、卡子门广场等。相反,鼓楼、下关区的部分广场逐渐演变成为游憩型广场、绿地游园,如山西路广场、草场门广场等,随着交通联系功能的降低,广场空间逐渐减少。

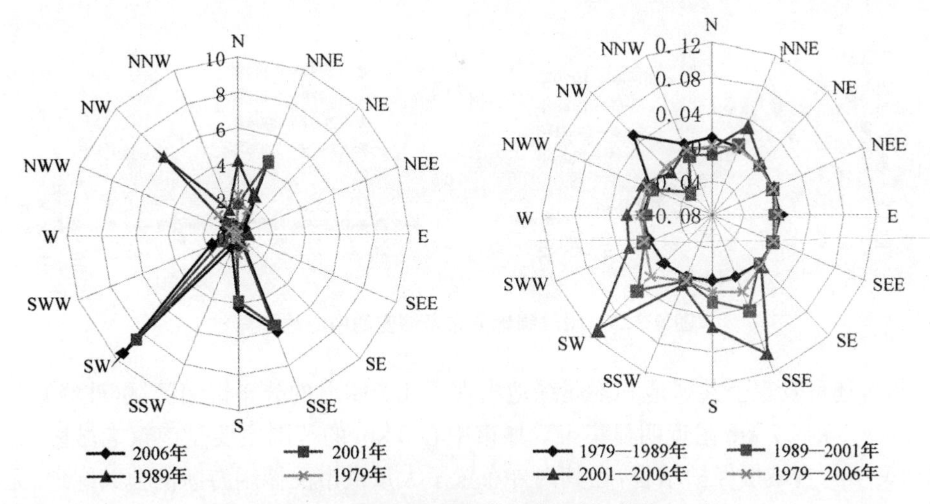

图 6 - 23　广场分布及演变的各向异性(单位:hm²)

(2) 开放空间各类型演变的环线分析

1979—2001 年,公共绿地、附属绿地都在不断增加,主要分布于距离城市中心 3—8 km、1—5 km 的区域(图 6 - 24),该区域集中了 80%以上的公共绿地、附属绿地,期间虽然两种类型的面积在不断增加,但在空间上扩展的趋势并不明显。2001—2006 年,公共绿地和附属绿地迅速向城市外围扩展,传统的密集区所占比例跌落到仅占 60%左右的水平,主城区中心 8 km 外的公共绿地和 5 km 外的附属绿地分别达到 938.48 hm² 和 382.31 hm²。城市中心 1 km 内和 12—13 km 几乎没有公共绿地分布。近年来,随着城市扩展,边缘区的公共绿地大幅增加,比如二桥公园、绿博园、幕燕风景区等,但在主城边缘区较少有附属绿地分布。

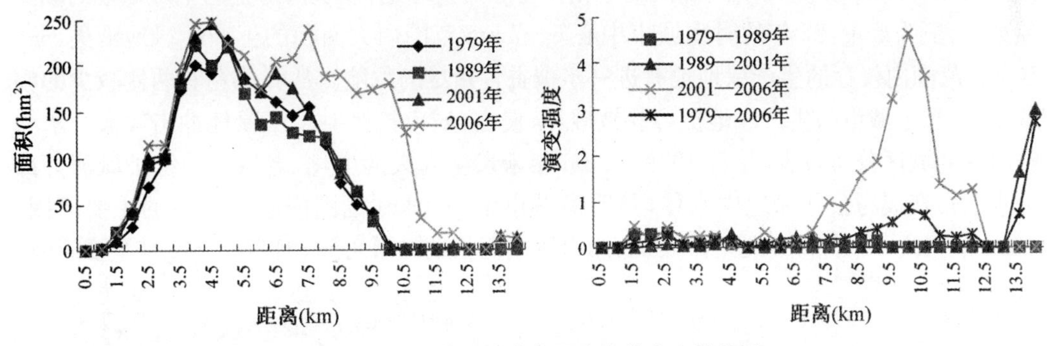

图 6 - 24　公共绿地分布及演变的中心性差异

从演变强度变化图中可以明显看出两者的扩展特征:1979—2001 年,公共绿地扩展强度很小,主要在城市中心 1.5—3 km 范围内,而这一时期附属绿地则在 5—8 km 有一定程度的增加(图 6 - 25)。2001 年之后,公共绿地扩展强度迅速提高,在城市中心 10 km 周围出现峰值,而大于 13 km 的燕子矶小面积区域因二桥公园的建设,对演变强度影响较大,这一时期附属绿地则出现了三个较大的波动,但总体趋势是在向城市外围扩展,而且从中心到边缘三个波峰强度不断加强。

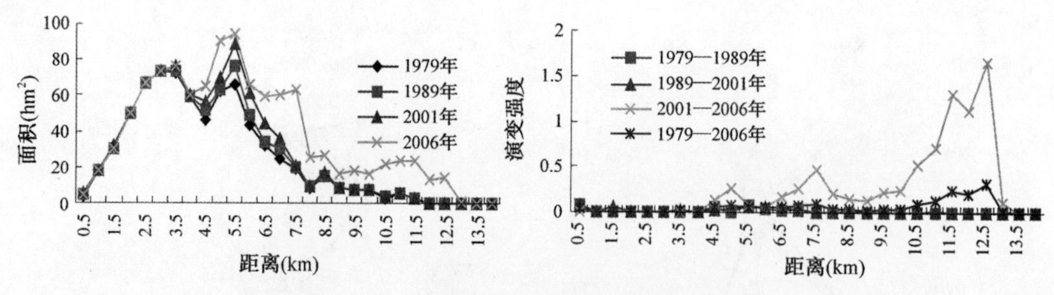

图 6-25　附属绿地分布及演变的中心性差异

同时，还可发现公共绿地和附属绿地出现了几个明显的分布聚集区域(波峰)，公共绿地在 3.5—5 km、7 km 附近明显集聚。城市中心 5 km 的范围主要是南京老城区，南京公共绿地又多与古城墙保护结合，在其内外布置了大量供市民休闲游憩的公共绿地，尤其是 2000 年后，城墙、护城河全部打通，完成大部分绿地的串联，打造了一条城市内部的自然、景观、文化走廊；城市中心 7 km 附近区域恰恰又是紫金山风景区、雨花台景区、红山、阅江楼等集中分布带。附属绿地在距离城市中心 3 km、5 km 附近出现集聚，该范围主要是政府、高校、医院等行政、事业单位的集聚区。2006 年后，8 km、10 km 附近出现新的集聚，主要是受到工业、高校外迁及新区建设、居住区扩散的影响。

生态防护绿地、生产绿地和水域都是急剧减少的类型，前两者分别在 8 km 和 7.5 km 附近出现了单中心的高度集聚，而水域则变动较大，虽然早期在距离城中心 6 km 附近分布最多，但随着外围水系的锐减，2001—2006 年城市中心 4 km 附近区域减少幅度相对更小，出现了新的峰值区域(图 6-26 至图 6-28)。生态防护绿地减少程度较小，主要受到外部部分自然生态林地在城市规模扩大过程中逐渐被开发成为风景游览区的影响，比较典型的如幕燕山、紫金山及南部山区。相比生态防护绿地，以农田为主的生产绿地的减少量更大、更为严重，27 年的时间城市中心 5—7 km 范围内大面积的生产性绿地消失，6—10 km 范围内仅存的生产绿地也有进一步被蚕食殆尽的危险。从峰值左右两侧减少的幅度来看，靠近城市的生产绿地更容易被破坏、侵占，城市扩张对生产绿地冲击较大。水体空间在老城区分布较少，并且 1979—2006 年未发生太大的变化，老城区边缘护城河等部分水系转变成为公共绿地内水体，是距离城市中心 4 km 范围内水域减少的主要原因，4 km 范围之外水体减少幅度非常大，结合等扇分析的结果可知，河西的开发是主要原因。

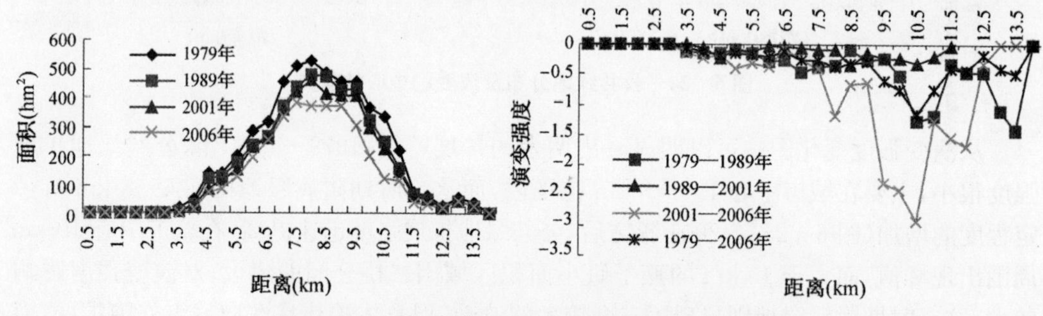

图 6-26　生态防护绿地分布及演变的中心性差异

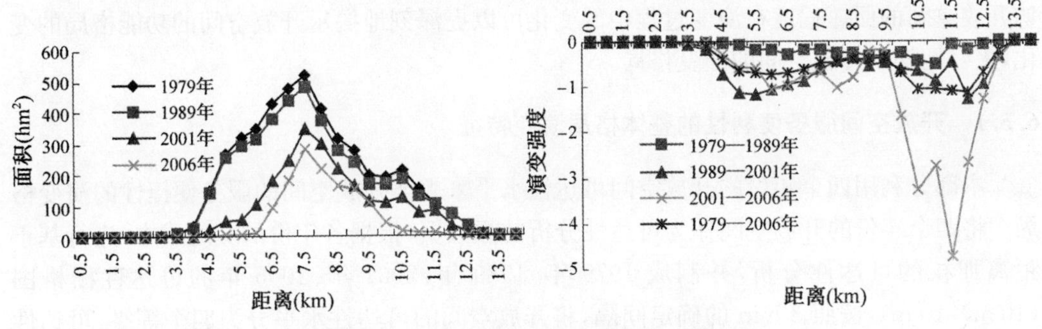

图 6-27　生产绿地分布及演变的中心性差异

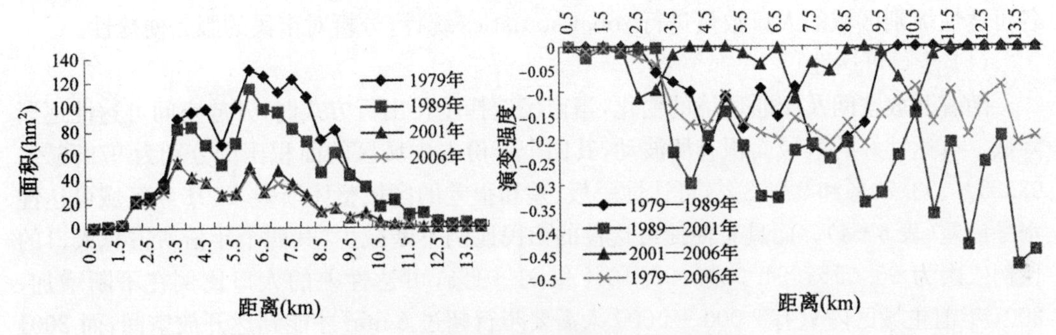

图 6-28　水域分布及演变的中心性差异

开放空间中广场主要为交通集会型，除了城市中心广场持续增加外，其他区域变动较大，呈放射状分布，这是由广场人流集散的功能决定的，广场负责人流的集散、转导，必然由城市中心呈现出圈层状梯度的差异；但从四个时段的变化来看，仍能看出明显的城市扩张趋势，广场向城市外围扩散。城市中心 4—8 km 区间广场减少(图 6-29)，主要是由于与城市外围联系的加剧，地铁等地下交通的增加，原有交通、集散广场开始向休闲游憩的绿地广场转型。2001—2006 年，5—8 km 区间广场激增，说明主城区与外围联系加强，这一时期是南京城市"一主三副"城市格局的成形期。

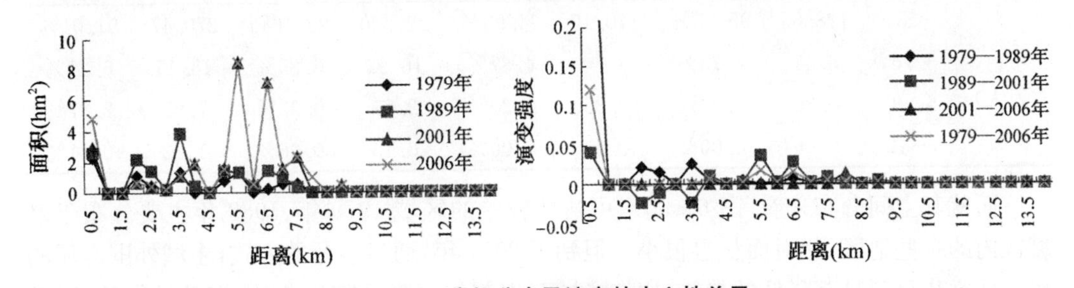

图 6-29　广场分布及演变的中心性差异

6.5　开放空间服务便捷性的演变

南京城区的城市化进程不断深化，使得开放空间的总体规模不断缩小，市民使用、到访开放空间的便捷程度在演变过程中的变化可以更深刻地揭示开放空间的功能格局的变化，更好地揭示开放空间的演变格局。

6.5.1 开放空间服务便利性的整体格局演变特征

本部分利用四个年份的开放空间可达性水平来表征开放空间的服务便捷性的演变格局。将四个年份的开放空间作为可达性分析的源数据，根据各年份的交通成本，进行基于距离加权的可达性分析，并制成1979年、1989年、2001年、2006年的可达性栅格图（10 m×10 m），按照3 min的确定间隔，将开放空间的可达性水平分为四个等级：可达性好（<3 min）、可达性一般（3—6 min）、可达性差（6—9 min）、可达性很差（>9 min），并对各可达性级别区域的人口数量进行zonal statistics统计，分析对市民的服务便捷性。

（1）步行可达性

随着开放空间及交通环境的变化，当市民选择步行出行方式时，开放空间可达性逐渐降低。可达性好的区域面积有所波动，其四个年份占主城区的面积比例分别为97.56%、97.23%、93.70%和92.83%，可达性一般、差和很差的区域整体渐多，2001年区域可达性水平最差（表6-4）。而具有便捷可达性的市民比例不断减少，其四个年份所占总人口的比例依次为95.05%、94.93%、92.16%和91.01%，可达性差的人口比例在不断增加，2001年前主城区内只有3 000—4 000人需要步行超过6 min才能到达开放空间，而2001年和2006年该指标达到2.4万和8.3万人，相对应的城区面积也仅有1%。

表6-4 步行出行的开放空间可达性变化统计表

	可达性(min)	1979年		1989年		2001年		2006年	
		数量	比例	数量	比例	数量	比例	数量	比例
范围(hm²)	<3	23 705.25	97.56%	23 627.49	97.23%	22 765.73	93.70%	22 553.66	92.83%
	3—6	532.44	2.19%	622.17	2.56%	1 317.22	5.41%	1 540.25	6.33%
	6—9	57.13	0.23%	49.02	0.20%	204.32	0.84%	195.85	0.80%
	9—12	5.18	0.02%	1.32	0.01%	12.73	0.05%	10.24	0.04%
人口(万人)	<3	128.85	95.05%	170.12	94.93%	227.20	92.16%	270.47	91.01%
	3—6	6.41	4.73%	8.74	4.87%	16.92	6.86%	18.45	6.21%
	6—9	0.30	0.22%	0.35	0.20%	2.27	0.92%	7.05	2.37%
	9—12	0.00	0.00%	0.00	0.00%	0.15	0.06%	1.22	0.41%

而就其空间分布来看（图6-30），可达性较差的区域1979年、1989年主要分布于老城区内的一些地区，相对面积也很小。但到了2001年，通过步行的方式，主城外围区域的可达性逐步呈现显著降低的趋势，比如老城西南侧的兴隆、江东、莫愁、滨湖等街道，以及栖霞区、下关区等。可达性水平下滑明显，可达性较差的区域由集中逐步趋向分散化、扩大化。

（2）非机动车可达性

当选用非机动车出行方式时，开放空间的可达性又出现明显的递增趋势。四个年份可达性好的区域面积略有提升，但各个年份相互间的比例、顺序未发生显著变化。可达性

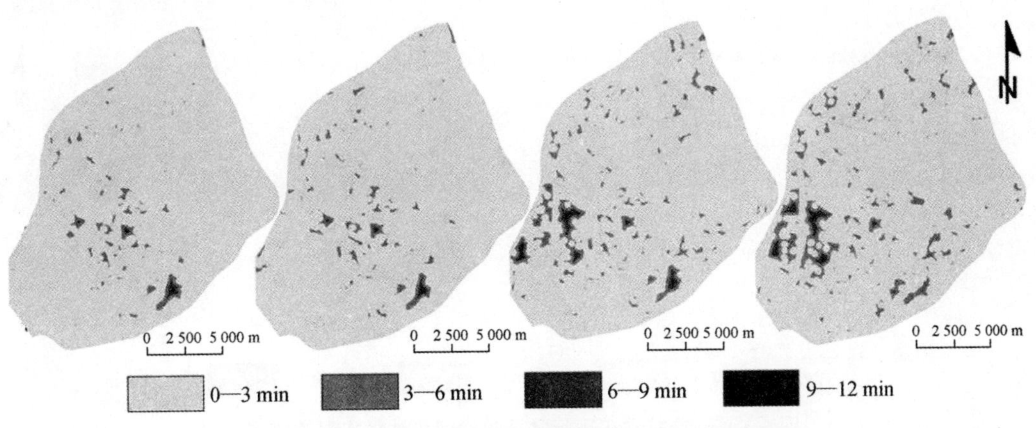

图 6-30 步行出行的开放空间可达性格局演变图

一般的区域面积虽然也呈现出递增的趋势，但可达性差和很差的区域得到明显的改善，使用非机动车的方式超过 6 min 才能到达开放空间的面积由 1979 年的 40 hm^2 逐渐减少到 30 hm^2，并维持 2001 年和 2006 年 1 hm^2 左右的水平，也就是说，当选用非机动车的方式时，可达性差的区域基本消失(表 6-5)。1979 年和 1989 年南京主城区内开放空间十分丰富，而仍有部分地区可达性差，而到了 2001 和 2006 年，这些区域便基本消失，说明开放空间集中分布、交通条件差制约着早期开放空间可达性水平。尽管市民可达性好的比例在降低，但可达性差的人口比例也在降低，随着时间的推移，对于开放空间可达性一般的市民数量不断上升。

表 6-5 非机动车出行的开放空间可达性变化统计表

	可达性(min)	1979 年		1989 年		2001 年		2006 年	
		数量	比例	数量	比例	数量	比例	数量	比例
范围(hm^2)	<3	24 044.65	98.95%	24 038.73	98.92%	23 914.05	98.42%	23 637.95	97.28%
	3—6	212.97	0.88%	231.17	0.95%	385.01	1.58%	660.84	2.72%
	6—9	37.48	0.15%	28.78	0.12%	0.94	0.00%	1.21	0.00%
	9—12	4.90	0.02%	1.32	0.01%	0.00	0.00%	0.00	0.00%
人口(万人)	<3	134.77	99.42%	178.14	99.40%	241.81	98.08%	289.58	97.44%
	3—6	0.76	0.56%	1.05	0.59%	4.71	1.91%	7.61	2.56%
	6—9	0.03	0.02%	0.02	0.01%	0.02	0.01%	0.00	0.00%
	9—12	0.00	0.00%	0.00	0.00%	0.01	0.00%	0.00	0.00%

从非机动车出行的开放空间可达性格局变化来看(图 6-31)，1979 年和 1989 年主城区内通过非机动车的方式，可达性差和很差的区域主要就是红花街道的特殊用地，其他地区的可达性都是比较好的，只是在老城区南部和下关区存在部分可达性一般的区域。2001 年、2006 年虽然没有可达性差和很差的区域，但可达性一般的区域在增加，并且有加剧的趋势，这些可达性一般的区域主要分布于老城区的北部、东南、西南方向上，受到外围生产用地和水域减少的影响较大。

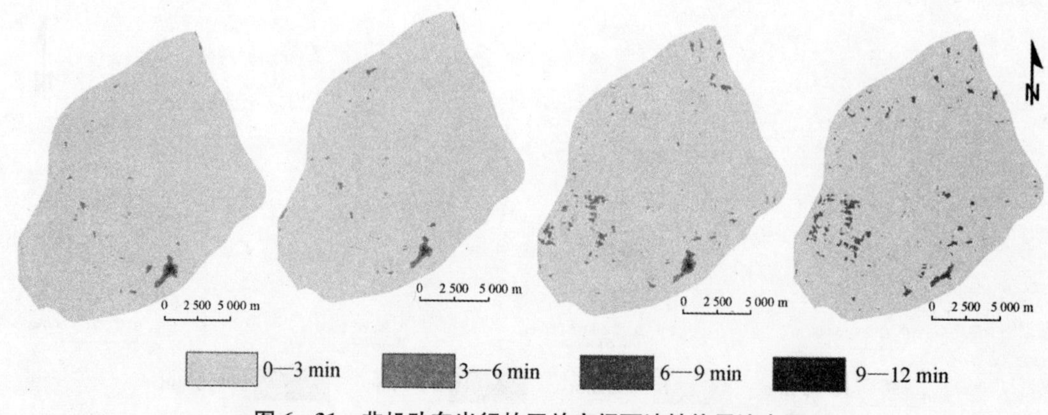

图 6-31 非机动车出行的开放空间可达性格局演变图

(3) 机动车可达性

机动车的出行方式与非机动车规律类似，也反映出开放空间的可达性在时间梯度上逐步得到提高。可达性差和很差的区域面积在四个年份分别约为 42 hm^2、29 hm^2、41 hm^2和 1 hm^2，并且所在区域的人口都仅为零星甚至没有分布(表 6-6)。可达性一般的区域面积和人口数量都表现为逐渐增加。2006 年，机动车方式比步行方式的可达性好的面积增加 1 360.39 hm^2，表明 2001 年很多地方需要借助机动车方式才能方便到达开放空间，而且这些开放空间和居民的交通条件较好。

表 6-6 机动车出行的开放空间可达性变化统计表

	可达性(min)	1979 年		1989 年		2001 年		2006 年	
		数量	比例	数量	比例	数量	比例	数量	比例
范围(hm^2)	<3	24 076.85	99.08%	24 074.99	99.07%	23 888.03	98.31%	23 914.05	98.42%
	3—6	181.55	0.75%	195.98	0.81%	370.79	1.52%	385.01	1.58%
	6—9	36.92	0.15%	27.71	0.11%	36.73	0.15%	0.94	0.00%
	9—12	4.68	0.02%	1.32	0.01%	4.45	0.02%	0.00	0.00%
人口(万人)	<3	135.11	99.67%	178.55	99.63%	244.35	99.11%	293.54	98.77%
	3—6	0.43	0.32%	0.64	0.36%	2.17	0.88%	3.65	1.23%
	6—9	0.02	0.01%	0.02	0.01%	0.02	0.01%	0.00	0.00%
	9—12	0.00	0.00%	0.00	0.00%	0.01	0.00%	0.00	0.00%

机动车可达性的空间格局也类似于非机动车方式(图 6-32)，只是可达性差的区域相比非机动车方式有了进一步的减少，对比 2001 年开放空间的非机动车方式可达性一般的面积，大幅度减少的区域主要是莫愁、江东等街道。

从四个年份三种出行方式的便捷性格局来讲，南京主城区的开放空间便捷性一直较高，早期老城区内部开放空间较少，步行的可达性较差，但换用非机动车的方式便基本都能达到可达性好的水平。随着老城区内部开放空间的丰富、外围开放空间的锐减，主城区的东北、东南、西南方向上居民到达开放空间的便捷性受到一定程度的限制，尤其是使用步行的出行方式时，即使是选用非机动车和机动车的方式，其可达性也只为一般的水平，

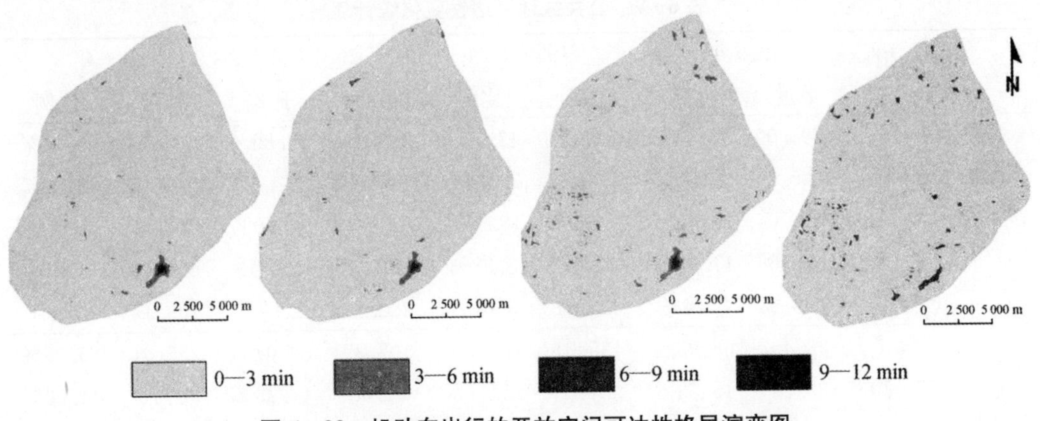

图 6-32 机动车出行的开放空间可达性格局演变图

需要 3—6 min 的时间方能到达。对比 2001 年机动车、非机动车方式可达性的较大差异，说明这些地区开放空间本来就很少，并不是改善交通方式便能解决的。

6.5.2 不同类型开放空间服务便利性格局的演变特征

开放空间的公共绿地、附属绿地、生态防护绿地、生产绿地、水域和广场 6 种类型，在开放空间演变过程中，增加或减少的趋势差别很大，其分布格局也存在较大差异。因此，有必要对各类型的可达性演变进行分析，以更深入地理解开放空间的服务便利性，甚至是整体格局的变化。由于一些类型的开放空间分布较为偏远，居民少用步行或非机动车的出行方式，同时非机动车的交通成本中，对无道路区域都采用了步行的交通成本来衡量，对步行的交通方式也予以了考虑，因此本部分只对非机动车方式的服务便利性进行分析。前文在对开放空间不同类型的可达性的现状分析时发现，相对于步行和非机动车方式，换用机动车方式，便捷程度大大改善，10 min 的时间跨度可能会掩盖部分区域的真实差异，故本部分进一步细化，将机动车 5 min 以内可以达到的区域和人口定义为可达性好，5—10 min 为较好，10—15 min 为一般，15—20 min 为较差，超出 20 min 则为可达性很差。

(1) 公共绿地

1979—2006 年，南京主城区公共绿地保持了持续的增长，其可达性水平也在不断提高(表 6-7)。1979 年，可达性好的地区仅占主城区面积的 37.43%，随后的三个年份分别占到主城区面积的 42.58%、53.89%、69.96%。2006 年相比 2001 年，提高幅度最大，约为 16 个百分点。前三个年份可达性较好的区域较为稳定，维持在 25%左右，2006 年则降到 20%以下。而超过 10 min 才能到达公共绿地，可达性一般、较差和很差的区域面积则不断减少，1979 年有约为 8%的区域可达性很差，1989 年则不足为 1979 年的一半，2001 年和 2006 年则只有零星分布，面积分别仅为 280.14 hm^2 和 106.47 hm^2。

表 6-7　公共绿地可达性变化统计表

	可达性(min)	1979 年 数量	1979 年 比例	1989 年 数量	1989 年 比例	2001 年 数量	2001 年 比例	2006 年 数量	2006 年 比例
范围(hm^2)	<5	9 095.09	37.43%	10 347.20	42.58%	13 094.80	53.89%	17 000.80	69.96%
	5—10	5 805.70	23.89%	6 375.90	26.24%	6 473.82	26.64%	4 811.73	19.80%
	10—15	4 443.04	18.28%	4 509.67	18.56%	3 301.79	13.59%	1 759.60	7.24%
	15—20	2 906.66	11.96%	2 183.62	8.98%	1 149.45	4.73%	621.40	2.56%
	>20	2 049.51	8.44%	883.61	3.64%	280.14	1.15%	106.47	0.44%
人口(万人)	<5	93.45	68.93%	135.01	75.37%	197.39	80.07%	255.51	85.98%
	5—10	25.52	18.83%	27.61	15.41%	35.08	14.23%	32.70	11.00%
	10—15	9.19	6.78%	10.54	5.88%	11.31	4.58%	7.18	2.42%
	15—20	4.64	3.43%	4.51	2.52%	2.59	1.05%	1.59	0.53%
	>20	2.76	2.03%	1.48	0.82%	0.17	0.07%	0.21	0.07%

随着主城区内人口的增加，更多比例的市民到达公共绿地的时间小于 10 min，可达性好的市民比例四个年份分别为 87.76%、90.78%、94.30%和 96.98%，市民到达公共绿地的便捷程度大幅提升。同时，从人口可达性好的比重远大于可达性好的区域面积比重可以看出，南京市民居住集中，可达性差的区域多为人口分布偏远、稀少的区域。

早期可达性一般或者较差的地区主要分布于城市中心东北方向的栖霞区、西南方向的建邺区以及秦淮区的红花、光华路等地区，面积也较大(图 6-33)。随着时间的推移，呈现出逐渐减少的趋势，可达性逐步改善。1979—1989 年，建邺区公共绿地可达性改善较为明显，2001 年这些连片的区域逐步被分解破碎化，1989—2001 年可达性一般和较差的区域向主城区边缘萎缩的态势非常明显。但在紫金山北麓和红花街道，由于交通等基础设施较少，四个观测年份一直都比较差，除此之外，到 2006 年，仅有小市、燕子矶、迈皋桥、孝陵卫部分地区需要 10 min 以上才能到达公共绿地。

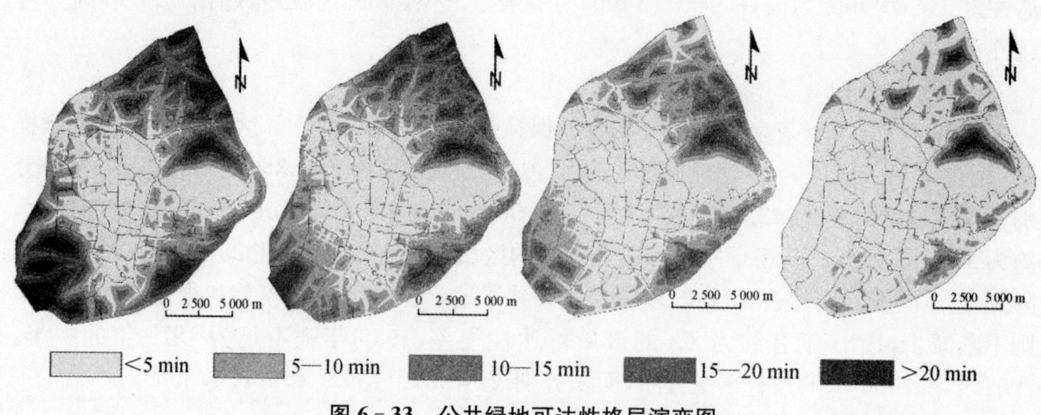

图 6-33　公共绿地可达性格局演变图

(2) 附属绿地

附属绿地主要是机关、院校、工厂、居住区内的小型斑块，多分布于人口密集、市民工作和生活空间周边，斑块面积小但数量多，就其可达性而言，则一直都比较好（表 6 - 8）。1979 年可达性水平最低，但全市区域 5 min 之内可以到达附属绿地的区域面积也达到 13 562. 80 hm^2，占全市总面积的 55. 81%，在随后的三个观测年份里，服务范围不断增加，占主城区的面积也都达到 61. 86%、64. 91%、79. 02%。可达性较好的区域前三个年份都在 5 000 hm^2 左右，2006 年却不足 3 000 hm^2。可达性一般、较差和很差的区域减少趋势十分强烈，三者的减少趋势也类似。就可达性一般、较差的区域来讲，面积由 1979 年的 4 418. 80 hm^2 下降到 2006 年的 1 588. 06 hm^2，尤其是 2001—2006 年，可达性一般、较差的面积减少 1 346. 14 hm^2，减少了 2001 年的一半左右。可达性最差的区域仅有零星分布。

表 6 - 8　附属绿地可达性变化统计表

	可达性 (min)	1979 年		1989 年		2001 年		2006 年	
		数量	比例	数量	比例	数量	比例	数量	比例
范围 (hm^2)	<5	13 562. 80	55. 81%	15 031. 10	61. 86%	15 772. 40	64. 91%	19 200. 80	79. 02%
	5—10	5 182. 00	21. 32%	4 998. 80	20. 57%	4 847. 30	19. 95%	2 909. 90	11. 98%
	10—15	3 182. 21	13. 10%	2 532. 42	10. 42%	2 249. 95	9. 26%	1 072. 31	4. 41%
	15—20	1 236. 59	5. 09%	903. 67	3. 72%	684. 25	2. 81%	515. 75	2. 12%
	>20	1 136. 40	4. 68%	834. 02	3. 43%	746. 10	3. 07%	601. 24	2. 47%
人口 (万人)	<5	117. 68	86. 82%	161. 08	89. 89%	219. 64	89. 09%	278. 07	93. 56%
	5—10	11. 14	8. 21%	12. 30	6. 86%	19. 84	8. 05%	15. 29	5. 15%
	10—15	5. 11	3. 77%	4. 86	2. 71%	6. 40	2. 59%	3. 18	1. 07%
	15—20	1. 23	0. 91%	0. 75	0. 42%	0. 57	0. 23%	0. 50	0. 17%
	>20	0. 40	0. 29%	0. 22	0. 12%	0. 09	0. 04%	0. 15	0. 05%

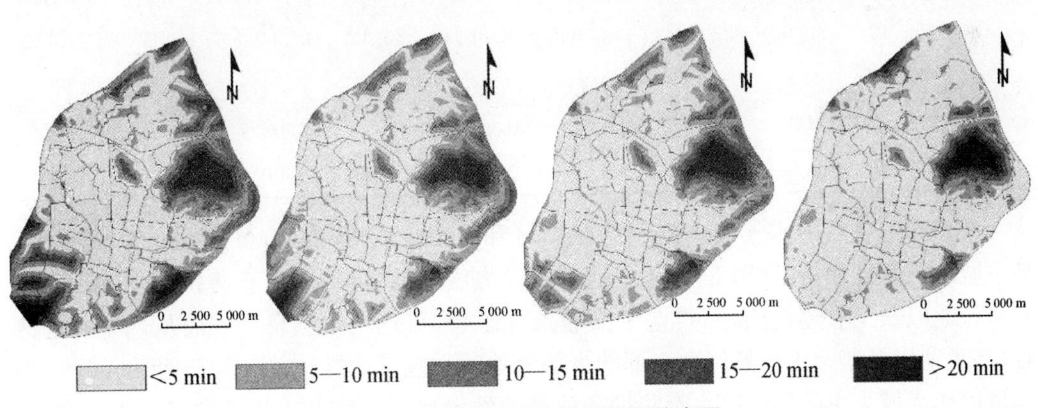

图 6 - 34　附属绿地可达性格局演变图

四个年份都达到 90%左右的可达性好的人口比例，也证明了附属绿地与市民生活的密切关系，10min 以上才能到达开放空间的市民 1979 年最多，但也未达到当年市民总量的 5%，可达性较差和很差的市民则少有存在。

1979 年附属绿地可达性好的区域主要是老城区内外附近，燕子矶中南部、迈皋桥西部以及下关区与中山门外地区（图 6 - 34）。从四个观测年份的变化来看，可达性好的区域不断扩大，可达性较差的建邺区在1989—2001年得到较大改善，而2001—2006年可达性一般和较差的区域在迈皋桥、燕子矶、马群、孝陵卫以及建邺区主城内的东南部地区基本消失。相比而言，紫金山一直是附属绿地可达性最差的区域，观测期内也没有明显的改善。此外，幕府山、红花街道的可达性目前仍然不够理想。

（3）生态防护绿地

尽管生态防护绿地呈现逐渐减少的趋势，道路交通基础设施不断完善，以自然山体为主的生态防护绿地的可达性在四个观测时间点基本未发生太大变化，可达性好和较好的区域分别维持在80%和17%左右的水平(表6-9)。只是可达性一般、较差和很差的地区减少比较明显，由1979年的4.34%，逐渐减少为3.73%、1.04%和0.70%。同时，绝大部分市民的生态防护绿地可达性都较好，5 min内可以到达的市民分别占到当年人口数的76.04%、75.07%、74.04%和70.14%，而可达性一般、较差和很差的人口数比例总和则为1.24%、0.57%、0.36%和0.53%。

表6-9　生态防护绿地可达性变化统计表

	可达性(min)	1979年		1989年		2001年		2006年	
		数量	比例	数量	比例	数量	比例	数量	比例
范围(hm²)	＜5	19 223.21	79.11%	19 479.95	80.16%	19 725.13	81.17%	19 432.40	79.97%
	5—10	4 022.75	16.55%	3 915.74	16.11%	4 323.73	17.79%	4 696.24	19.33%
	10—15	817.81	3.36%	764.35	3.15%	232.37	0.96%	171.36	0.70%
	1—20	225.12	0.93%	128.18	0.53%	18.59	0.08%	0.00	0.00%
	＞20	11.11	0.05%	11.78	0.05%	0.18	0.00%	0.00	0.00%
人口(万人)	＜5	103.08	76.04%	134.52	75.07%	182.53	74.04%	208.46	70.14%
	5—10	30.80	22.72%	43.65	24.36%	63.12	25.60%	87.17	29.33%
	10—15	1.42	1.05%	0.94	0.52%	0.83	0.34%	1.56	0.53%
	15—20	0.25	0.18%	0.09	0.05%	0.06	0.02%	0.00	0.00%
	＞20	0.01	0.01%	0.01	0.00%	0.00	0.00%	0.00	0.00%

大面积的自然山体分布于玄武区、栖霞区和雨花台区内，因此，可达性好的区域主要是主城区的北部和南部(图6-35)。随着建设力度的加强，部分生态防护绿地转变为了公共绿地以及工业建筑用地，得益于交通条件改善，可达性依然良好。而从四个年份来看，玄武湖以及紫金山风景区西南部的少部分地区一直可达性较差。1979年和1989年，以耕地和水域为主的建邺区生态防护绿地可达性最差，但在2001年这种格局大为改观，2006年这一区域对于生态防护绿地的可达性也达到5 min以内的时间。由于生态防护绿地主要分布在主城区的边缘，随着外围交通条件的改善，老城区内的可达性相比其外围可达性逐渐变为相对较差。

（4）生产绿地

随着生产绿地的大幅减少，可达性下降是必然的(表6-10)。5 min内可以到达生产绿地的市民数在27年的时间里，减少了20多个百分点，主城区内交通条件大大提高，但

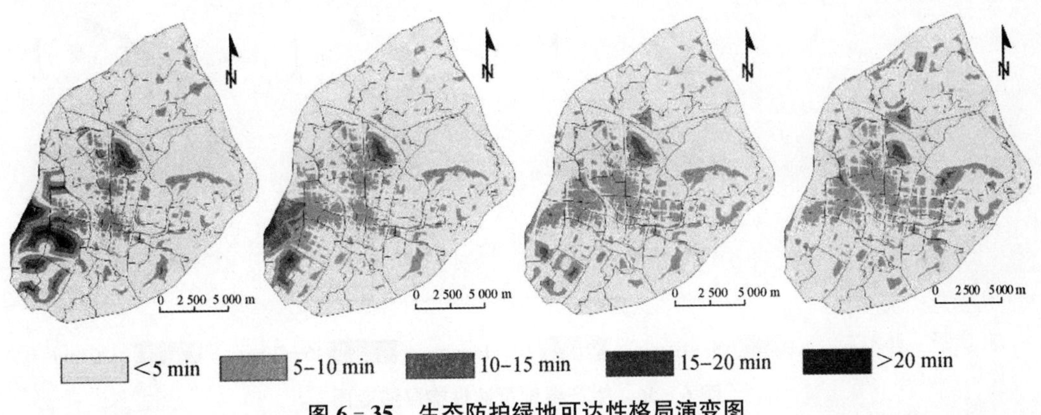

图 6－35　生态防护绿地可达性格局演变图

由于生产绿地减少迅速，其可达性呈现出逐步递减的趋势，难以见到农业生产性景观的居民在不断增加。

表 6－10　生产绿地可达性变化统计表

	可达性（min）	1979 年		1989 年		2001 年		2006 年	
		数量	比例	数量	比例	数量	比例	数量	比例
范围（hm²）	＜5	16 876.55	69.45％	16 376.78	67.39％	15 912.08	65.48％	11 861.90	48.82％
	5—10	5 505.49	22.66％	6 210.11	25.56％	6 569.09	27.03％	9 115.31	37.51％
	10—15	1 225.00	5.04％	1 483.04	6.10％	1 525.91	6.28％	2 014.58	8.29％
	15—20	408.60	1.68％	217.67	0.90％	276.94	1.14％	705.45	2.90％
	＞20	284.36	1.17％	12.40	0.05％	15.98	0.07％	602.76	2.48％
人口（万人）	＜5	74.76	55.15％	79.14	44.16％	127.17	51.58％	94.53	31.81％
	5—10	57.04	42.08％	91.98	51.32％	109.84	44.55％	180.60	60.77％
	10—15	3.23	2.38％	7.34	4.10％	8.70	3.53％	19.22	6.46％
	15—20	0.35	0.26％	0.70	0.39％	0.80	0.33％	2.28	0.77％
	＞20	0.17	0.13％	0.05	0.03％	0.03	0.01％	0.57	0.19％

就可达性的空间差异来看（图 6－36），可达性有整体减弱的趋势，四个年份中老城区、紫金山和玄武湖一直是生产绿地可达性最差的区域，以农业生产用地为主的建邺区和栖霞区在 1979 年、1989 年和 2001 年可达性都较好，而到了 2006 年随着生产绿地进一步减少乃至消失，可达性也逐渐减弱。1979 年老城区的中心及南部地区可达性稍低，逐渐向中心西北部的挹江门方向扩展，2001 年沿南部城墙外围出现了明显的较低可达性值区，而到了 2006 年，这种向着东、南、西部扩展的趋势便更加显著，而且在燕子矶、迈皋桥等街道也开始出现不易到达生产绿地的区域。

（5）水域

主城区内水体面积减少量较大，尤其是 1989—2001 年。水体可达性的变化也明显分为两个时段：1979 年和 1989 年可达性好的区域面积都占到主城区总面积的 80％左右，2001 年后，5 min 内可以到达水体的主城区范围都为 15 000 hm² 上下，比之前减少近 20％

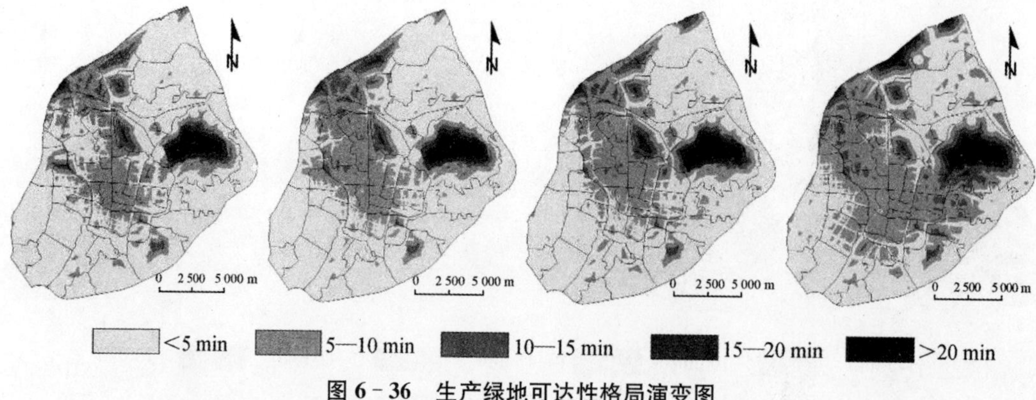

图 6-36 生产绿地可达性格局演变图

(表 6-11)。可达性较好的区域由 1989 年的 3 404.22 hm² 增加到 2006 年的 6 002.10 hm²。可达性一般和较差的区域则是逐渐增多的，四个年份三个级别的面积占研究区域总面积的比例分别为 5.63%、6.35%、10.77%、14.14%，水体的可达性有加剧恶化的趋势。

随着可达性好的区域面积的减少，各年份可达性好的市民数也在发生着相应的变化，相比面积的减少幅度人口比例的减小量较少。1979 年和 1989 年 5 min 内可到达水体空间的市民约占到当年人口总量的 92%，而后两个年份分别为 82.34%和 80.53%，大约减少 10%的水平。5—10 min 才能到达开放空间的市民比例大约增加了一倍。用时超过 10 min 可达性较差的市民则在递增，由前两个年份的 0.18%，增加到 2001 年的 1.92%，之后猛增到 2006 年的 3.57%，变差趋势显著。

表 6-11 水域可达性变化统计表

	可达性(min)	1979 年		1989 年		2001 年		2006 年	
		数量	比例	数量	比例	数量	比例	数量	比例
范围(hm²)	<5	19 532.18	80.38%	19 352.23	79.64%	15 043.40	61.91%	14 860.80	61.16%
	5—10	3 399.20	13.99%	3 404.22	14.01%	6 641.83	27.33%	6 002.10	24.70%
	10—15	717.78	2.95%	783.44	3.22%	1 697.04	6.98%	2 227.73	9.17%
	15—20	345.90	1.42%	386.95	1.59%	454.86	1.87%	666.31	2.74%
	>20	304.94	1.26%	373.16	1.54%	462.87	1.91%	543.06	2.23%
人口(万人)	<5	124.56	91.88%	165.13	92.14%	203.02	82.34%	239.31	80.53%
	5—10	10.76	7.94%	13.76	7.68%	38.80	15.74%	47.25	15.90%
	10—15	0.24	0.18%	0.30	0.17%	4.66	1.89%	9.45	3.18%
	15—20	0.00	0.00%	0.01	0.01%	0.04	0.02%	1.02	0.34%
	>20	0.00	0.00%	0.01	0.00%	0.02	0.01%	0.16	0.05%

水体可达性差存在于几个明显的区域，比如紫金山、玄武湖(玄武湖划为公园绿地)、幕府山以及雨花台的南部等地区，而且四个时段有围绕这些区域蔓延的态势。从图 6-37 中也可以明显看出前两个年份类似，和后两个年份格局也相近(图 6-37)。因此，对比之后可以明显看出主城区中心东部孝陵卫、苜蓿园、马群等街道以及北部的燕子

矶、迈皋桥、红山、小市等街道水体可达性增大的趋势相对明显。北部可达性变差主要是由于早期一些小型水系被建设侵占、打断以致消失，而东部地区也有部分水系划为公共绿地，比如月牙湾等。同时，主城区内部的宁海路、湖南路等街道也一直未达到较好的可达性水平。

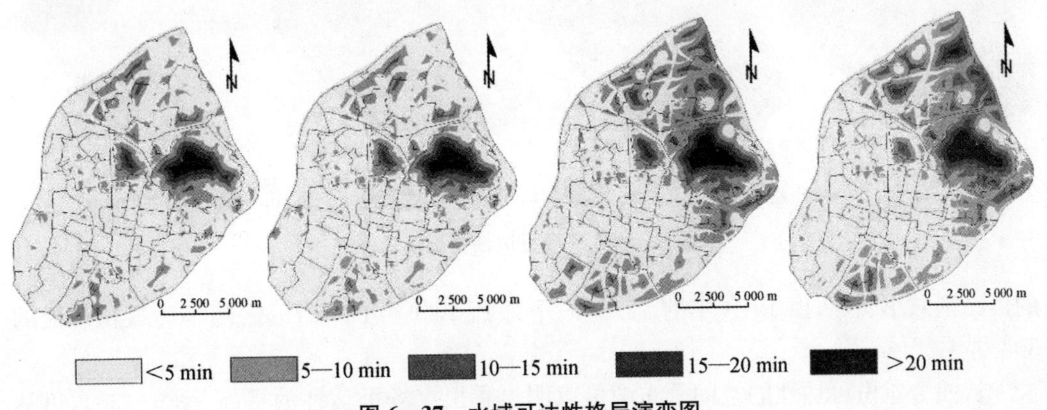

图 6 - 37　水域可达性格局演变图

(6) 广场

相对于其他开放空间类型，广场的面积一直都比较小，但在逐渐增多(表 6 - 12)。广场的可达性也在不断增强：5min 内可到达广场的面积由 1979 年的占主城区 13.38%的 3 250.02 hm^2，不断增加为 4 478.76 hm^2、8 214.49 hm^2 和 9 668.44 hm^2。可达性一般、较差和很差的区域在逐渐减少，可达性一般的区域减小幅度较小，27 年的时间总共减少了 6.4 个百分点。而可达性较差和很差的区域则大幅减少，四个年份占城区总面积的比重分别为 44.01%、40.02%、15.69%、14.58%，1989—2001 年可达性水平得到明显的提高。

表 6 - 12　广场可达性变化统计表

	可达性(min)	1979 年		1989 年		2001 年		2006 年	
		数量	比例	数量	比例	数量	比例	数量	比例
范围(hm^2)	<5	3 250.02	13.38%	4 478.76	18.43%	8 214.49	33.80%	9 668.44	39.79%
	5—10	5 205.70	21.42%	5 988.49	24.65%	8 283.56	34.09%	7 494.44	30.84%
	10—15	5 150.20	21.19%	4 107.16	16.90%	3 990.25	16.42%	3 592.86	14.79%
	15—20	4 873.92	20.06%	6 323.64	26.02%	2 178.48	8.97%	1 959.21	8.06%
	>20	5 820.16	23.95%	3 401.95	14.00%	1 633.22	6.72%	1 585.05	6.52%
人口(万人)	<5	54.72	40.37%	79.97	44.63%	135.42	54.93%	166.63	56.07%
	5—10	45.94	33.88%	63.41	35.38%	82.32	33.39%	96.00	32.30%
	10—15	17.89	13.20%	22.29	12.44%	19.04	7.73%	23.42	7.88%
	15—20	9.69	7.15%	9.13	5.09%	7.83	3.17%	8.20	2.76%
	>20	7.32	5.40%	4.41	2.46%	1.93	0.78%	2.94	0.99%

可达性好和较好的市民数量在四个年份中一直在增加，相对面积比重可达性好的市民数量更大一些，数据显示 10 min 内可以到达广场的市民比例分别为 74.25%、80.01%、88.32%和 88.37%。可达性一般的市民数一直在减小，但幅度不大。可达性较差和很差

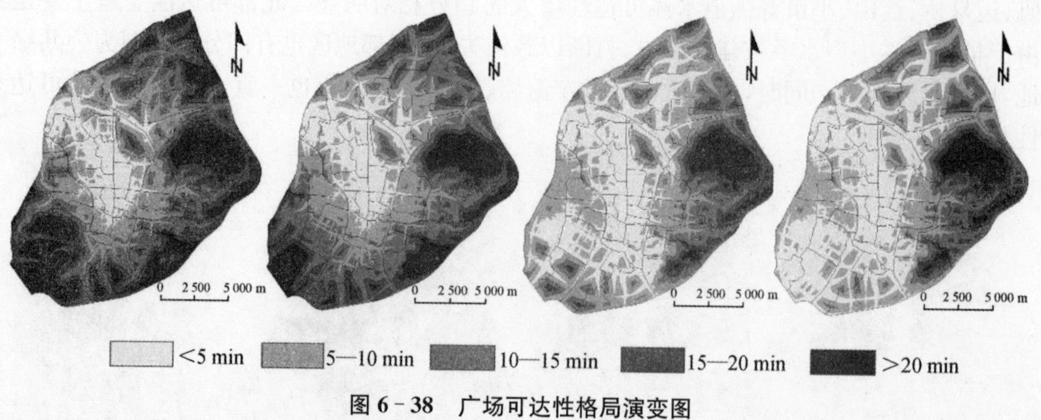

图 6-38　广场可达性格局演变图

的市民则减小明显，由 1979 年的 12.55％下降到 2006 年的 3.75％，缩小为最初规模的 30％左右。

从四个年份可达性的空间分布图可以明显看出广场可达性的提高(图 6-38)，可达性好和较好的地区在明显增多，1979 年和 1989 年类似，可达性好的区域主要分布于老城区，这里是城市的中心和旧的交通(车站、码头)中心。1989 年比 1979 年明显改善的是建邺区的南苑等街道。到了 2001 年，广场的可达性在建邺区、雨花台区以及迈皋桥街道西部等扩展明显。紫金山周边、红花街道、燕子矶及迈皋桥东部则一直是广场可达性较差的区域，普遍要超过 10 min 才能到达。

6.6　开放空间内部格局演化的模式与路径

6.6.1　开放空间内部格局演化的模式

公共绿地在城墙内密集小型斑块，与紫金山风景区形成“两集中”的格局，之后又在城墙内外增加大量小型绿地，在城市的外围区域新辟大型斑块，逐渐形成“一环四组团”的格局(图 6-39)。“一环”即明城墙及护城河所串联起来的历史文化遗存和内外小型绿地缀块，“四组团”是指北部幕燕风景区、二桥公园，南部雨花台、菊花台，东部紫金山风景区，西南部的绿博园、滨江、南湖、宝船等公园。该过程中斑块数量增多、密度加大，分布趋于集

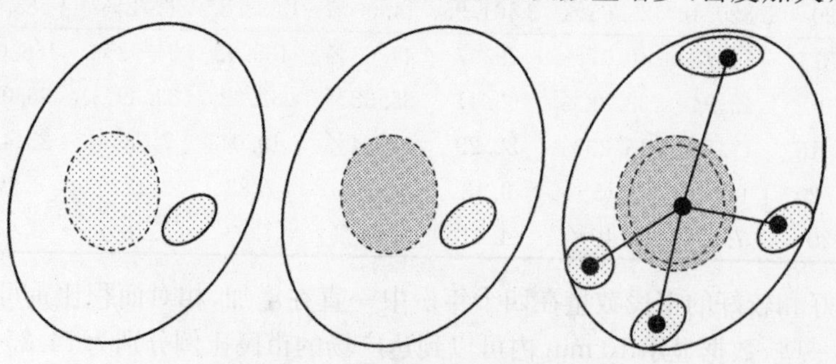

图 6-39　公共绿地格局演化模式

中，形状更加自然。早期可达性一般或者较差的地区主要分布于城市中心东北方向的栖霞区、西南方向的建邺区以及秦淮区的红花、光华路等地区，1979—1989 年，建邺区的公共绿地可达性改善较为明显，2001 年这些连片的区域逐步被分解破碎化，1989—2001 年，可达性一般和较差的区域向主城区边缘萎缩的态势非常明显。紫金山北麓和红花街道由于交通等基础设施较少，四个观测年份则一直都比较差。

附属绿地原在老城区内散布，经过城墙边缘区，逐渐向城市东北、东南及西南方向扩散蔓延，并且斑块面积呈现增大的趋势（图 6－40），由"一核"转变为"一核四翼"，但斑块间的距离、形状指数等都未发生明显变化。附属绿地可达性好的区域不断扩大，可达性较差的建邺区在 1989—2001 年得到较大改善，而 2001—2006 年可达性一般和较差的区域在迈皋桥、燕子矶、马群、孝陵卫以及建邺区主城内的东南部地区基本消失。紫金山一直是附属绿地可达性最差的区域，观测期内也没有明显的改善。此外，幕府山、红花街道的可达性仍然不够理想。

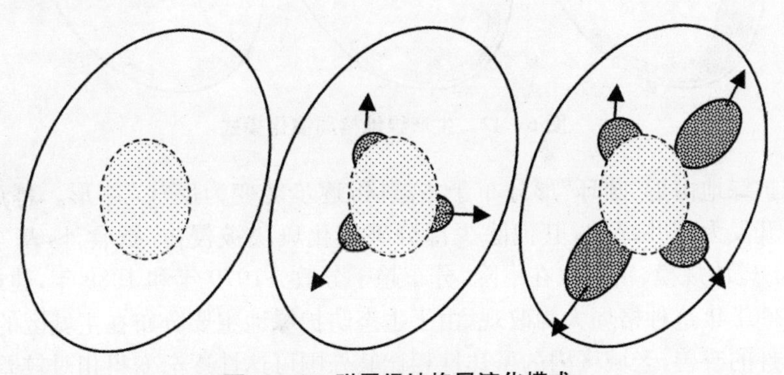

图 6－40　附属绿地格局演化模式

广场由城市中心—鼓楼—下关的"哑铃"形集中，经过负责转运老城区与外城人流集散的格局，逐渐形成城市中心—老城区—外城—副城间分布的倒"Y"形格局（图 6－41）。斑块数量、密度增加，分布也更加分散化。1979 年和 1989 年类似，可达性好的区域主要分布于老城区，这里是城市的中心和旧的交通（车站、码头）中心。1989 年比 1979 年明显改善的是建邺区的南苑等街道。到了 2001 年，广场的可达性在建邺区、雨花台区以及迈皋桥街道西部等扩展明显。紫金山周边、红花街道、燕子矶及迈皋桥东部则一直是广场可达性较差的区域。

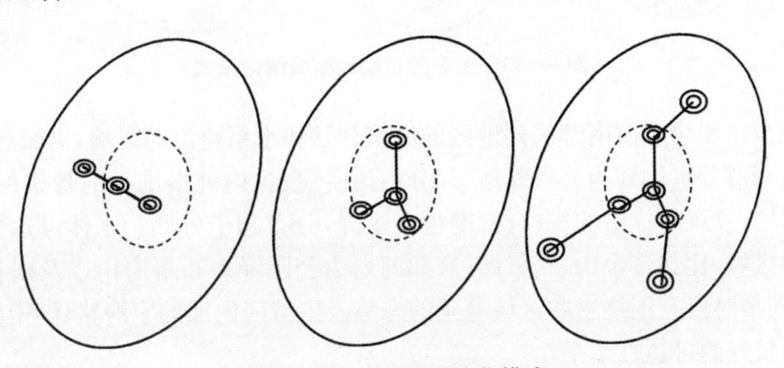

图 6－41　广场格局演化模式

生产绿地是变化最大的类型，早期在主城南部呈“弯月”形分布着大量生产绿地，东北部也是生产绿地的集中区，但都消失殆尽，只有在主城东北、东南边缘零星分布少量生产绿地(图 6-42)。斑块数量、密度锐减，分布也更加分散化。1979 年，老城区的中心及南部地区可达性稍低，逐渐向中心西北部的挹江门方向扩展，2001 年，沿南部城墙外围出现了明显的较低可达性值区，而到了 2006 年，这种向着东、南、西部扩展的趋势便更加显著，而且在燕子矶、迈皋桥等街道也开始出现不易到达生产性绿地的区域。

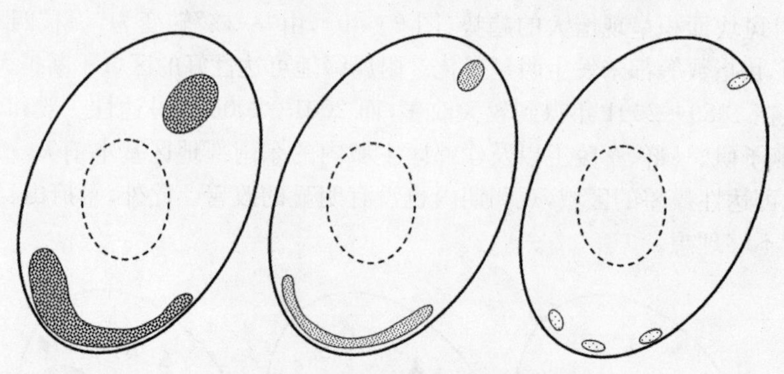

图 6-42　生产绿地格局演化模式

生态防护绿地由近“圆环”形分布于主城区，逐步转变为反“C”字形。幕燕风景区生态防护绿地开发为公共绿地，其他除少部分破碎化斑块被侵占、蚕食外，基本格局稳定(图 6-43)。斑块规模、密度也在下降，分布趋于分散。1979 年和 1989 年，建邺区可达性最差，但在 2001 年这种格局大为改观，由于生态防护绿地主要分布在主城区的边缘，随着外围交通条件的改善，老城区内的可达性相比其外围可达性逐渐变得相对较差。

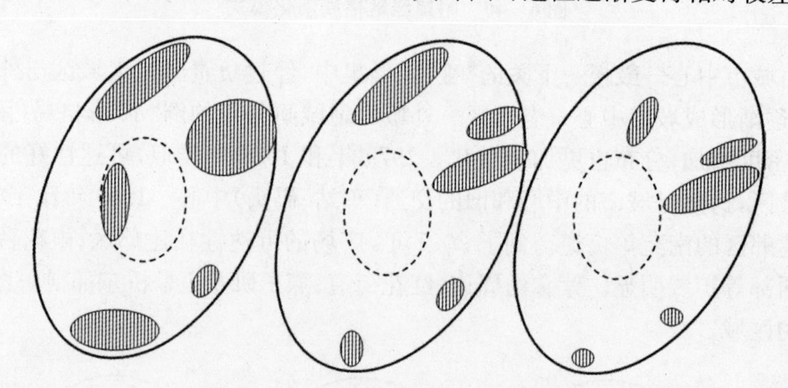

图 6-43　生态防护绿地格局演化模式

水体减少主要缘于西南部河西地区的城市开发和水系整治的影响，老城区内、外部减少主要是由于部分水体划为公共绿地、部分河道受侵占，内外秦淮河的骨架保存尚好(图 6-44)。同样，景观指标中的规模、密度也在下降，分布趋于分散。水体可达性差存在于几个明显的区域，比如紫金山、玄武湖(玄武湖划为公园绿地)、幕府山以及雨花台南部等地区，而且四个时段有围绕这些区域蔓延的态势。主城区内部的宁海路、湖南路等街道也一直未达到较好的可达性水平。

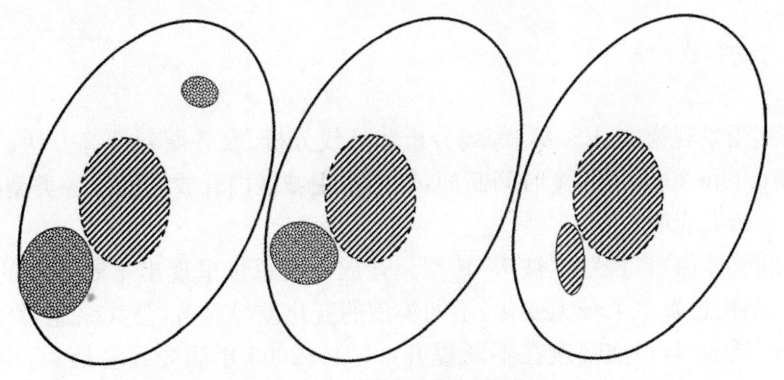

图 6-44　水域格局演化模式

6.6.2　开放空间内部格局演化的路径

通过对前文开放空间及各种类型演变动态的研究发现，各种类型用地之间存在相互的转化，从而使得开放空间整体的数量、规模、结构、功能随着城市化进程而不断发生变化。开放空间及其内部转化的具体路径如图 6-45 所示。

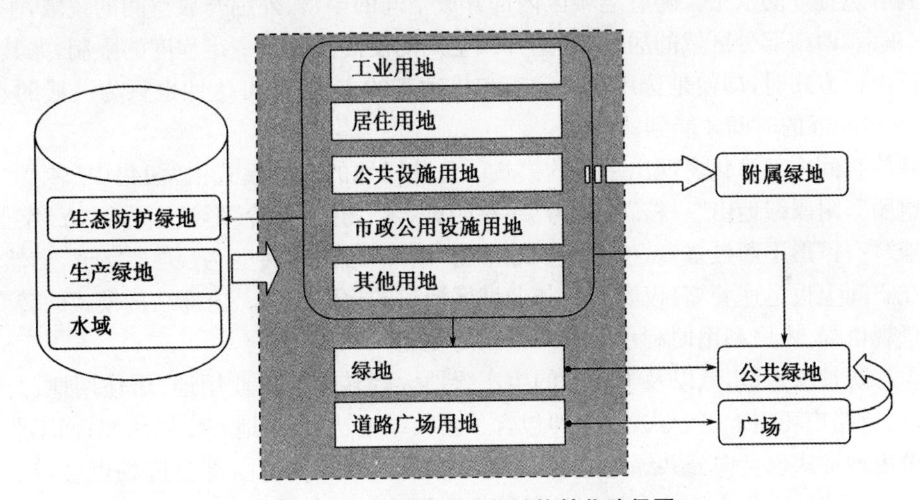

图 6-45　开放空间内部结构转化路径图

自然的生态防护绿地、水域以及半自然的生产绿地在城市扩展中大幅度减少，被工业用地、居住用地、公共设施用地、道路广场用地等形式所侵占。生产绿地和水域减少，最突出的例子便是河西新区的开发，大量生产绿地和水域转化为居住区、行政商务区、工厂、学校、医院，绿地、广场也同时出现；生态防护绿地最明显的转变是幕府山、古林等公园的建设；同时，老城区内的部分工业用地随着产业结构的调整逐步外迁，一些工业用地在“见缝插绿”的调控下转变为附属绿地、公共绿地的形式；幕府山地区的生态修复工程，使得部分工矿废弃地又恢复为生态防护绿地；山西路广场、草场门广场等随着交通联系功能的降低，逐步被开发为休闲游憩广场，广场也向公共绿地转化。

6.7 小　结

本部分利用景观指数、ESDA、等扇分析和环线分析、服务便利性等方法，分 1979 年、1989 年、2001 年和 2006 年四个时间断面，对南京主城区内开放空间及各类型格局的演变进行了剖析。研究表明：

开放空间整体由“自构”向“被构”转型。开放空间总量呈现出不断减少的趋势，此过程中，其内部结构也发生了较大变化，不同类型的变化差异显著，公共绿地、附属绿地和广场规模在逐渐增加，且增加幅度在不断提升，2001—2006 年演变强度最大；生产绿地、生态防护绿地和水域空间不断萎缩，其中水域在 1989—2001 年减量最多，减少强度最高，生产绿地 1989—2006 年一直在大幅减少，生产绿地在主城区有消失殆尽的趋势。景观指数分析也表明，开放空间的斑块数量、密度，平均斑块面积不断减少，斑块分布整体呈现分散化，形状规则度在增加，受人为规划的影响加深。

从四个年份三种出行方式的便捷性格局来看，南京主城区的开放空间便捷性一直较高，早期老城区内部开放空间较少，步行的可达性较差，但换用非机动车的方式便基本都能达到可达性好的水平。随着老城区内部开放空间的丰富、外围开放空间的锐减，主城区东北、东南、西南部分区域的居民，到达开放空间的便捷性受到一定程度的限制，尤其是选用步行出行方式时，即使是选用非机动车和机动车的方式，其可达性也只为一般的水平，需要 3—6 min 的时间才能到达。

开放空间内部演化表现出一定的模式。公共绿地的布局模式由“两集中”转变为“一环四组团”，附属绿地由“一核”转变为“一核四翼”，广场由“哑铃”形演变为倒“Y”字形，生产绿地“弯月”形不断被蚕食，生态防护绿地由“圆环”形逐步转变为反“C”字形，自然分布水域在空间上也迅速萎缩，仅剩河西与老城区河道的规则分布。内部结构模式的转变，带来了景观格局、市民利用便利水平等一系列的变化。

生态防护绿地、水域以及半自然的生产绿地大幅转化为工业用地、居住用地、公共设施用地、道路广场用地等形式，其中即包含了公共绿地、附属绿地和广场用地；而工业用地等建设用地形式也会向公共绿地、附属绿地、生态防护绿地转化，部分广场也会转变为公共绿地。而这种转化中的动力机制及具体作用模式还需要进一步的分析。

7 南京主城区开放空间格局形成与演变的驱动机制

城市是人类社会、经济与生活活动高度集中的场所，从空间格局看，城市是由异质单元构成的镶嵌结构，是人和自然的复合生态系统（徐建华、单宝艳，1996）。城市景观格局演变过程具有比任何其他景观类型都更加复杂的驱动机制，自然和人为因素均可以对城市景观整体结构、空间构型以及斑块特征产生显著影响，但是人为活动无疑占据着优势地位（Nusser，2001）。开放空间作为城市空间中不可或缺的部分，其分布、演变自然也受到城市自然、社会、经济等诸多因素的影响。

7.1 南京主城区开放空间格局形成与演变的影响因素

7.1.1 自然环境是开放空间格局形成的基础

地形地貌、植物资源、土壤条件等自然因素是开放空间布局的重要影响因素，绿色空间依靠植物来营造，不宜建筑区域也多以绿地来填充，水体空间多分布于地势低洼之所，农业生产也强烈依附便利的水源，诸多关联都表明，自然环境影响着开放空间的布局。

(1) 地形地貌

长江南岸临江一侧为陡峭岩壁，形势险要、江岸陆域狭窄，岸线利用受到一定限制。低山丘陵区因岩性坚硬，坡度大于25%，目前已全部绿化，树木茂盛，宜加保护，作为风景游览区。因此，高程、坡度对开放空间的分布也会产生一定影响。

在低山丘陵间分布着三级阶地，面积较广。一二级阶地为下蜀黄土所组成，地基承受压力每平方米18—25吨，坡度一般在15%—25%，部分小于15%，可用作天然地基，是较好的工业用地。一级阶地高程在10—20 m，二级阶地在20—40 m。三级阶地为雨花台砾石层组成，松散，以石英为主，与砂黏土混杂，地基承受压力每平方米18吨，可作一般建筑物的天然地基。城西沿江一带是河漫滩，高程在7 m以下，河网密布，地下水位高，松散沉积物深厚，一般30—50 m，为软质地基。南京老城区是在高河漫滩上，一般高程在7—10 m，沉积物厚度一般在5—20 m，最厚达35 m，地下水埋深1 m左右，地基承受压力每平方米10—15吨，是比较理想的城市建筑用地。

结合30 m×30 m的数字高程地图（DEM）（图7-1），对主城区土地利用分异进行分析。结果表明，研究范围的最高海拔433 m位于紫金山，最低海拔位于玄武湖，低于海平面以下69 m；将高程值按自然断裂点法分为6个区间范围，小于18 m的城市用地达到115.53 km^2，接近研究区域总面积的一半，80 m以上的区域仅为10 km^2多，可见研究区域绝大部分地势较低，低于区域平均高程。

对南京主城区的DEM数据与开放空间数据进行分析，并分别以斑块的高程属性和面积属性为横纵坐标作直方图分析（图7-2），结果表明，41 m海拔以下为开放空间的最

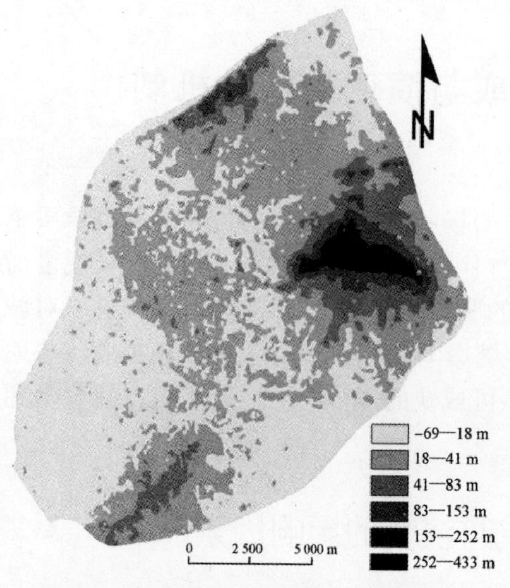

图 7-1　南京主城区高程分布梯度图

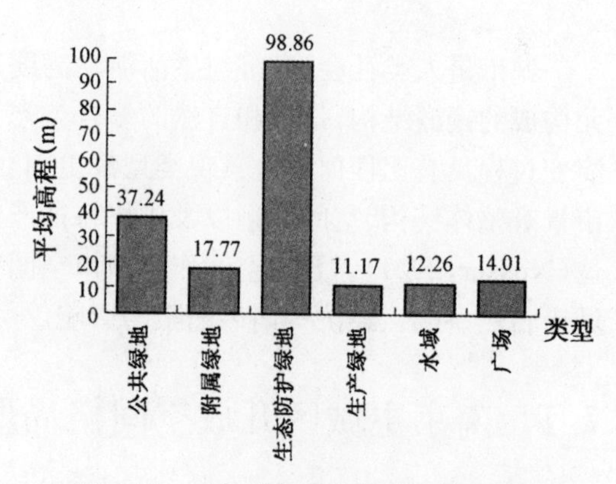

图 7-2　开放空间各类别平均高程分异

主要分布区域，在海拔 11 m 的位置出现了开放空间最集中分布的 171.63 hm^2 峰值。峰值的左侧斜率较大，而右侧则相对平缓，表明海拔 11 m 以下的开放空间面积相对海拔大于 11 m 的开放空间面积要小很多，海拔 −20 m 以下、400 m 以上几乎没有开放空间分布。

开放空间的 6 种类型在不同海拔高程范围间也表现出了明显的梯度差异。利用 ArcGIS 的 spatial analysis(空间分析)功能，进行 zonal statistics(区域统计)，分别计算出 6 类开放空间的平均高程，其中生态防护绿地最高达到 98.86 m，其他依次为公共绿地、附属绿地、广场、水域和生产绿地。生态防护绿地、公共绿地的平均海拔显著高于其他 4 类开放空间，尽管如此，生态防护绿地多为自然山体林地，散布于笆斗山、富贵山、农场山、石子岗等地，而公共绿地虽有不少依山(紫金山、幕府山)而建，但很多小型斑块多位于江边河畔，因此生态防护绿地的平均海拔达到公共绿地的近 2.7 倍。其余 4 类的平均海拔相近，均为 10—20 m，附属绿地、广场稍高，这些开放空间多位于城市的生活、商业区，自然地势平坦，而生产绿地多为水作农田，地势最低。

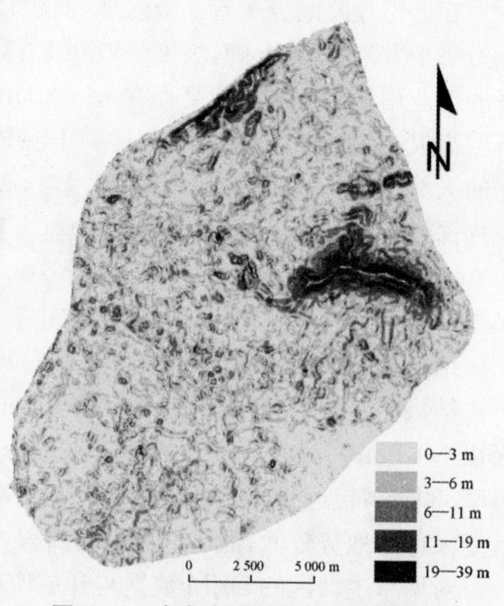

图 7-3　南京主城区坡度分布梯度图

而对坡度叠置分析的结果更明显，主城区内坡度最大的区域位于紫金山，达到 38.77 度，同样按照自然断裂点法将坡度分为 5 类(图 7-3，表 7-1)。主城区内大部分地区较为平坦，坡度<3 度的区域占到 48.4%，6 度

以下区域则达到83.7%。然而开放空间占所在坡度区间的比例不断上升,6—11度的区间开放空间占到56%,而大于11度的范围则几乎都为开放空间,大坡度土地多为生态防护绿地和公共绿地所占据,生产绿地、附属绿地、广场、水域多处于0—6度区间。

表7-1 各坡度区间主城区、开放空间及各类型的分布差异(单位:hm^2)

坡度	开放空间	公共绿地	附属绿地	生态防护绿地	生产绿地	水域	广场	城区
0—3	3 818.66	1 150.58	590.31	1 012.02	784.68	240.20	16.55	11 758.23
3—6	3 182.16	1 221.15	404.92	968.75	377.16	183.86	12.88	8 576.64
6—11	1 495.51	666.01	69.93	657.15	58.09	48.85	2.62	2 665.73
11—19	780.76	266.82	5.20	511.40	3.33	6.74	0.00	891.04
19—39	398.97	78.38	0.60	328.04	0.00	0.84	0.00	408.363

(2) 优良的植被条件

南京主城区开放空间以绿色空间为主,绿色空间约为开放空间面积的95%,2 500 m^2以上的斑块面积占主城区的面积也达到1/3。根据中国植被区划,南京属于长江南北平原丘陵区,是落叶阔叶林逐步过渡到落叶阔叶、常绿阔叶混交林地区。南京地处北亚热带,属于我国现代植物资源最丰富、植物种类最繁多的地区。从属的数量来看,第一位是北温带分布类型,有92属,分布类型的乔灌木多是构成植被的主体和建群种,如杨属、桑属、榆属、山碴属、椴树属、盐肤木属、槭树属等,草本植物常见的翠雀属、荠菜属、播娘蒿属、黄精属等构成了本区草本地被层(吴征镒、王荷生,1983)。就科而言,南京城市森林植物的科数,占全世界的27.74%,占全国的48.73%之多。就属而言,南京城市森林植物的属数,占全国的17.95%(童丽丽,2009)。

这些因素也造就主城区内绿色空间十分丰富,开放空间比例较高。在我国的城市中,南京是园林绿地水平最高的城市之一,很大程度上得益于其良好的植被条件。大面积的山林植被提供了广阔的绿色空间,奠定了城乡一体、内外贯穿的绿地系统基本骨架(王浩、徐雁南,2003)。

(3) 水网密布、土质适宜

市内水网发达,水体面积占市区总面积的11%,江、河、湖交织,融会贯通。长江是南京主城区依附的最大水体,沿江开发以绿化为主体的大江风貌,是南京江滨城市特色的集中体现,秦淮和金川两河横贯全城。此外,城区还有玄武湖、琵琶湖、紫霞湖和莫愁湖等大小湖泊,为发展城市滨江绿地、构建绿化体系,提供了良好的条件。

市区广大平原,除长江、秦淮河为灰黑色粉砂及黏质砂土外,其余均为古冲积层之灰黄色、褐黄色砂质岩土及灰黑色淤泥质砂质黏土、间夹粉质砂层。在低山丘陵的边缘,分布有下蜀组棕黄色、棕红色砂质黏土。火山岩尽在雨花门、半山园、江苏省委所在地,定淮门等地零星出露,其余分布规律明显受北西向断裂控制,分布于定淮门—草场门—省委—山西路—中国药科大学—鼓楼—东南大学—南京市委一线范围内。沿半山园—午朝门—白鹭洲(武定门)—雨花门—雨花台—西善桥一线也有分布。

7.1.2 古都格局是开放空间的骨架

地理环境中的河流、湖泊、山岭景观系统对南京古都城市格局的形成有重要作用(姚亦锋,2002)。同时,南京市拥有2 500年的建城史,人类对城市所进行的改造、丰富的历史文化遗存,对当前城市的格局、未来的发展也会产生重要的影响。而在南京历史上最为鼎盛的明朝和时间最近的民国时期,对开放空间的格局影响最大。

(1) 明朝

南京最早的都城建于东汉末期,当时的城市范围很小,"鸡笼山之南,东凭钟山,西连石头,北依后湖,南近秦淮",主要位于现在的白下区、玄武区内,以后的东晋、宋、齐、梁、陈不断完善城内功能,但大体延续了基础框架,所以城市整体框架没有发生显著变化。明朝的南京是封建社会的鼎盛时期,其城市建设对现代城市发展产生了深远的影响,开放空间也是如此。

明朝形成了皇宫、皇城、京城、外郭城四重城郭。皇宫遗址已经于1991年修建为明故宫遗址公园对外开放;皇城所开六座门中东西向的两座门——东华门与西安门业已分别建设了遗址公园;最为显著的便是明城墙、护城河,为了保护这些历史遗迹,内外15 m范围为绿地,绿色生态、文化、游憩走廊已经形成,同时围绕这一绿带兴建了各种类型的开放空间,如阅江楼景区(其中包括天妃宫、静海寺)、小桃园公园、汉中门广场、月牙湖公园、中山门广场等。

文教、祠庙分布区现已多为景区公园,如夫子庙、鸡笼山上的"观象台"等。明朝皇家陵园明孝陵已成为重要的风景游览区,造船厂改建为宝船遗址公园,皇族权威象征的下马坊变为现在的下马坊公园、郑和公园等。雨花台、清凉山、白鹭洲、莫愁湖以及南京市即将重建的大报恩寺等,都是当时著名的风景游乐去处。

(2) 民国时期

民国政府在南京建都不过23年的时间,但却对其进行了大小七次规划,最有影响力的当属《首都计划》。南京当时已有中山陵园、玄武湖公园、第一公园、鼓楼公园、秦淮公园,又确定将雨花台、莫愁湖、清凉山辟为公园,同时提出了各公园之间要以林荫道相连接的思想。

民国时期也为现在的南京主城区提供了丰富的开放空间资源,比如马林医院(今鼓楼医院)、中央医院(今南京军区总医院)、中央博物院(今南京博物院)、中央体育场(今南京体育学院)等公共建筑,山西路、颐和路一带的公馆别墅,国立中央大学(今东南大学校址)、金陵大学(今南京大学校址)、金陵女子大学(今南京师范大学校址)等高等院校,国立中央研究院(今中科院南京地质、古生物研究所办公楼)等科研机构,以及绿树成荫的中山东路、北京东路等街道,都是现代开放空间建设中不可多得的宝贵资源。

7.1.3 城市扩张是开放空间格局演变的"引擎"

作为我国东部的大型都市区,南京市的城市建设从20世纪80年代起取得了长足的发展(图7-4)。1978年,南京人口仅为172.51万人,建成区面积也仅为116.78 km^2,且局限在城墙范围以内。随着人口与用地的矛盾激化,南京城市空间向城墙外发展,城墙边缘悄然建起了锁金村、南湖新村、屋塘村等。

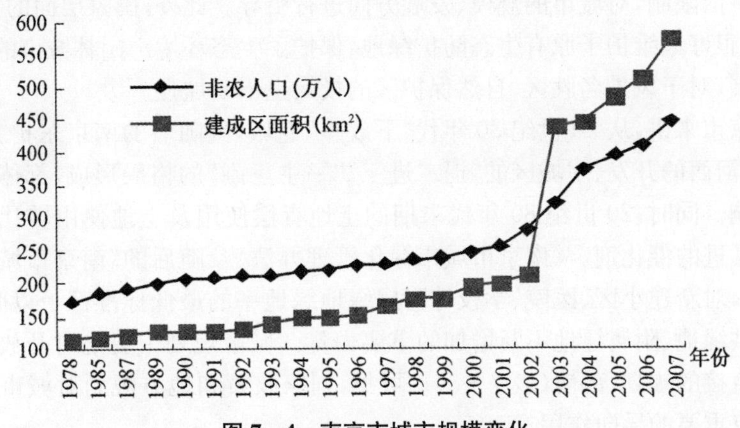

图 7-4　南京市城市规模变化

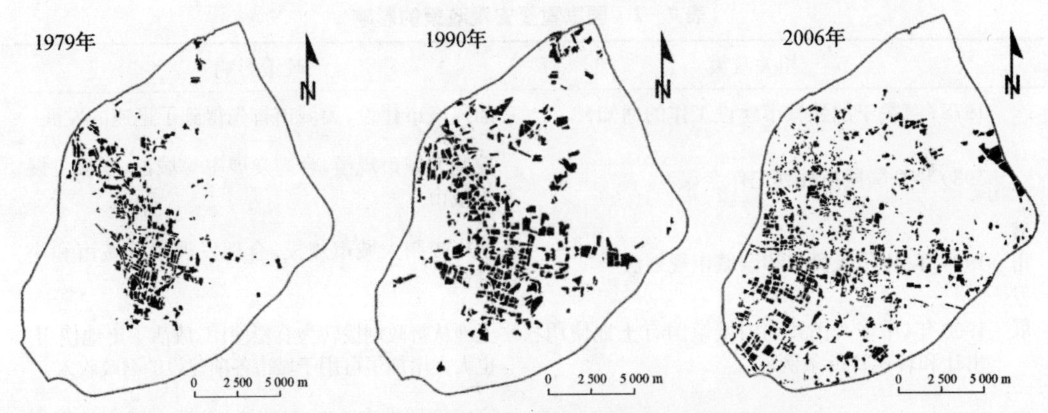

图 7-5　1979—2006 年南京主城区居住用地的扩展情况

仅就居住用地而言，其中的 22.8 km² 就用于兴建住宅，而 1990—2006 年，以居住用地为代表的城市扩张尤为显著，迅速蔓延至主城边缘(图 7-5)。与 1978 年相比，1990 年城市用地就已扩张 55.78 km²，2006 年时的城市建成区已布满主城 243 km²，目前又向城市周边的仙林、江宁副城疏散、扩展，截至 2006 年，南京已形成拥有非农业人口 447 万、建成区 575 km² 的大都市区。

伴随着城市的扩张，农田等生产绿地开始减少，城墙边缘区也逐渐不能满足城市人口的进一步增加，城墙、老城郊、主城一层层被突破，在消耗了大面积的农业、自然景观的同时，促使了公共、附属绿地及广场景观的扩展、填充。

7.1.4　政策调控是开放空间格局演变的"风向标"

改革开放以来，国家的宏观政策和南京市的法规深刻显著地影响着城市发展，也直接或间接地作用于开放空间格局的演变。

国家从 1978 年开始，逐步重视城市建设，但在这个过程中对大、中、小城市的发展策略和人口流动的管控，发生过几次变动(表 7-2)。最初发展大城市，之后严控大城市规模，到后来重点发展小城镇、充分发挥大城市的辐射带动作用。同时，对人口非农化也进行了松紧不一的限制，对城市的规模、发展方向进行引导。此外，国家层面的《中华人民共和国森林法》很好地维护了原有生态防护绿地，保护了生态环境。园林城市的评选规范了城市绿地发展，对于风景名胜区、自然保护区的投入也不断加强。

而就南京市来讲，从20世纪80年代"下放户"返城，到随后的南京东扩文教区、北建工业区，以及河西的开发、主城区的"退二进三""一主三副"的格局形成，都体现着行政决策的调控影响。同时，20世纪80年代末期的土地有偿使用及土地使用转让权的政策是城市化突飞猛进的催化剂。《南京市城市绿化管理办法》及随后的《南京市城市绿化管理条例》的出台，对新建小区、医院、学校等附属绿地绿地率的最低标准都予以明确规定，这也是促使公共绿地、附属绿地不断增加的重要力量。城市规划中更是对开放空间中的绿地系统进行直接的规划、部署(表7-3)。可见，国家政策和地方规划对城市开放空间格局的演变具有重要的导向作用。

表7-2　国家重要宏观政策的影响

	相关政策	政策影响
城市发展	1978年《关于加强城市建设工作的通知》	加强城市建设，大城市首先得到了迅速的发展
	1980年全国城市规划工作会议	控制大城市规模，合理发展中等城市，积极发展小城市
	1990年《中华人民共和国城市规划法》	严格控制大城市规模，合理发展中等城市和小城市
	1990年《中华人民共和国城镇国有土地使用权出让和转让暂行条例》	土地从行政划拨转为有偿使用，放活了土地使用，也大大增加了可用于城市各项建设的财政收入
	2000年国家"十五"计划	完善区域性中心城市功能，发挥大城市的辐射作用，促进了大城市规模扩张
人口	1981年《国务院关于严格控制农村劳动力进城做工和农业人口转为非农业人口的通知》	控制农业人口向非农、农村向城市的流转
	1984年《国务院关于农民进入集镇落户问题的通知》	允许农民自理口粮到集镇落户，促进了城市化
	1989年国务院严格控制农转非过快的增长	给非农化"降温"
	1998年《关于解决当前户口管理工作中几个突出问题的意见》	放宽了外来人口落户城镇的条件
绿地环境	1982年审查批准第一批国家级重点风景名胜区	开展了各风景名胜区的规划与建设，国家投放了大量的资金、人力和物力
	1984年《中华人民共和国森林法》	严格的森林保护制度
	1992年国家园林城市评选	规范了城市绿地环境的建设
	2002年《城市绿线管理办法》	进一步加强对绿地的保护、建设

表 7-3　南京城市规划对开放空间的影响

	涉及开放空间的规划内容	对开放空间的影响
城市总体规划 1981—2000 年	1. 市区内不再安排新建单位；疏散污染严重，威胁交通、安全的工业、仓储用地；酌情退让部分军事用地。 2. 改造老城区内居住用地，九个城门外新市区配套发展居住用地。 3. 结合江、河、湖、山、城、路网形成绿化系统；结合街坊改造合理分配绿化比例，提高普遍绿化；整理发掘名胜古迹和风景资源，提高风景旅游层次；市区内的山头可供绿化，应开放恢复为公共绿地。城墙与护城河间划为文物环境保护区，只能绿化，不能安排生产、生活建筑；沿城墙和河道两侧，每边应严格控制不得少于 15 m 为绿化用地；促使各机关院校大搞绿化，增加专用绿地总面积。 4. 高架快速道路，"经三纬八"主干道路网，主干道之间 2 km 间距间设次干道，形成主城区道路系统骨架，打通城北城南三个出口，与之配套	为老城内开放空间发展提供了空间； 居住用地向外扩展，生产、生态防护绿地减少，附属绿地增加，市政事业单位内附属绿地也鼓励发展； 生态绿地向公共绿地转化； 市民到访开放空间的交通可达性提高
城市总体规划 1991—2010 年	1. 居住用地从现有 33 m^2 增加到 39.5 m^2，占建设用地的 20%。 2. 主城区内一般不再新增工业用地，保留的工业以内涵发展为主，旧城（包括下关区）各级公共活动中心、历史文化保护地段内的工厂要加快搬迁或转变用地性质。 3. 主城内绿地规划由 20.05 km^2 扩大到 46.7 km^2，人均绿地面积由 12 m^2 提高到 22 m^2。绿地占主城区建设用地的比例由 14.8%提高到 24%左右，形成内外交融的绿化空间；依托主城内的 6 个环境风貌保护区，增加方便居民使用的公共绿地，将明城墙内的工业用地转化为绿地；主城公共绿地指标力争达到人均 14.3 m^2，围绕绕城公路、工业区、水源保护区等建设一批防护绿地。 4. 建立完善的南京历史文化名城保护体系，保护中华路、御道街、中山路三道历代都城遗存的中轴线，保留民国时期形成的中山北路、中山路、中山东路以及若干有代表性的环形广场。 5. 主城路网由快速通道、主干道、次干道和支路组成，形成"经五纬八"的主干道系统；建设地铁	鼓励增加居住区绿地； 进一步清理工业用地； 公共绿地倍增计划，工业用地转为公共绿地； 保护历史文化遗存，也直接保护了公共绿地、附属绿地； 进一步改善了交通，方便市民到访
2001 年批准的城市总体规划（1991—2010 年）调整	1. 针对主城区用地现状，提出大力增加绿化用地、公共设施用地和道路交通设施用地。为适应人口增长的需要，增加一定的居住用地；为保证一定的工业就业岗位，规划一定的无污染的都市型工业和高科技工业。 2. 重视主城的绿地建设，主要建设结构型绿地和便民型绿地，结构型主要是指以钟山、雨花台、幕府山风景区及滨江风光带 4 片为主体。增加便民型绿地，保证 80%的居民在十分钟以内能够到达一块公共绿地。 3. 增加城市的空间特色塑造。要保守和发扬山水城林一体的空间特色和著名古都的文化内涵，通过凸显山水，保护城林；构筑系统，强化标志，以显山露水为原则，增加自然和历史文化资源向城市的开敞度。 4. 以滨江、河绿带和道路轴线串联星罗棋布的景观资源，保护好水面，增加沿河绿地，塑造滨江、滨河、滨湖景观带；重视中央路—中山路—中华路南北中心轴线和中山东路—汉中路—汉中西路东西中心轴线，以及北京东路—北京西路自然生态轴线等道路沿线的景观带建设。 5. 以快速轨道交通为骨干、公共交通为主体、其他方式为补充，建立一体化的城市客运交通体系，明确了"井字加外环"格局。主干道网由"经五纬八"调整为"经六纬九"；重点增加次干道和支路网密度	继续强调增加绿地，完善绿地体系； 绿地更好地结合山、水、城等历史文化资源； 提高市民的利用水平，增加开放空间的"开放性""便捷性"，对通行的基础设施也在不断完善

7.2 南京主城区开放空间格局演变的驱动力分析

城市化的发展必然带来城市区域的外延扩张和城市内部用地结构的重组(Hasse & Lathrop,2003)。这种变化也必然带来城市空间格局的演变,自然开放空间也不例外。目前,国内外对土地利用/覆盖变化驱动因素的研究,主要着眼于自然生物因素、制度因素、技术因素和经济因素等方面(曹银贵等,2007)。土地利用变化驱动力的研究主要是利用大量的土地利用和社会经济统计数据,通过数学统计分析方法,探讨引起土地利用变化的相关主导因子,建立土地利用变化定性的概念模型与数学模型(Bicik et al,2001)。在短时间尺度内,社会经济条件的变化在土地利用变化中往往起着重要的作用(刘涛、曹广忠,2010)。本书即根据南京城市社会经济发展的数据,选用因子分析的方法,对开放空间格局演变的驱动力进行分析。

7.2.1 开放空间格局演变驱动机制的模型及解释

根据改革开放后南京市社会经济发展的实际及开放空间演变的特征,可以初步得到开放空间格局演变主要受城市规模的扩张、经济发展水平的提高、交通条件的改善、固定资产投资力度的加强、产业结构的调整以及市民需求力的增强等几个重要的驱动力的影响。本书遂提出以下假设:

H_1:城市规模扩张带动开放空间格局变化。改革开放以前,城市规模较小,城市仅仅局限于城墙内的老城区部分。随着人口规模不断扩大、建成区范围不断向外扩展,必然带来农业用地、山林水体等自然、半自然性外部空间的减少。非农业人口的持续增长是以不断占用城市建设用地为前提的,因此,随着经济发展,城市周边人口和大量外地流动人口的不断涌入,促使了对土地输出产品需求量的增加,加剧了城市的扩展(牟风云等,2007;刘盛和,2002)。城市扩展带来了山林水体等自然生态用地的减少和建设用地的增加。所选用的指标是:非农业人口 X_1 和建成区面积 X_2。

H_2:经济增长是城市变化的主要动力之一,城市用地实质上是一个综合性的经济问题(李丽等,2009)。当经济处于高速发展阶段时,实际收入水平和城市建设投资的增加会促使城市空间加速扩展,反之会导致城市空间扩展停滞。也就是说,城市空间扩展的速度所表现出来的周期性与经济发展速度的周期性相吻合。作为城市空间子空间的开放空间理应也受到经济发展水平、发展阶段的影响。所选用的指标是:国内生产总值 X_3、社会消费品零售总额 X_4、职工工资总额 X_5 和城乡居民储蓄年末余额 X_6。

H_3:开放空间格局在演变过程中,开发保护的状态、服务的便捷程度等特征,必定会受到交通条件的影响。轨道交通、快速交通线路可以节约时间成本,影响城市土地扩展的方向和速度,加速了城市用地郊区化发展的趋势。所选用的指标是:铺装道路面积 X_7、年末实有出租车数 X_8 和公共汽电车 X_9。

H_4:固定资产投资是开放空间格局演变的直接动力。国家预算内资金、国内贷款、外资、私人等资金形式的注入量,对城市建设会产生重要影响,城市工业、道路、公园等基础设施,都是最直接的体现。其中,房地产业发展也是经济发展的重要标志,是城市建设用地扩展的直接体现，房地产投资的增长会加速和影响城市建设用地的扩展。同时，固定资产的投入会对开放空间中的公共绿地、附属绿地、生态防护绿地、生产绿地等形式的格局变化产生重要的驱动作用。所选用的指标是：固定资产投资总额 X_{10}、房地产开发投资额 X_{11}。

H_5：产业结构的调整，是决定城市经济功能和城市性质的内在因素。产业结构调整和由此引起的人口由农业类型向工业及后工业类型的转化，是城市化进程的主要特征，也是城市物质形态演变的主要原因和促进城市发展的真正动力（王磊，2001）。美国地理学家诺瑟姆曾将城市的发展划分为三个阶段，分别与不同的产业结构特征相对应（表 7-4）。

表 7-4　产业结构与城市发展

阶段与结构特征		前工业化阶段	工业化阶段			后工业化阶段
			早期	成熟期	后期	
从业人数比例（%）	第一产业	＞80%	由 80%降为 50%	由 50%降为 20%	由 20%降为 10%	＜10%
	第二产业	＜20%	由 20%升为 40%	50%左右	由 50%降为 25%	＜25%
	第三产业	＜10%	由 10%升为 20%	由 20%升为 40%	由 40%升为 70%	＞70%
非农人口/总人口（%）		＜20%	由 20%升为 30%	由 30%升为 50%	由 50%升为 70%	＞70%

城市产业结构的持续升级不仅促进城市发展能力的增强，而且是现代城市化的重要推动力，产业结构的升级促进城市化模式、城市地域形态的有序变化（李诚固等，2004）。产业结构的改变会带来开放空间格局的变化。所选用的指标是：第二产业占 GDP 的比重 X_{12}、第三产业占 GDP 的比重 X_{13} 和工业生产总值 X_{14}。

H_6：开放空间的社会需求拉动开放空间格局的演变。伊利尔·沙里宁的《论城市》一书指出："城市的问题基本上是关心人的性质的，要把对人的关心放在首要的位置上，城市的改善和进步发展，应当从解决住宅及居住环境的问题入手，其目的是为人民创造安适的家园"（秦学，2006）。因此，城市管理者在不断满足市民生存、发展的各种需求时，其中就包括各种游憩设施、绿色基础设施，而市民的这种需求必然受到消费水平、受教育程度、外界传媒等影响的驱动。所选用的指标是：公共图书馆总藏量 X_{15}、科学事业支出 X_{16}、教育事业支出 X_{17}。

7.2.2　数据选取及处理

在相当长的历史时期内，单中心结构是主要的城市形态。但随着城市规模的扩大，单中心结构带来了人口和社会经济活动过分集聚、交通拥堵等一系列城市问题。在田园城市、卫星城、新城和有机疏散等理论的指导下，发达国家和地区的大城市纷纷在中心城区周围建设卫星城和新城，旨在形成多中心结构，疏解单中心结构带来的拥挤（孙斌栋等，2010）。冯章献等（2010）在研究开发区与"母城"的关系后认为，开发区会经历对母城依赖、互动、整合等几个阶段。可见，大都市周围的新城、副城或者开发区在中心城市（或母城）空间格局的变化中，相互之间存在着不可分割的作用与联系，而开放空间格局变化的机制动因，最好也应与城市扩展的进程相联系，这样才能比较全面地厘清其中的深层机制。故而本书在数据选取时，充分考虑这一动态变化，利用城市发展的数据，来解析南京主城区开放空间格局的演变机制。

为此，在以上 6 个假设的前提下，本着科学性、可比性和可获取性的原则，选取南京市区 1984—2007 年 23 年的系列数据，采用因子分子法提取影响主因子，揭示开放空间格局演变过程中的主要驱动力。因子分析是利用少数几个因子来描述许多指标或因素之间的联系，以较少几个因子反映原资料大部分信息的统计学方法（余建英、何旭宏，2004）。该分析方法可以在相关性分析的基础上，将相关性较高的指标，合并为相互独立的公因子，从而达到数据缩减、降维，并保留原来数据信息的目的，尤其适用于大量指标的评价。根据统计学原理，在各个因子变量不相关的情况下，因子载荷 F_i 是第 i 个因子变量的相关系数，即 F 在第 i 个公共因子变量上的相对重要性。因子载荷绝对值越大，则公因子和原有变量的关系越强（余晓霞、米文宝，2008）。

由于研究区域与行政区划存在一定差异，对城市统计数据按当年研究区域（主城区）人口数量与城市人口规模比例进行折算。其中，对部分区域在主城区范围之外的市辖区，则将当年人口规模按土地面积进行折算，从而得到各年份的相应主城区的社会经济数据，对于 2001 年划区的江宁和 2002 年划区的六合、浦口，则根据各区统计数据直接做出相应的数据核减。

因子分析的计算步骤如下（徐建华，2002）：

① 建立指标体系的原始数据矩阵 $\boldsymbol{Z}$；

② 原始数据标准化，用 Zscore 函数进行标准化，得标准化数据矩阵 $\boldsymbol{X}$；

③ 由标准化数据计算相关矩阵（$\boldsymbol{R}$）；

④ 解特征方程 $|\boldsymbol{R}-\lambda\boldsymbol{E}|=0$，计算相关矩阵 $\boldsymbol{R}$ 的特征值 λ_j；若 $\lambda_1 \geqslant \lambda_2 \geqslant \cdots \geqslant \lambda_n \geqslant 0$，则根据因子方差累积贡献率确定因子数 P；

⑤ 计算特征向量和初始因子载荷 $\boldsymbol{A}$（主因子解）；

⑥ 对初始因子载荷进行因子旋转，求旋转后的主因子解 $\boldsymbol{B}$；

⑦ 计算因子得分：$\boldsymbol{Y}=\boldsymbol{B}'\boldsymbol{R}^{-1}\boldsymbol{X}$；

⑧ 计算主因子权重：$W_k = \lambda_k / \sum_{j=1}^{P} \lambda_j$。

7.2.3 结果分析

本书利用 SPSS 17.0 软件进行分析，首先对原始指标变量进行标准差标准化处理，然后进行 KMO 抽样适度检验和 Bartlett 圆形检验。检验结果显示：前者的检验值是 0.712 3，检验通过（一般认为检验值大于 0.5 就可以使用因子分析法）；后者的检验值为 1 733.256，伴随概率远小于 0.005，达到可以进行因子分析的显著性要求。

因子特征值大于 1.000 的共有 3 个公因子，其方差贡献率分别为 67.856%、15.230%、8.035%，其方差累计贡献率已达 91.121%，即反映了原有信息的 91.121%（表 7-5）。这 3 个公因子可作为评价南京主城区开放空间格局演变驱动力的综合变量。公因子与原有变量指标之间的相关程度由因子载荷值表征，因子载荷值越高，表明该因子包含该指标的信息量越多。

表 7-5　公因子累计贡献率

因子序号	特征值	贡献率/%	累计贡献率/%
1	11.535	67.856	67.856
2	2.589	15.230	83.086
3	1.366	8.035	91.121
4	0.692	4.071	95.192
5	0.448	2.632	97.824
6	0.167	0.982	98.806
7	0.110	0.647	99.453
8	0.062	0.367	99.820
9	0.024	0.140	99.960
10	0.007	0.040	100.000
…	…	…	…

表 7-6　公因子载荷矩阵

指标	公因子 F_1	公因子 F_2	公因子 F_3
非农业人口 X_1	0.995	0.623	0.044
建成区面积 X_2	0.973	0.647	0.164
国内生产总值 X_3	0.249	0.098	0.658
社会消费品零售总额 X_4	0.976	0.782	−0.190
职工工资总额 X_5	0.996	0.677	−0.075
城乡居民储蓄年末余额 X_6	0.994	0.664	−0.059
铺装道路面积 X_7	0.926	0.619	−0.157
年末实有出租车数 X_8	0.742	0.973	−0.220
公共汽电车 X_9	0.533	0.981	−0.196
固定资产投资总额 X_{10}	0.837	0.628	0.308
房地产开发投资额 X_{11}	0.974	0.757	−0.030
第二产业占 GDP 的比重 X_{12}	−0.259	−0.315	0.907
第三产业占 GDP 的比重 X_{13}	0.027	0.276	−0.955
工业生产总值 X_{14}	0.980	0.755	−0.055
公共图书馆总藏量 X_{15}	0.965	0.656	−0.003
科学事业支出 X_{16}	0.699	0.956	−0.209
教育事业支出 X_{17}	0.726	0.844	−0.020

从公因子分析的载荷矩阵(表 7-6)来看:公因子 1 主要由非农业人口数 X_1、建成区面积 X_2、社会消费品零售总额 X_4、职工工资总额 X_5、城乡居民储蓄年末余额 X_6、铺装道路面积 X_7、固定资产投资总额 X_{10}、房地产开发投资额 X_{11}、工业生产总值 X_{14}、公共图书馆总藏量 X_{15} 决定,反映的是城市扩张力、经济发展水平、固定资产投资以及工业化程度。该公因子对开放空间格局的演变具有很强的决定意义。

公因子 2 主要由年末实有出租车数 X_8、公共汽电车 X_9、科学事业支出 X_{16}、教育事业

支出 X_{17} 决定，所反映的是交通引导、产业结构调整以及市民需求变化方面的信息。

公因子 3 则在国内生产总值 X_3 和第二产业占 GDP 的比重 X_{12} 上占有较高优势，反映了经济总量和第二产业的发展对开放空间格局演变方面的作用效果。

(1) 城市扩张力

1949—2003 年，南京城市规模扩展了 10.15 倍，城市扩展表现为 3 个阶段：1949—1976 年为第一阶段，城市扩展表现为低强度的准圈层式外延；1976—1988 年为第二阶段，城市扩展强度有所提高，圈层外延与跳跃式发展并存；1988—2003 年为第三阶段，扩展强度达到 18.79%，跳跃式发展和连接式发展表现突出(李飞雪等，2005)。

本书对遥感影像进行图像处理和几何纠正后，通过人机交互目视解译方法，对南京城市集中连片区域进行屏幕勾画，获取不同时期建成区的空间信息和属性信息(图 7-6)。

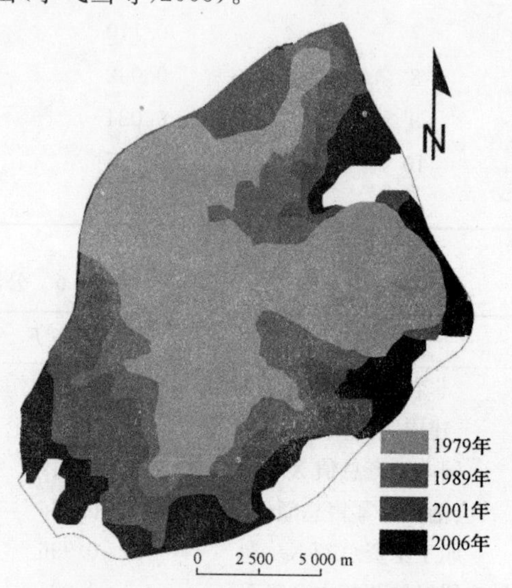

图 7-6 建设用地的扩展情况

主城区四个时段建成区的面积分别为 106.10 km^2、137.56 km^2、188.37 km^2、225.26 km^2，三个时段的年均扩展量分别为 3.15 km^2、4.23 km^2、7.38 km^2。这一扩展规律与城市规划的相关统计及对南京城市扩展的相关研究一致。

利用 1979—2006 年主城区在各街道单元空间的扩展数据与开放空间各类型的演变数据，进行双变量的空间自相关分析，该分析方法揭示了两个变量在空间上的关联程度(图 7-7)。同样利用 Geoda 软件对相关数据进行分析。

Moran'*I* 的全局自相关指数表现出明显的相关关系，公共绿地、附属绿地和广场的高值区、低值区与城市空间扩展的格局相同，指数值分别为 0.283 1、0.295 8 和 0.094 4，街道主要分布在第一、三象限，第一象限多为城市边缘区的街道，如迈皋桥、燕子矶、江东、沙洲、南湖等，而在第三象限的街道多分布于城市中心的老城区，公共绿地和附属绿地尤为突出，城市扩张对两类开放空间的影响十分显著。同时，从第二象限的街道数量较多、第四象限的街道数量很少也可看出，部分高速扩展区域的公共绿地、附属绿地等基础设施跟进力度较低，开放空间的分布较少，广场的情况则相对好一些。

城市的扩张则给生态防护绿地、生产绿地和水域带来了十分显著的减少趋势，Moran'*I* 指数分别为−0.284 1、−0.326 7、−0.323 2。绝大部分的街道主要在第一、二、四象限，也就是说，城市扩展速度高的街道几种开放空间减少量大，而城市扩展相对稳定的街道，不管三类开放空间分布的多或少也都相对稳定；第三象限几无街道分布表明，主城区内低速扩展区少有三类开放空间分布。

可见，城市扩展对 6 类开放空间带来了显著的影响，是公共绿地、附属绿地、广场面积增加和生产绿地、水域、生态防护绿地减少的直接推动力量。

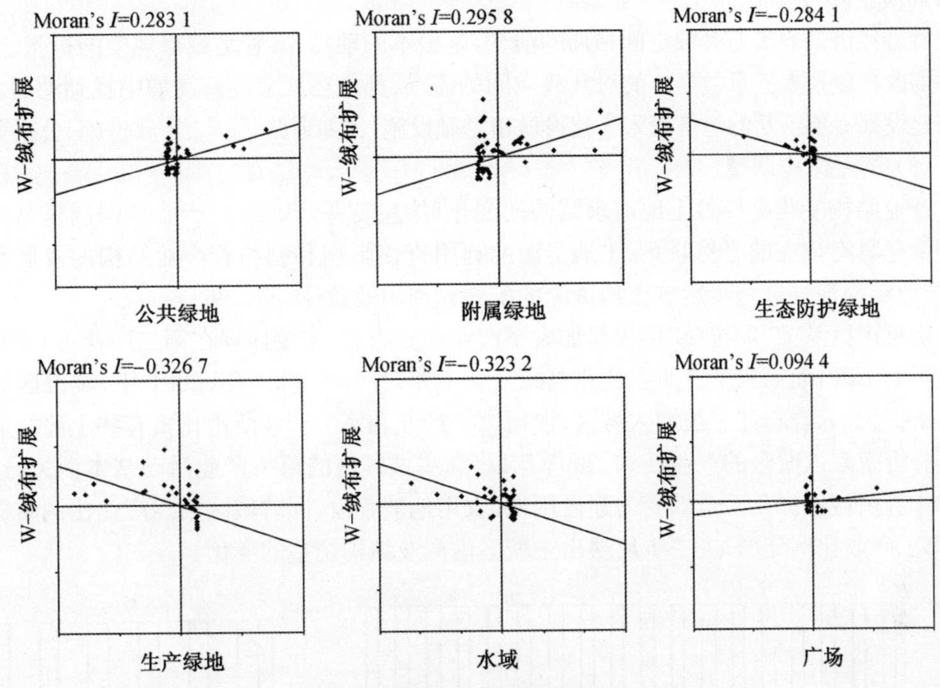

图 7－7　建设用地的扩展与开放空间的空间自相关分析

(2) 经济发展、社会投入加大的推动

开放空间整体在减少，6 种类型可划分为增长和减少两部分，公共绿地是开放空间中城市经济发展、经济投入最直接的部分，公共绿地中的公园、风景名胜区等的建设与维护，便直接得益于经济的支撑。

利用南京市区 1984—2006 年的公共绿地面积，分别与城市建设的固定资产投资额和城市 GDP 收入进行回归分析，结果都表现出了极其显著的相关关系，其中直线相关回归模型的解释度最为理想，相关系数分别达到 0.968 2 和 0.950 5，回归方程为：$y=0.283\,1x-322.91$ 和 $y=0.528\,9x-384.36$(图 7－8)。

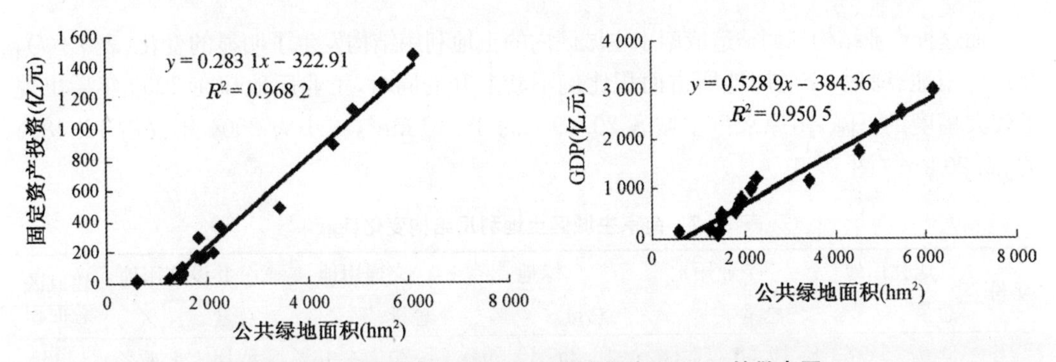

图 7－8　公共绿地面积与固定资产投资和 GDP 的散点图

经济发展使城市吸引力增加，集聚效应显著，城市规模扩大，同时社会对城市基础设施、福利的投入也会递增，这都会促使开放空间景观格局的变化，说明经济发展是开放空间格局演变的重要推动力。

社会经济的发展对开放空间格局的演变，是根本的动力，不管是城市规模的扩张、交通条件的改善以及人们日益增长的对开放空间的需求，都能在社会经济发展中找到动因。而城市建设则需要不断的经济投入来建设城市基础设施，比如道路、住宅、市政设施、公园等。

（3）产业结构调整

产业结构变化会导致土地需求结构的变化（毕宝德等，2005）。产业结构调整与土地利用变化具有内在的必然联系：土地资源的利用直接影响和制约着产业结构的发展和演进；产业结构演进进一步影响土地资源的配置和利用效益（顾湘，2007）。

南京市区从20世纪90年代起加大了产业调整力度，主要体现在第二产业占GDP的比重不断下降，而第三产业所占比重持续上升（图7-9）。2000年、2001年，城市区域范围有所扩大，六合与江宁被纳入城区，使得第一产业和第二产业所占比重有些上涨。但进一步分析南京六城区的产业结构，2003年以后，主城区内的第一产业活动基本消失，这也就意味着主城区内几乎全部变为建设用地，农用地被吞没，同时城区第二产业比例明显下降，第三产业比例陡增，进一步反映出主城区内产业结构调整的变化。

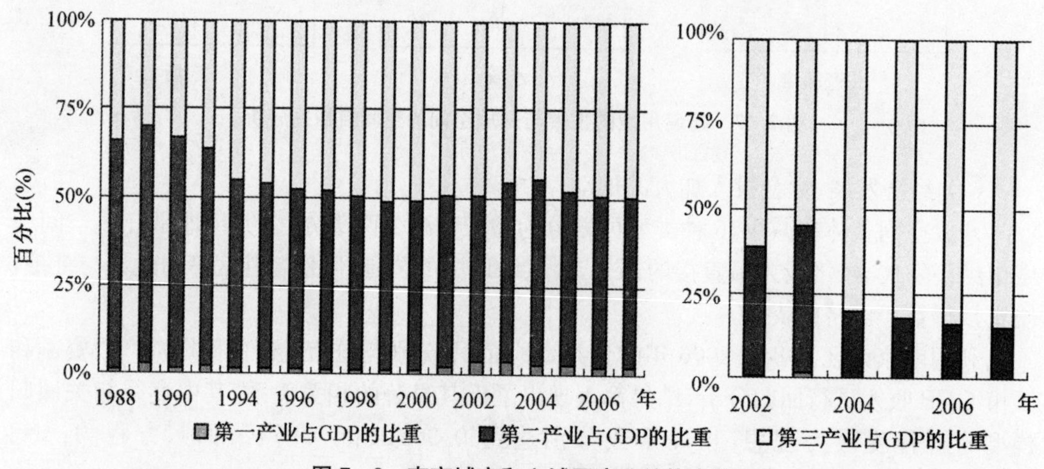

图7-9　南京城市和六城区产业结构变化

而这种产业结构的调整造成南京主城区内的土地利用结构发生了明显的变化（表7-7），在居住用地、绿地、交通用地所占面积比例不断上升的同时，工业用地却在2000年后出现了较大幅度的下降，由原来占主城区20.09%的38.18 km²，减小为2004年仅占12.48%的25.20 km²（图7-10）。

表7-7　南京主城区土地利用结构变化（km²）

年份	居住用地		工业用地		绿地		交通用地		公共设施用地		建成区总面积
	总量	%	总量	%	总量	%	总量	%	总量	%	
1979	20.67	17.82%	19.58	16.88%	12.25	10.56%	5.20	4.48%	5.18	4.47%	116
1989	33.10	23.81%	33.04	23.77%	20.50	14.75%	7.40	5.32%	19.40	13.96%	139
2001	46.90	24.68%	38.18	20.09%	26.60	14.00%	24.10	12.68%	25.10	13.21%	190
2004	49.80	24.65%	25.20	12.48%	36.70	18.17%	26.70	13.22%	34.10	16.88%	202

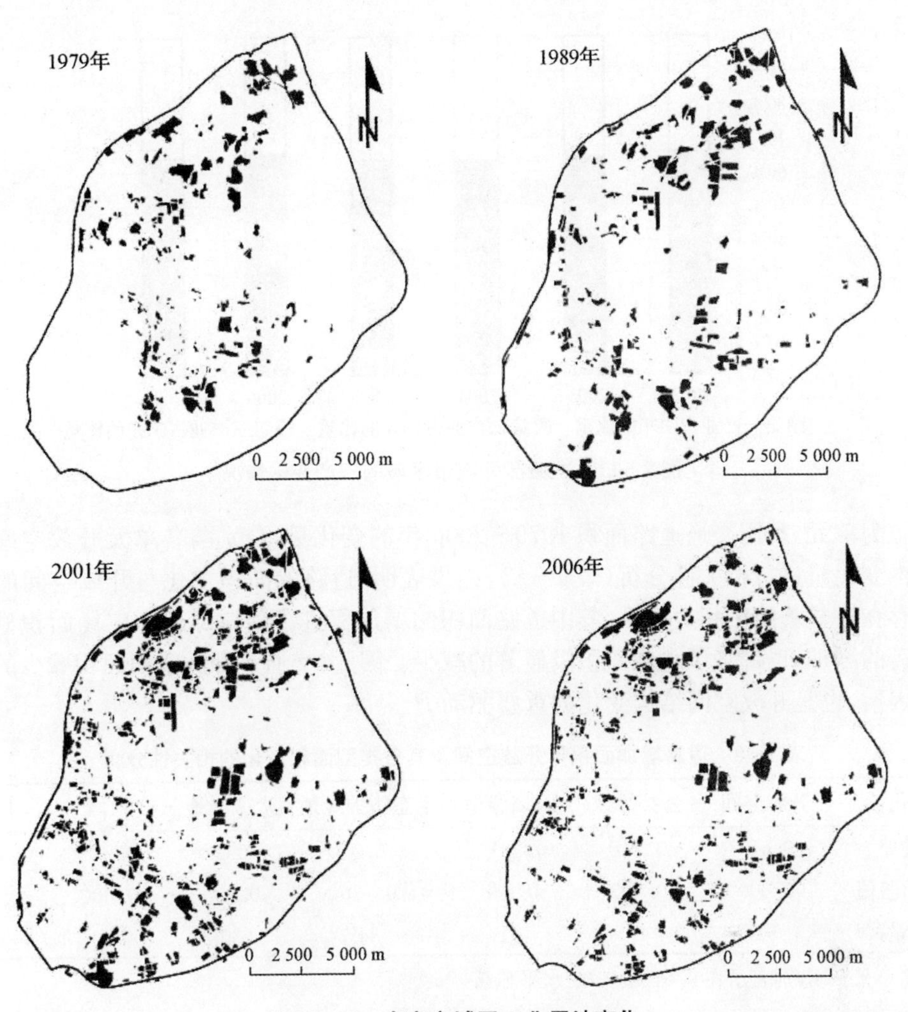

图 7-10 南京主城区工业用地变化

2000—2007 年，大量工业项目、用地搬迁到主城区外，中心城区则被高附加值产业代替，原用地改造为三产或住宅，使得城区的商务功能不断增强，在城市内部空间结构上，第三产业向中心区集聚，用地量不断增加。最突出的表现是主城区周边的浦口、六合、栖霞、江宁等区的工业生产总值占 GDP 的比重大幅度增加，由 2002 年的 52.47%上升到 58.21%的水平(图 7-11)。而在这一过程中，转移出主城区的工业用地被绿地、公共设施、居住、商业设施等用地类型替代。

(4) 交通引导作用

交通是城市的基本骨架，是城市空间扩展的主要内在适应性因素(何春阳等，2002)。我国城市除了表现出粗放的、外延扩展为主的空间扩展之外，更为重要的是城市空间扩展体现出强烈的道路设施为先导的特点(马强、徐循初，2009)，而且道路等级、道路密度等道路格局对城市土地利用也会产生不同的影响(汪自书等，2008)。

南京主城区的交通用地也表现出不断增加的趋势，不仅如此，城区快速通道的骨架也在日益完善，从“经三纬八”到“经五纬八”再到“井字加外环”，通行质量大为改观(图 7-12)。

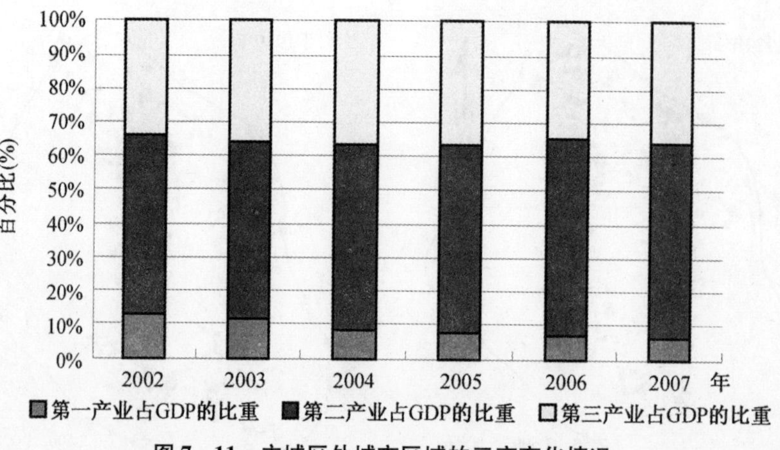

图 7-11　主城区外城市区域的三产变化情况

以街道为单元，利用交通道路面积 1979—2006 年的变化量，分别与各单元开放空间及各类型的变化量进行相关性分析(表 7-8)，结果表明，道路的面积变化与开放空间的面积变化存在极显著的负相关关系，其中道路面积的增加促进了附属绿地和广场面积显著或极显著的增加，也带来了水域面积极显著的减少。因此，交通是开放空间面积减少的重要影响因素，也是开放空间结构变化的重要驱动力。

表 7-8　道路增加面积与开放空间及其各类型面积变化的相关性分析

变化量	开放空间	公共绿地	附属绿地	生态防护绿地	生产绿地	水域	广场
道路	−0.611**	0.248	0.291*	−0.060	−0.224	−0.888**	0.584**
P 检验值	0.000	0.093	0.038	0.736	0.235	0.000	0.004
样本量(*N*)	51	47	51	34	30	48	22

注：**、* 分别表示在 0.01 和 0.05 水平显著

这种交通通行程度的改善，提高了开放空间的服务便利程度，增强了可达性。在这个过程中，道路用地大量占用了水域和自然生态用地、农用地，同时，随着 1979—1989 年老城区外交通设施不断地延伸，城市开发也不断增强，比如河西地区的开发便是通过低价出让土地，由开发商来承担道路等基础设施投入，鼓励、引导开发，最终使得该区域内的农用地、水域逐渐变为工业用地、居住用地，随后公共设施、公园绿地、商业设施配套、完善，最终发展成为功能日臻完善的新城区。老城区与外部交通便捷程度的提高，促进了老城区人口、工业等的疏散，节约了紧缺的土地资源，为老城区内“见缝插绿”的小型游憩广场、街头绿地的建设提供了空间，这些都充分发挥了道路的引导作用，带来了开放空间结构、规模、功能的变化。同时，道路面积、级别以及公共交通工具数量的大幅增加等一系列交通条件的改善措施，也是开放空间在整体规模减小而服务功能在不断提升的关键。

此外，交通网络的发展通常对城市扩展具有指向性，交通主干道周围通常是城市扩展的热点区域。2001 年长江二桥通车与 2003 年长江三桥开工建设为进一步连通长江南北、带动北岸城市发展提供支撑。2001 年地铁一号线开工建设，增强了远郊的空间可达性，带来沿线房地产的开发热潮，居住用地在郊区出现沿地铁线路扩展的趋势。市

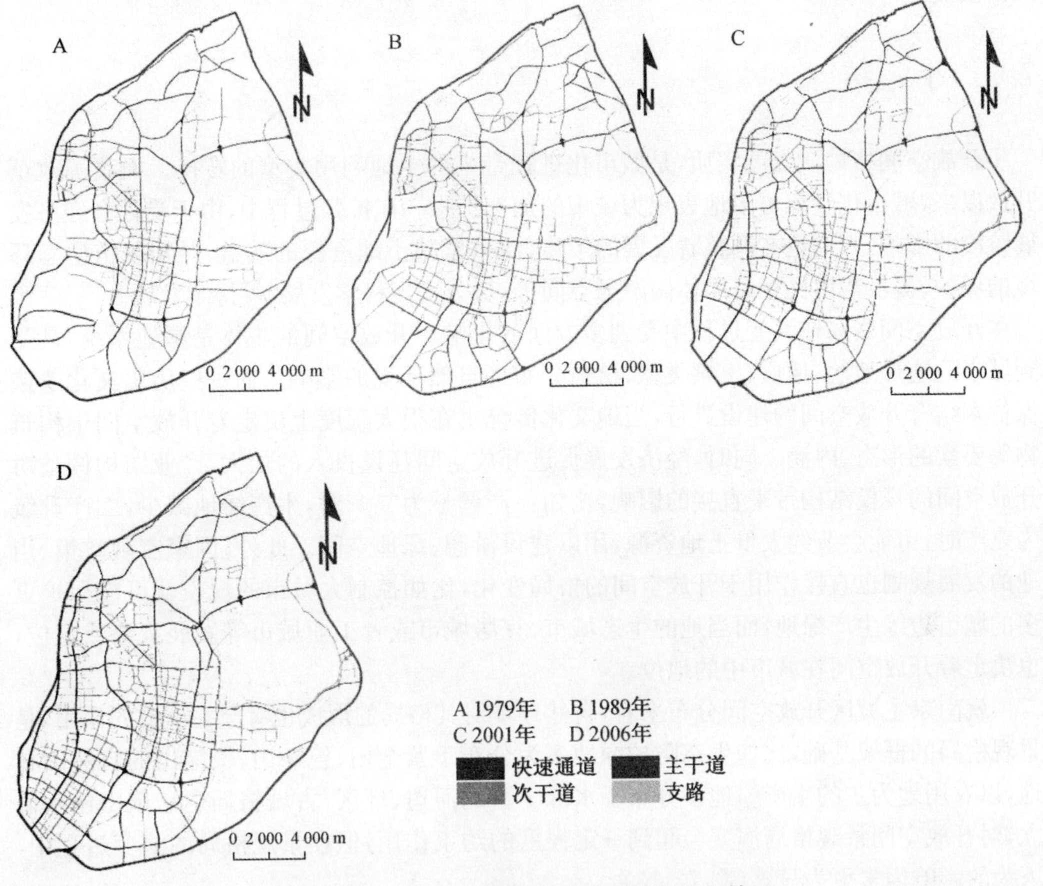

图 7-12　主城区道路系统等级规模的变化情况

域内，有沪宁、宁合、宁杭等多条高速公路过境，有数十条国道和省道连接我国其他区域。市域四通八达的交通体系促进了沿线土地开发，连通了主城区与新区，扩大了城市范围。

(5) 生活需求力

在经济发展的同时，市民生活条件不断改善，休闲时间不断增加。新中国成立以后，我国实行每周一日的周日休假制，1994 年进行了改革，在原来每周休息一个星期天的基础上，每两周再休息一个星期六，这样就形成所谓的“小礼拜”和“大礼拜”，1995 年起“双休日”制度正式确立下来，同时又有近些年的“五一”“十一”及传统节假日的小假期，居民的休闲、休息时间不断增加，除去室内活动外，居民对开放空间中的公园绿地及近郊乡村农田景观等生产性用地的需求也与日俱增，这必然需要更多的配套基础设施来维系城市的正常运转。

人们通过书报、网络、高等教育等方式接受了更多健康、科学的生活方式，对工作、居住、休闲环境的要求也更加人性化、生态化，需要更良好的生态环境，以更加临近、接触自然山水。同时，交通等基础设施不断完善，公交、地铁、出租车以及私家车数量直线上升，为需求的满足创造了条件。人们对开放空间更多、更高品质的需求也推动了开放空间格局的演变。

7.3 小 结

开放空间格局演变的实质，是城市化进程带来的土地利用类型的转换。而我国改革开放以来，城市化过程更多地表现为城市的加速扩张。在扩张过程中，由于受社会经济发展阶段的影响，人们也在调整着发展的策略，注重紧缺土地资源的效益、关切城市生态环境的保护、提供给市民充足的休闲游憩空间等，努力实现科学发展、可持续发展。

开放空间格局在演变过程中受到多方面的影响。开放空间的主体是绿地系统，其受到城市的地形地貌、地质、土壤类型、植被分布等自然环境的影响。而一些历史文化遗迹保护多结合开放空间的建设进行，当地文化传统也在很大程度上决定着开放空间中构筑物等要素的形态、内涵。同时，经济发展促进开放空间建设投入的加大，产业结构调整对开放空间的规模结构带来直接的影响，比如一产调整为二产时，生产绿地减少，二产升级为三产时，可能会节约大量土地资源，用以建设游憩、绿地空间。此外，国家宏观政策、当地的发展规划也直接作用于开放空间的格局变化，比如控制大城市的规模就可能保护更多的城市边缘生产绿地，而当地的生态城市、宜居城市或者工业城市等发展策略或定位，也决定着开放空间在城市中的地位。

就南京主城区开放空间分布来看，自然环境对其格局的形成也有至关重要的作用，是景观格局的框架基础，比如生态防护绿地多为分布于紫金山、笆斗山、聚宝山的自然山林地，以农用地为主的生产绿地多分布于水源丰富的河边、圩区，古城格局也是依山傍水而立，对开放空间景观格局演变会起到一定程度的约束作用，但在景观格局的演变过程中，人为的影响因素更为显著(图 7-13)。

对影响开放空间的诸多社会要素进行因子分析的结果表明，城市扩张力是开放空间格局演变的直接推动力，经济发展、固定资产投资增加是原始动力，产业结构调整是开放空间格局演变的提升力，交通、道路建设是重要的引导力，而社会需求也是开放空间格局演变的重要拉动力量。

一系列的影响因素和驱动力量促使了南京主城区生产绿地、水域、生态防护绿地、公共绿地、附属绿地、广场等开放空间类型内部，及其与城市内部的工业用地、公共设施用地、居住用地等其他用地类型之间完成了转变，最终形成了现状格局，并决定着未来的发展。

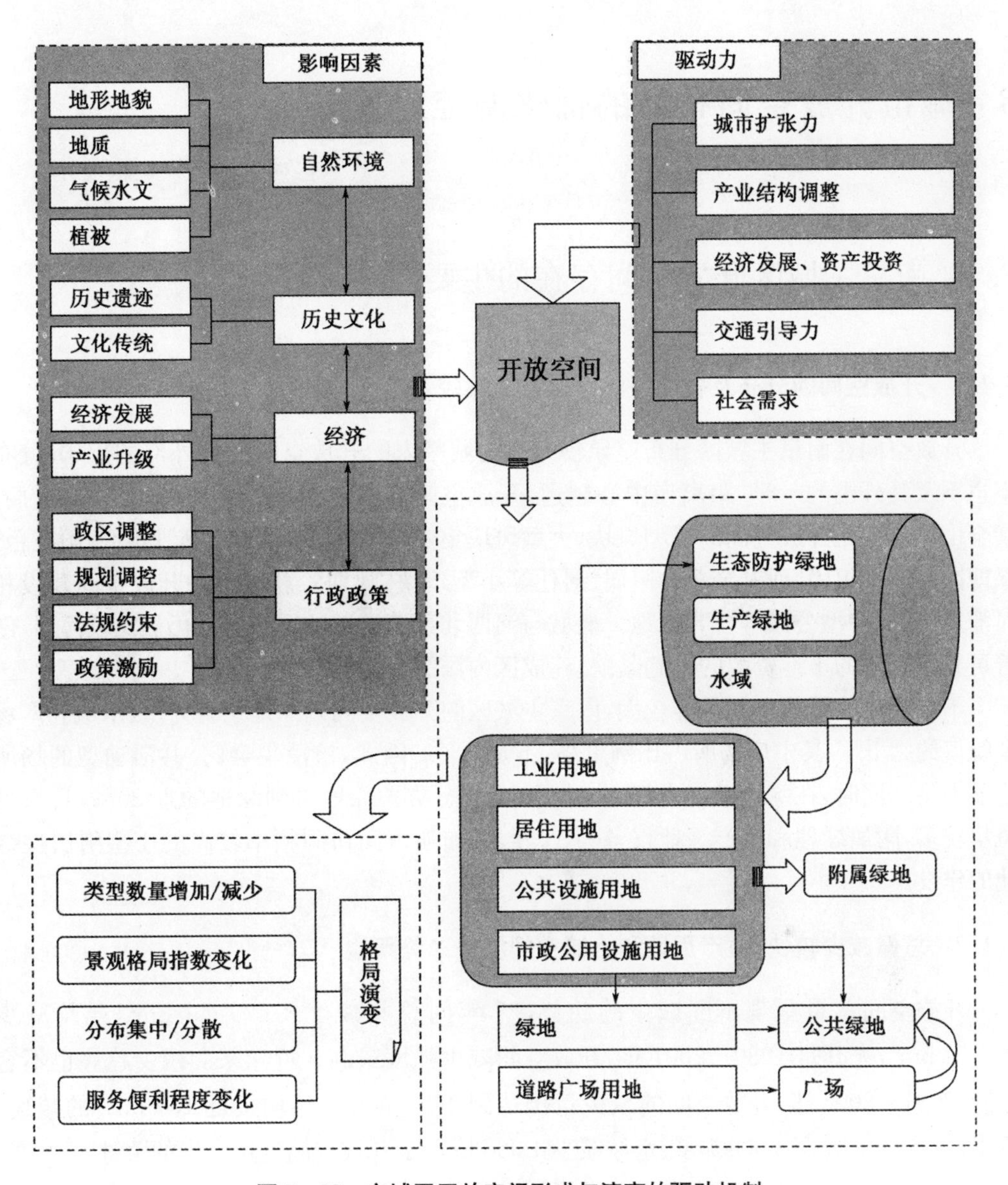

图 7－13　主城区开放空间形成与演变的驱动机制

8　城市开放空间布局的优化调控对策

8.1　南京主城区开放空间存在的主要问题

8.1.1　开放空间的分布及各类型的比例均衡性较差

开放空间在南京主城区分布差异较大。老城区内的开放空间不足外部的1/10，分布率也不及其外围的一半，距离市中心越远，开放空间分布越多，呈现出“漏斗状”的格局。紫金山风景区是开放空间的巨型斑块，大型斑块集中分布在玄武湖、幕燕风景区、雨花台、绿博园等四个组团，而其余多为附属、居住等小型斑块；河西等新城区的开放空间建设相对滞后，缺少中型公园等公共绿地。老城与河西北部等地区的绿化基础仍然比较薄弱，随着可直接利用的土地资源的日趋紧缺，建成区内添绿难度趋大。

不同类型的开放空间差异较大，南京主城区的开放空间以绿地系统为主，水域和广场系统仅约为5%，其中广场所占比例更小，不足1%。因此，市民集会、公共活动型的场所略显不足。同时，在绿地系统内部，公共绿地、生态防护绿地占到绿地的近80%，且大型斑块较多，附属绿地和生产绿地仅各为10%，应加强市民访问频率较高的小型附属性绿地的建设。

8.1.2　总量减少较快，生产用地和水域空间流失形势严峻

开放空间总量呈现不断减少的趋势，27年间总共减少3 470.49 hm^2，年均减少128.54 hm^2，尤其是1989—2001年，开放空间减少强度最高。近年来的减少趋势也不容乐观，2001—2006年，开放空间的减少量仍达到479 hm^2，有年均接近100 hm^2的减速。其中，生产用地减少3 000 hm^2、水域减少1 000 hm^2是开放空间迅速流失的关键。

改革开放以来，南京城市建设获得了较大的发展，在城市发展过程中，建设用地占用大量农林等生产绿地和山体、水域等自然生态用地，最为突出的便是河西新区的开发、东北部栖霞区工业园区的建设。尽管在此过程中，部分农业生产用地和水体等自然生态环境转变为公园等公共绿地和附属绿地，但总量仍呈现出较大的减幅，景观指数分析的结果也表明，开放空间的分散化、破碎化加剧，影响了开放空间生态功能的发挥。同时，前文机制分析中也表明，居住用地和道路交通用地的增加侵占了大量的开放空间，并且随着城市建设力度的加大，主城区内生产性农业用地很有可能进一步减少并消失，给开放空间及类型完整性的保护带来很大的压力。因此，抑制城市的过度扩张和规范土地保护制度是保护开放空间的关键，城市建设应加强土地的集约、节约利用，提高建设用地的产出效益，保证充足的自然生态用地，创造良好、健康的城市环境和城市形象。

8.1.3 服务便利性差异较大

受到开放空间分布、人口分布及交通便利性区域差异的因素影响，开放空间的服务便利性存在较大差异。玄武湖、雨花新村等街道的开放空间可达性最好，交通方式的变化对时间成本影响不大，普遍在 1 min 内，而莫愁、南苑、南湖、淮海路 4 个街道的可达性最差，平均用时约 3 min，亟待改善。

对各个街道开放空间的面积与人口数量进行相关性分析，结果表明，两者存在极显著的负相关关系，也就是说，开放空间在人口密度高的区域分布较少，而开放空间密集分布区的人口密度较低，这种倒置的分布关系，给开放空间服务便捷程度的提高带来较大阻碍(表 8－1)。

表 8－1 各街道开放空间面积与人口密度的相关性分析

	开放空间面积	
人口密度	－0.584**	泊松分布 Pearson Correlation
	0.000	显著水平 Sig. (2-tailed)
	51	样本数量 N

注：** 表示在 0.01 水平极显著

8.1.4 市民选择居住地时对开放空间的重视程度较低

虽然距离较近的附属绿地、公共绿地等开放空间也在一定程度上左右着部分市民的居住区位，但就南京主城区而言，开放空间的价值相对于生活基础设施和交通环境，仍不是市民选择居住区位的关键因素，城市的基本生活设施制约着城市居住用地的出让价格，居民更看重教育、医疗、商业中心等环境，这与国外看重居住环境的选择存在较大差异。

8.1.5 开放空间体系建设有待加强

从景观生态学角度，城区与城郊绿地尚未形成有机整体，城区各绿地斑块之间缺乏有机联系，南京原生地带性植被分布缺乏，湿地面积减小，湿地系统功能退化，生物多样性受到威胁。绿地建设未能充分地体现南京"山、水、城、林"的滨江城市特色，尤其是滨江岸线绿化和滨河绿化相对不足。滨江岸线因港口和工业用地比例较高，沿岸缺乏足够的生态绿地和绿色生活岸线。

8.2 基于 Voronoi 算法的开放空间布局优化

由前文分析得知，南京主城区的开放空间在布局上存在一定的问题，部分区域人口密度极高，但开放空间分布较少甚至是严重不足，而有的区域分布较多的开放空间，但由于交通等因素的限制，也难以被有效利用。同时，当前针对公共基础服务设施的布局优化研究，一直是城市规划、城市地理学者关注的热点。因此，对具有重要的生态环境、景观美学、休闲游憩等功能的南京主城区开放空间，提出进一步布局优化的方案。

开放空间过少、人口密度过高、交通不便等因素，制约着城市生态环境的改善，降低了市民的休闲游憩的便捷程度，在一定程度上还严重压缩了市民防震减灾的应急避难空间。为此，开放空间的布局还应遵循以人为本、布局合理、使用便利、兼顾效益等原则，具体而言：

第一，以人为本，合理布局

南京主城区在确保外围生产用地、生态防护绿地以及大型公共绿地等硬性指标外，尽量做到方便、满足居民生活、休憩需要，在人口聚集地按照人均公园绿地面积为底限，合理布置开放空间。在开放空间可达性分析的基础上，找出开放空间的服务盲区。由于人口空间分布的不均衡性，还需要结合服务范围内的人口密度考虑需求性的大小。

第二，追求公平，兼顾效益，确保安全

我国城市建设用地非常紧张，人均土地资源稀缺，而城市开放空间占地面积广阔，建设过程中会涉及复杂的社会问题。公平而非平均化，城市开放空间在布局优化时，应该使各级公园的数量在尽可能少的情况下保证利用效率最大化。配置数量上要达到服务覆盖率最大化，配置的效益上要达到服务重叠率最小化。而在中心商务区这种地价高昂区域，在尽量提高土地集约、节约利用水平的同时，应尽量充实小型开放空间，疏散过度密集人口，保证公平、效益，务必给足防震减灾的安全空间。

第三，生态规划原则

人口密集、空气污染、生物群落单一致使城市生态环境较为脆弱，因此在开放空间优化时，应努力促进城市整体生态平衡，保证能量、物质的流通，达到改善城市生态环境的目的。增加生态廊道建设，丰富绿指、绿楔的数量规模，形成功能稳定的绿色网络，打造生态宜居城市。

目前，关于公共服务设施区位优化配置的研究主要有三类：第一类是基于经济地理学的区位分析模型；第二类是基于运筹学规划技术的区位模型；第三类是应用 GIS 分析技术对公共服务设施空间布局的研究，这类研究主要集中在运用 Voronoi 多边形一次性生成优化后的新建公共服务设施(武文杰等，2010)。

8.2.1 Voronoi 方法的引入

(1) 正常 Voronoi 分析

设平面上的一个控制点集 $P=\{P_1, P_2, \cdots, P_n\}$，$3\leqslant n<\infty$，则任意点的 Voronoi 图定义为：

$$V(p_i)=\{x\in V(p_i)\mid d(x,p_i)\leqslant d(x,p_j), j=1,2,\cdots,n; j\neq i\} \tag{1}$$

式中：$d(p_i, p_j)$表示点 p_i 与 p_j 间的欧氏距离，$p_i\neq p_j$，$i\neq j$，i、$j\in\{1,2,\cdots,n\}$；x 为平面上任意点。区域 $V(p_i)$称为顶点 p_i 的 V 多边形，各点的 V 多边形共同组成 Voronoi 图。平面上的 Voronoi 图可以看做是点集 P 中的每个点作为生长核，以相同的速度向外扩张，直到彼此相遇为止形成的图形(图 8－1a)。除最外层的点形成开放的区域外，其余每个点都形成了一个凸多边形(胡鹏等，2002)。

在 Voronoi 图中，每一个生成 Voronoi 图的空间顶点都唯一地对应一个 V 多边形。相对于其他顶点来说，所有落在其 V 多边形内的任意一点与该顶点的距离最小。每个 V 多边形在一定程度上反映了其空间影响范围，若某个空间顶点被删除的话，则其相应的影响范围也会随之消失(葛少云等，2007)。

(2) 加权 Voronoi 图

加权 Voronoi 图是常规 Voronoi 图的一种较常用的扩展形式。根据常规 Voronoi 图的定义,可得到加权 Voronoi 图的定义如下:设 $P=\{P_1,P_2,\cdots,P_n\}$,$3\leqslant n<\infty$ 为二维欧氏空间上的一个控制点集,$\lambda_i(i=1,2,\cdots,n)$ 是给定的 n 个正实数,则

$$V_n(p_i,\lambda_i)=\left\{x\in V_n(p_i,\lambda_i) \mid \frac{d(x_i,p_i)}{\lambda_i}\leqslant\frac{d(x_j,p_j)}{\lambda_j},j=1,2,\cdots,n;j\neq i\right\} \tag{2}$$

将平面分成 n 部分,由 $Vn(p_i,\lambda_i)(i=1,2,\cdots,n)$ 确定的对平面的分割称为点上加权的 Voronoi 图,称 λ_i 为 p_i 的权重(图 8-1b,图中各点附近的数字表示该点的权重)。

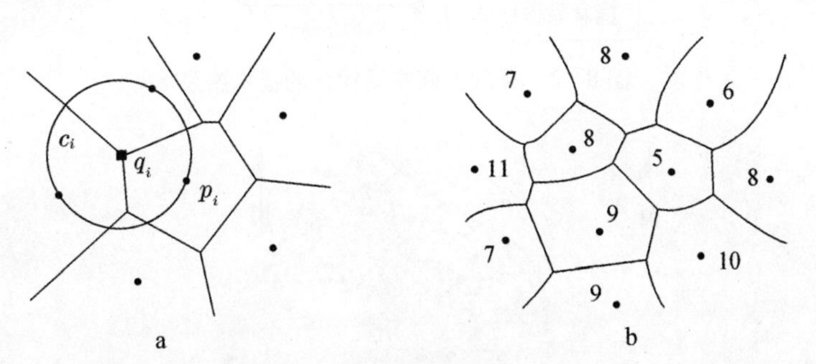

图 8-1　正常和加权 Voronoi 图

当 $\lambda_1=\lambda_2=\cdots=\lambda_n$ 时,式(2)等价于式(1),即常规 Voronoi 图是加权的 Voronoi 图在权重相等时的特例。

同样,加权 Voronoi 图也适用于空间剖分,位于加权 Voronoi 图的某 V 曲边形中的每个点到该曲边形发生元的距离,与该点到其他曲边形发生元的距离之比小于两个发生元的权重之比。加权 Voronoi 图用于各发生元权重有较明显差别情况下的空间剖分(葛少云等,2007;李圣权等,2004)。

8.2.2　加权 Voronoi 方法在开放空间布局优化中的应用

开放空间对市民生活的影响(比如日常休闲游憩、环境改善、景观塑造、防震减灾、影响房产价值等)与开放空间的距离、交通便利情况、设施完备与否、规模等密切相关。单纯的正常 Voronoi 图不能反映出这些复杂的社会、经济因素的影响,而加权 Voronoi 分析方法则可以利用权重来反映开放空间面积等级差异、周边交通等社会条件差异对开放空间服务范围的影响,使得开放空间的布局评价及优化更加符合实际,利用价值较高。

计算步骤(图 8-2 至图 8-4):

(1) 将开放空间面转点(features to point),生成正常的 Voronoi 图。

(2) 利用正常 Voronoi 图对开放空间的面积、交通成本进行统计,以此为权重,并将权重进行离差标准化,使权重分布于(0,1]。

(3) 根据权重对开放空间点进行 weighted voronoi map 分析,生成加权的南京主城区 Voronoi 图(面积过小、交通成本过高,小于 250 的栅格自动融合)。

(4) 根据主城区人口密度的克里金(Kriging)插值,利用 Voronoi 图进行 zonal statistics 统计,得到每个区域的人口 $P_{现状}$ 分布情况。

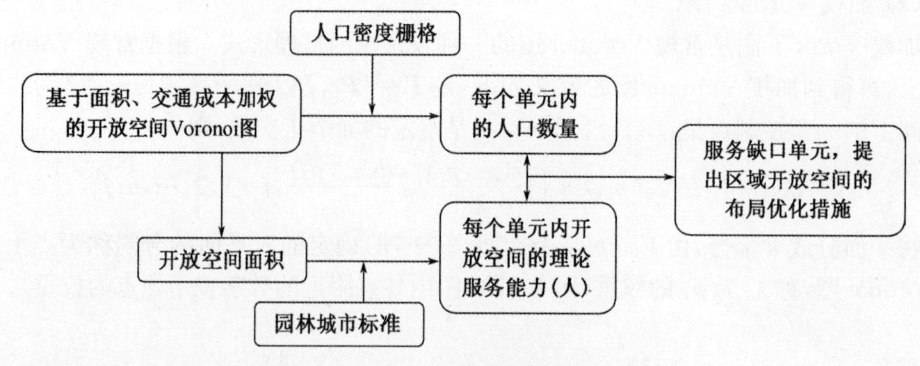

图 8 - 2　开放空间布局优化的技术路线

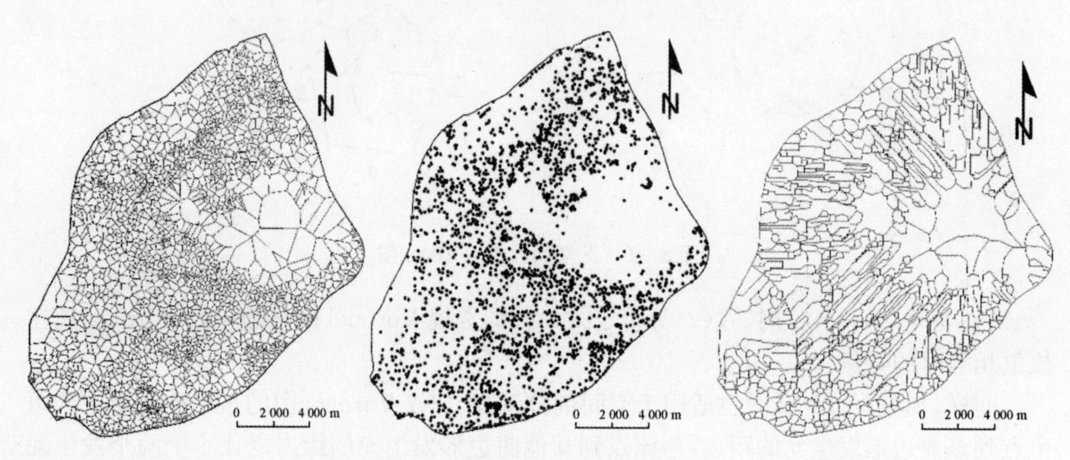

图 8 - 3　加权 Voronoi 分析的流程

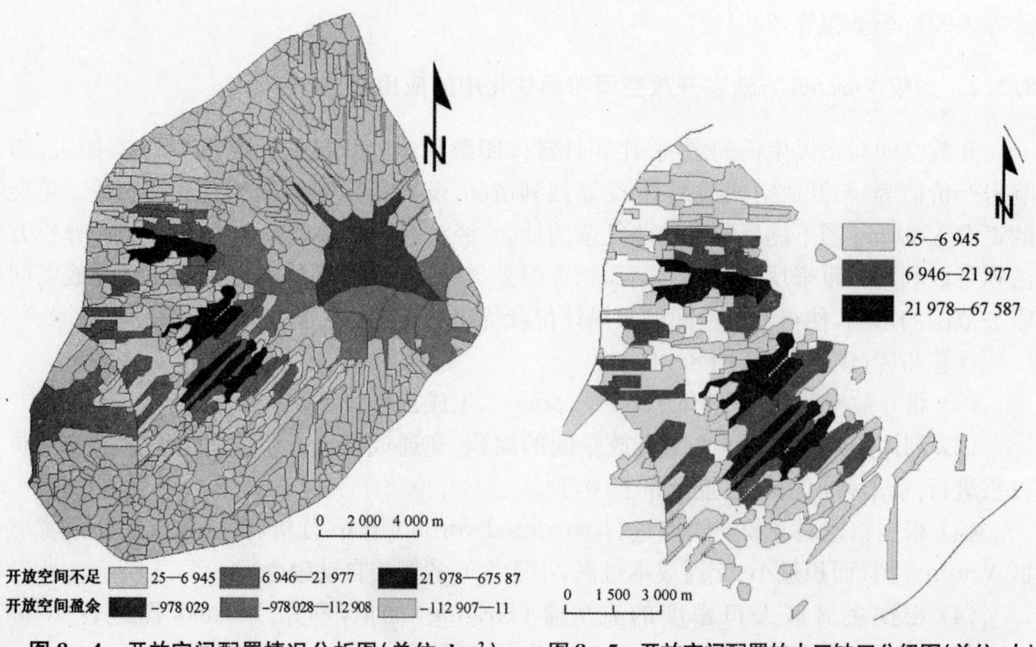

图 8 - 4　开放空间配置情况分析图(单位:hm^2)　图 8 - 5　开放空间配置的人口缺口分级图(单位:人)

(5) 利用 Voronoi 图进行 zonal statistics 统计，得到每个区域的开放空间面积，并根据《国家园林城市标准》中公共绿地标准（当前城市开放空间的主体是绿地，但附属绿地、生态、生产绿地的服务能力受到一定限制，同时开放空间在提取过程中对 2 500 m^2 以下斑块未予考虑，因此，以公共绿地面积 11 m^2 指标作为门槛标准进行衡量）的人均 11 m^2，计算出每个区域开放空间的理论服务能力 $P_{理论}$（人口数量）。

(6) 根据现状值与理论值的差异，对两者差值为负的 Voronoi 区域，进行提取，并用自然断裂点分级法（Jenks）进行分级分析。

8.2.3 结果分析

通过对南京主城区开放空间进行加权 Voronoi 分析，计算主城区内开放空间的理论供给能力和实际供给水平，得到供应缺口分析图（图 8－5）。结果表明，城市开放空间存在缺口的区域，主要是明城墙内的老城区及其西侧下关区和河西新区的东北侧，其他区域的开放空间分布则较为丰富，能够满足区域市民需求（表 8－2）。

表 8－2 开放空间供给的缺口分析

开放空间	人口缺口（人）	区域面积（km^2）	开放空间缺口（km^2）	开放空间缺失率（%）
严重不足	261 508	9.67	2.88	29.78
不足	303 818	14.68	3.34	22.75
轻微不足	247 431	36.56	2.72	7.44

开放空间严重不足的区域（人口缺口在 21 978—67 587 人）。此类区域主要分布在新模范马路南侧和模范中路北侧所组成的矩形区域，新街口周边及其以南的淮海路、洪武路、朝天宫、止马营等老城南区域。该区域在南京主城区内有 9.67 km^2，开放空间缺失率为 29.78%。

开放空间不足的区域（人口缺口在 6 946—21 977 人）。这类区域大约有 14.68 km^2，开放空间的缺失率也超过 20%，共缺失开放空间 3.34 km^2，主要分布在江东、新街口东北侧玄武区政府周边、湖南路和福建路等区域。

开放空间稍有不足的区域（人口缺口在 25—6 945 人）。此类区域范围较大，多分布于下关区、草场门—集庆门一线以及中山门南的白下区。虽然此类区域达到 36.56 km^2，但开放空间缺口面积为 2.72 km^2，缺失率也仅为 7.44%。

利用开放空间缺失区域的 Voronoi 图，与主城区的城市用地现状图进行叠置分析（图 8－6），结果表明：开放空间缺失区域的共性是居住区分布较多，人口稠密，而在不同的区域又存在一些独特的问题。

新模范马路南侧和模范中路北侧区域内目前多为学校等公共设施用地、居住小区以及较多的工业用地，公共设施用地和居住小区分布有少量附属绿地。工业用地对该区域开放空间的发展带来一定阻碍。

而在老城南地区、草场门—集庆门一带以及下关区，问题较为单一，主要为居住区密集，尤其是老城南地区，多为传统民居，容积率较小，占用大量土地资源，而且道路多为历史遗留的小巷，交通多有不便。

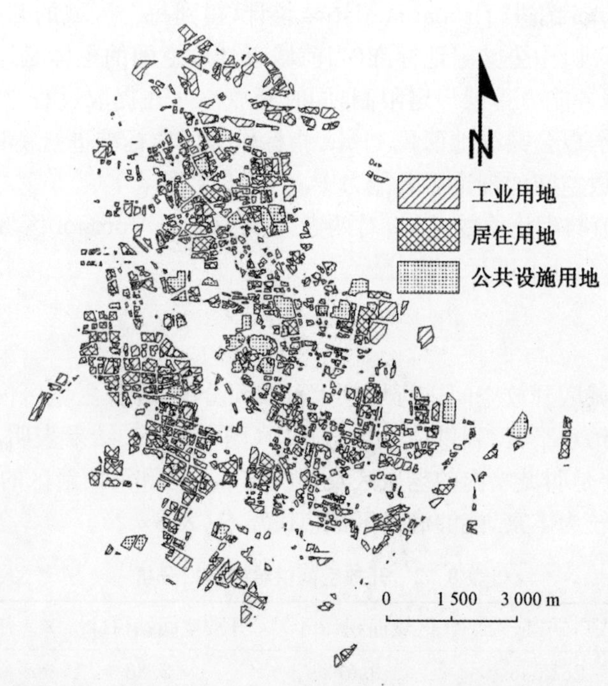

图 8-6 加权 Voronoi 分析图与土地利用现状图的叠置分析

市中心新街口附近，淮海路、洪武路、朝天宫、止马营等区域则多为居民区的居住用地和商业设施用地，尽管该区域交通便利，但“寸土寸金”，土地多用于发展商业、金融业等高收益产业，极大地排挤了公共福利性质的开放空间的发展。

8.3 南京主城区开放空间的布局优化对策

8.3.1 现行绿地系统规划的实施与借鉴

开放空间的绿色空间、水体等都是城市绿地系统规划的对象，南京主城区的开放空间中绿地占到总面积的 94.7%，绿地系统规划对开放空间的建设和规划，无疑也具有重要的参考和借鉴意义。

(1) 现行规划与开放空间现状的对比

现行绿地规划的时间跨度为 1999—2015 年，由市委市政府进行战略部署：第一阶段为近期 3—5 年，即 1999—2001 年，并延伸至 2003 年，第二阶段到 2010 年，并延伸至 2015 年。现在已是第二阶段的延伸期。

结合 2006 年开放空间的现状对比规划的实施来看，绿色空间面积、公共绿地面积已达 9 164 hm^2、3 383 hm^2，绿地率接近 40%，人均公共绿地面积约为 12 m^2，基本上可以实现截至 2010 年力争达到人均公共绿地 13.2 m^2、绿化覆盖率 48%、绿地率 43%、人均绿地 55 m^2 的目标。格局分析的结果也表明，以主城区为核心的紫金山、幕燕风景区、雨花台风景区和绿博园的“一核四组团”已经形成，规划的“两环四片”骨架已初具规模。

现行规划要求主城区内“出行 300 米、步行 5 分钟”到达一片绿地，对比可达性水平可知，目前仍有 4 km^2 的主城区不能在 5 min 内到达开放空间，但步行超过 5 min 才可以到达开放空间的市民已不足 20 万人，规划的目标基本可以实现。

(2) 规划措施的借鉴

针对现在开放空间存在的问题，结合绿地系统规划的措施，还应该继续加强：

① 继续完善环带建设

南京主城区内明城墙风光带、秦淮风光带以及绕城高速的环带建设还应加强。通过“门西—门东—光华门—光华东街”“玄武门—解放门”“钟阜门—金川门—神策门”等沿线绿地的建设，初步实现明城墙沿线绿地的环通；沿绕城公路两侧建设环城绿带，每侧宽度不少于 100 m；规划沿秦淮河等河道建设宽度为 30—50 m 的绿带。

② 因地制宜建设各类专类公园

结合城墙、城门遗址和遗迹等历史资源建设遗址公园；结合社区中心建设儿童公园和游乐园；结合南京林地和湿地资源比较丰富的特点增加专类公园类型；结合城市规划建设用地内的湿地资源，建设城市湿地公园；结合规划建设用地内的山体林地，建设生态林地公园。

③ 大力增加附属绿地、充分利用现有附属绿地

规划要求建设配套附属绿地，原有的单位要努力增加绿地面积，提高绿化质量。沿街单位要求结合城市景观建设，沿街布置绿化，围墙透绿，增加城市绿视率，使内外绿化交相辉映。新区建设单位绿地率平均不低于 30%。推动单位附属绿地的开放与共享，鼓励单位(主要是一些绿地资源丰富且品质较高的高校、科研院所、医院、行政事业单位等)破墙透绿或有条件地向市民开放。

通过绿地的逐步建设，尽快形成“以环城绿地为基础，沿城市景观轴线和滨河绿带为网络，点状绿地为主体，单位绿地为补充”的“点、线、面”相结合的、多层次的绿地结构体系。

8.3.2 布局优化对策

根据加权 Voronoi 图，提取存在开放空间缺口的区域，根据开放空间在城市内部的配置情况，按照开放空间的缺口面积以及交通便利程度，确定最终某单元内开放空间的面积。再根据任一相邻 V 顶点中三个相邻点作圆，则圆心位置为最容易产生新点(开放空间)的位置，并根据实地的交通、用地类型，确定最容易产生开放空间的区域(图 8-7)。

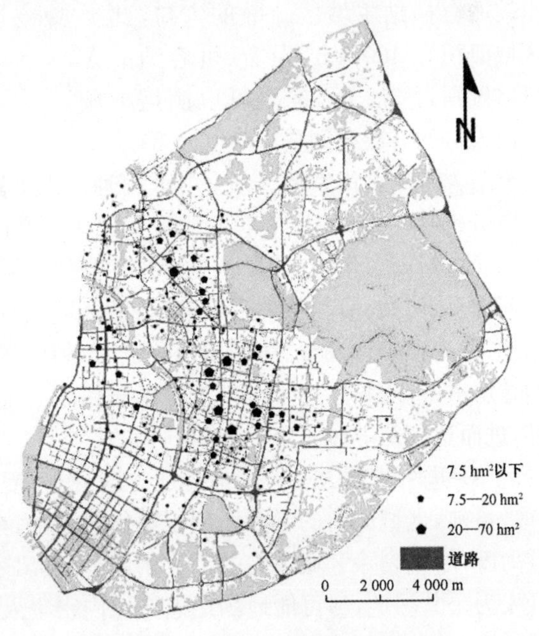

图 8-7 开放空间的布局优化方案

开放空间缺口在 25—70 hm^2 的区域，比如新街口周边的华侨路、长江路，南部的三元巷、常府街、致和街，三牌楼大街等几个区域，这些区域开放空间缺口最大，单凭现有区域，已没有可能建设

如此大量的开放空间，因此，最迫切的办法便是疏散密集的人口，并在此基础上“见缝插绿”地建设小型广场、游园等公共绿地，同时注重社区公园、居住区绿地的建设，逐步弥补开放空间缺口。

开放空间缺口在 7.5—25 hm^2 的区域集中于四个地带：湖南路、新街口、建宁路以及江东街道周边，湖南路和新街口的解决策略类似于第一类开放空间极度匮乏区域，仍以人口疏散和小型绿地建设为主，而在建宁路和江东地区，则应注重工业用地的缩减，节约的土地用以建设大型区级或全市级公园绿地，根据开放空间分布的现状分析来看，该地区也缺乏规模、功能较为完善的大型公园绿地设施。

开放空间缺口在 7.5 hm^2 以下的区域分布较为分散，老城区大部、下关区大部以及中华门内外地区最多，这些区域适宜增加局部区域级的中型公园、广场等公共绿地，也可酌情疏散部分人口和工业用地。

若要通过疏散开放空间不足区域的人口，来减缓此类区域开放空间的严重不足问题，先分析城区内具有人口接纳能力的区域可以发现，接纳能力较高的多为紫金山、玄武湖、幕府山等自然风景名胜区，但它们不具备吸收外来迁入人口的条件。而在河西新城区以及老城区外，人口盈余在 43 749 人以下的区域，则比较适合接纳主城区疏散的人口，此类区域面积在 100 km^2 左右，可容纳的人口数量则近 300 万，完全可以满足主城区内人口的开放空间需求(图 8-8)。

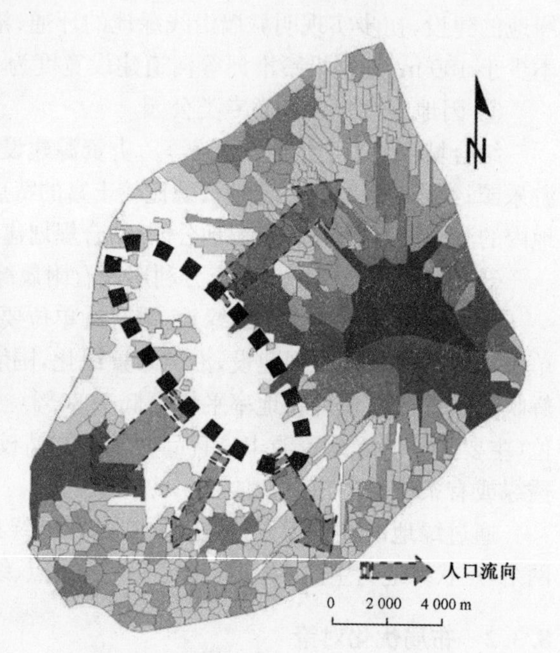

图 8-8　老城区人口疏散流向示意图

结合南京城市发展、规划实际，可通过以下路径实现开放空间的优化：

(1) 疏散过度复杂的功能用地和密集的人口

通过对南京主城区居住用地价格的影响因素的判断，在具体操作中，结合有机疏散、精明增长、集约、节约等理念，适度疏散老城区、城市中心过于密集的公共设施、商业设施用地，在产业结构调整、功能用地疏散后，利用老城区外部面积大、环境质量好、交通便捷的住房进一步引导，逐步缩减老城区居住用地规模，实现引导老城区内居民居住趋向的外移，进而达到疏散过于密集人口的目的。

(2) 进一步加大工业用地外迁力度，积极拓展新型开放空间

目前，老城区内的工业用地规模仍然较大，在今后的工作中应进一步加大工业用地调整力度，尽量剔除老城区内的工业用地，清理出来的工业用地，结合历史文化遗迹保护，可开发为公共绿地，尽可能地满足老城区内密集人口的开放空间需求。此外，地下空间和建筑立体空间(屋顶花园)的开发，也是未来开放空间拓展的一个重要方向。

(3) 合理、充分利用现有附属绿地

国外开放式的大学校园绿地、公园等设施,启示我们应减少市民到访的阻力,甚至进一步拆除绿地基础设施的围墙,推动单位附属绿地的开放与共享,鼓励单位(主要是一些绿地资源丰富且品质较高的高校、科研院所、医院、行政事业单位等)破墙透绿或有条件地向市民开放。

(4) 构建开放空间网络,充分发挥生态功能

构建开放空间的网络体系,尤其在老城区内,结合古城墙、公园、丰富的林荫道、高校等公共设施用地内大面积的附属绿地,构建起适合步行、自行车骑行的绿色网络和蓝色网络空间。在绕城高速、长江沿线,结合生态防护、安全隔离,建立起主城区的一道绿色屏障,并与南京老城的外城郭保护予以结合,打造一条文化、景观、生态廊道,不仅对城市的扩张进行了隔离,也为市民休闲及旅游开发提供了潜在资源。

(5) 权责明确、科学,严格管理

在我国,开放空间仍然不是行政法规性的名词,它还停留在学术刊物和规划文本中,虽然我国的《基本农田保护条例》《中华人民共和国森林法》等法规对开放空间的部分要素进行了专门的保护,但开放空间的所属权限分散。国外"城市增长边界"(UGB)、精明增长等政策的有效性启示我们,将开放空间进行统一、严格的管理势在必行。

就南京市而言,园林绿化建设和管理体制分割严重,行业管理相当困难,管理难以到位。从纵向系统看,市区范围就有市园林局、中山陵园管理局和烈士陵园管理局,各成体系,独立运作,形成"三驾马车"并行的局面;从层次上看,全市大小近 60 个公园,由省、市、区三级多个部门分割管理;从地域上看,城市和郊区又分属城市园林和郊县农林,造成行业管理难以到位。因此,以城市为基本单位,成立专门的开放空间规划管理部门就显得十分必要。

(6) 借助科技手段提升,加强监管、优化

结合 RS 和 GIS,建立有效的监管体系。通过城市建设资料、实地调研及遥感影像,建立起完善的开放空间地理信息系统,并定期通过遥感影像、航片及实地检查,构建完善的监测管理制度,对城市扩展动态及内部的开放空间布局进行动态反映,促进开放空间的保护和结构的优化。

8.4 小 结

通过对南京主城区开放空间的现状及演变进行分析后发现,开放空间的分布及各类型的比例均衡性较差,总量减少快,生产用地和水域空间流失形势严峻,服务便利性差异较大,市民选择居住地时对开放空间的重视程度较低,体系建设亟待加强等一系列问题。

结合现行的绿地系统规划,在考虑现有开放空间分布、交通便利程度及人口分布等要素的情况下,利用加权 Voronoi 方法对现状布局及优化进行了研究,分别对存在不同开放空间缺口的区域类型提出了不同的优化对策。

综合来看,疏散密集、庞大的人口;调整老城区内工业用地,并转变高耗能为高附加值产业项目,将节余工业用地开发为大型公园等公共绿地;优化密集的商业、公共设施等功

能用地；大力挖掘并合理利用学校、医院、行政事业单位内的附属绿地资源；见缝插绿地增加布置一些小型居住、公共设施内的附属绿地以及周边的生态防护绿地等举措，便是南京主城区开放空间的主要优化策略。

9　结论与展望

9.1　主要研究结论

在城市蔓延、扩张不断加剧的背景下，开放空间的相关研究成为一大热点，本书在总结国内外相关研究进展的基础上，梳理了国内外开放空间发展演变的一般历程，建立了“三系六类”的开放空间分类体系，并将南京作为研究的案例地，进一步将研究范围限定在改革开放以来用地格局变化最为强烈的主城区范围，利用RS数据和城市规划资料，对其2006年现状格局，1979—2006年的格局演变、演变机制等进行了较为深入的分析，并针对存在的问题，结合数学模型和经典调控理念，提出了调控策略及建议。研究所得到的主要结论有：

(1) 国外开放空间以广场为中心，逐渐重视并增加城市中的自然要素，我国则形成了以“自然风水观”为精神内核的“山水城市”理念。

由对国内外城市开放空间传统形式的发展演变分析来看，以欧洲为代表的西方城市传统开放空间中，广场几千年来一直扮演着不可替代的角色，18世纪后城市更加注意吸收自然山、水、森林等元素进入城市环境，这也使得城市开放空间突破了城墙的束缚，城市有了明显向外扩展的动向，这成为开放空间发展的一个转折。工业革命为城市的扩张创造了条件，也成为城市内部生态环境恶化、城市无限制蔓延的直接推动力，这也是近现代以来田园城市、公园运动、邻里单元、精明增长等与开放空间相关的实践和理论形成的重要原因。

古代形成的“自然风水观”“天人合一”的思想，是我国开放空间发展的思想内核，是以自然山水、街巷、园林、市井、广场等为主体的古代开放空间体系。西方殖民者的入侵植入我国一种重要的开放空间形式——公园，改革开放后，我国逐渐形成了以绿地系统为主的开放空间体系，近年来，开放空间发展的“保护自然、融入自然、回归自然”理念又被重新认识。

(2) 南京主城区开放空间以绿色空间为主，开放空间及其不同类型在老城区内外、行政区间分布差异较大，且形成了公共绿地的“一环四组团”、附属绿地的“一核四翼”、生态防护绿地的反“C”字形、生产绿地的“两集中”、水域的“h”形分布以及广场的“Y”形格局。分布差异和交通可达性的区域差异，导致服务便捷性的不均衡。而市民在选择居住环境时，对开放空间的重视程度也较低。

根据遥感解译和城市土地利用的现状数据，对南京主城区开放空间的分布、景观、服务便捷性以及对居住地价影响的现状格局进行解析，结果表明：

① 在南京主城区范围内，开放空间以公共绿地、附属绿地、生态防护绿地和生产绿地组成的绿色空间为主，达到主城面积的40%，占开放空间的90%以上，而水体空间和广场

则较少，尤其是广场，不足研究区域总面积的1%。

开放空间在老城区内外的结构、分布差异较大，老城区内的开放空间不足外部的1/10，附属绿地占绝对优势，其次为公共绿地、水体，生态防护绿地、广场仅有零星分布，没有生产绿地。相比老城，外部的生态防护绿地和公共绿地所占比例较大，其次为生产绿地、水域和广场；同样，开放空间在各行政区的分布也存在明显差异，玄武、栖霞、建邺区内开放空间丰富，而下关、白下、鼓楼区内则分布较少，其中公共绿地主要分布在玄武、栖霞等区，附属绿地主要分布在鼓楼、玄武区，玄武、栖霞、雨花台区的生态防护绿地最为丰富，建邺、雨花台区的生产绿地最多，水体空间主要分布于建邺、秦淮区，而广场则较多分布在建邺区内。

利用ESDA方法对开放空间在街道的分异特征进行探析后发现，主城区内开放空间在各街道单元的分布较为离散，没有表现出明显的空间集聚。局部自相关分析也表明，开放空间在各街道分布集聚的"热点"区域尚未形成：在小市与其相邻街道形成了开放空间的分布"冷点"区，该区域及周边开放空间分布较少；华侨路和洪武路与周边社区相比，开放空间分布较少，形成局域的"中空"式分布；沙洲街道与相邻街道相比，开放空间分布较多，形成"孤点"式格局。开放空间在红山、玄武湖街道、马群、双闸、沙洲、雨花新村、宁南、阅江楼等街道分布最多，宁海路、华侨路、玄武门、止马营、滨湖、兴隆、瑞金路、赛虹桥、孝陵卫等街道次之，淮海路、五老村、洪武路等街道的开放空间建设亟待加强。开放空间的各种类型在整体的集聚/分散都没有达到显著水平，但局部都表现出一定的分布格局。

② 景观指数的分析结果表明，公共绿地的斑块数较多，斑块面积大且斑块间差异也大，形状较为多样，斑块间距离较近；附属绿地斑块的数量、密度都是最大的，但平均面积却是最小的，形状多样，分布也较为集中；生态防护绿地的斑块差异最大，平均斑块面积、形状指数仅次于公共绿地，分布分散；生产绿地的各项指标一般，分布集中；水域的形状分维数最大，形状自然曲折；广场的斑块面积最小、形状十分规则、分布特别分散。

③ 综合步行、非机动车和机动车3种出行方式的结果来看，不论是各种类型的可达面积还是居民的可达性水平，附属绿地都是最好的；公共绿地次之，70%的居民步行可达性好，90%以上非机动车和机动车可达性好。相对于步行，非机动车的方式对公共绿地的可达性提升了近20个百分点，而机动车相对于非机动车变化不大，表明虽不及附属绿地，公共绿地距离市民也很近，往往不需要机动车的方式便可方便到达，服务便捷性也很好；水域和生态防护绿地的可达性相仿，但生态防护绿地面积大，可达性好的服务范围也更大一些。机动车相对于步行和非机动车，对生产绿地的可达性提升很大，但超过20万的居民驱车超过10 min才能见到生产绿地景观；广场限于自身面积很小，服务的便捷性程度有限。

④ 就当前南京主城区而言，开放空间的价值相对于生活基础设施和交通环境，仍不是左右市民选择居住区位的关键因素，城市的基本生活设施制约着城市居住用地的出让价格。同时，距离较近的附属绿地、公共绿地等开放空间也在一定程度上左右着部分市民的居住区位，而其他开放空间的形式没有明显作用。因此，当前城市应当加强居住区内外附属、公共绿地的建设，来合理引导城市扩张过程中人口、居住用地的扩展，优化城市布局。

(3) 南京主城区公共绿地、附属绿地和广场的面积不断增加，而生产绿地、生态防护绿地和水域面积大幅减少，开放空间总量也呈现出减少的态势。开放空间各类型均表现出一定的演化模式、路径，这种规模、布局的变化，使得主城区市民利用开放空间的便捷程度也发生了较大的变化。

利用景观指数、ESDA、等扇分析和环线分析、服务便利性等方法，分 1979 年、1989 年、2001 年和 2006 年四个时间断面，笔者对南京主城区内开放空间及各类型格局的演变进行了剖析。研究表明：

① 开放空间由“自构”向“被构”转型态势明显

开放空间总量呈现出不断减少的趋势，此过程中，其内部结构也发生了较大变化，不同类型变化差异显著，公共绿地、附属绿地和广场规模在逐渐增加，且增加幅度在不断增大，2001—2006 年演变强度最大；生产绿地、生态防护绿地和水域空间不断萎缩，其中水域在 1989—2001 年减量最多，减少强度最大，生产绿地 1989—2006 年一直在大幅减少，生产绿地在主城区有消失殆尽的趋势。景观指数分析也表明，开放空间的斑块数量、密度、平均斑块面积不断减少，斑块分布整体呈分散化，形状规则度在增加，受人为规划的影响加深，由“自构”向“被构”转型。

从四个年份三种出行方式的便捷性格局来看，南京主城区的开放空间便捷性一直较高，早期老城区内部开放空间较少，步行的可达性较差，但换用非机动车的方式便基本都能达到可达性好的水平。随着老城区内部开放空间的丰富、外围开放空间的锐减，主城区东北、东南、西南部分区域的居民，到达开放空间的便捷性受到一定程度的限制，尤其是使用步行出行方式时，即便选用非机动车和机动车的方式，其可达性也只为一般的水平，需要 3—6 min 的时间才能到达。

② 内部格局的变化表现出一定的演化模式

公共绿地在城墙内密集小型斑块，其与紫金山风景区形成“两集中”的格局，在此基础上，城墙内外又增加大量小型绿地，后在城市的外围区域新辟大型斑块，逐渐形成“一环四组团”的格局。

附属绿地原在老城区内散布，经过城墙边缘区，逐渐向城市东北、东南及西南方向扩散蔓延，并且斑块面积呈现增大的趋势。附属绿地可达性好的区域不断扩大，可达性较差的建邺区在 1989—2001 年得到较大改善，而 2001—2006 年可达性一般和较差的区域在迈皋桥、燕子矶、马群、孝陵卫以及建邺区主城内的东南部地区基本消失。

广场由城市中心—鼓楼—下关的“哑铃”形集中，经过负责转运老城区与外城人流集散的格局，逐渐形成城市中心—老城区—外城—副城间的倒“Y”形分布格局。斑块数量、密度增加，但分布也更加分散。

生产绿地是变化最大的类型，早期在主城南部、东北部分布着大量生产绿地，但都消失殆尽，只有在主城东北、东南边缘零星分布少量生产绿地。斑块数量、密度锐减，分布也更加分散化。1979 年老城区的中心及南部地区可达性稍低，逐渐向中心西北部的挹江门方向扩展，2001 年沿南部城墙外围出现了明显的较低可达性值区，而到了 2006 年，这种向着东、南、西部的扩展趋势便更加显著，而且在燕子矶、迈皋桥等街道也逐渐开始出现不易到达生产绿地的区域。

幕燕风景区生态防护绿地被开发为公共绿地，其他地区除少部分破碎化斑块被侵占、蚕食外，基本格局稳定。斑块规模、密度也在下降，分布趋于分散。1979年和1989年，建邺区可达性最差，但在2001年这种格局大为改观，由于生态防护绿地主要分布在主城区的边缘，随着外围交通条件的改善，老城区内的可达性相比其外围逐渐变得相对较差。

水体减少主要缘于西南部河西地区的城市开发和水系整治的影响，老城区内、外部减少主要是部分水体划为公共绿地、部分河道受侵占，内外秦淮河的骨架保存尚好。同样，景观指标中的规模、密度也在下降，分布趋于分散。水体可达性差存在于几个明显的区域，比如紫金山、玄武湖(玄武湖划为公园绿地)、幕府山以及雨花台的南部等地区，而且四个时段有围绕这些区域蔓延的态势。主城区内部的宁海路、湖南路等街道也一直未达到较好的可达性水平。

③ 内部格局的变化表现出一定路径

生态防护绿地、水域以及半自然的生产绿地大幅转化为工业用地、居住用地、公共设施用地、道路广场用地等形式，其中即包含了公共绿地、附属绿地和广场用地；而工业用地等建设用地形式也会向公共绿地、附属绿地、生态防护绿地转化，部分广场也会转变为公共绿地。

(4) 开放空间格局的形成与演变受到城市自然环境条件的制约、国家或地方政策调整的影响、社会经济发展的支撑与促进。而就演变驱动力的分析来看，城市扩张力是开放空间格局演变的直接推动力，经济发展、固定资产投资增加是原始动力，产业结构调整是开放空间格局演变的提升力，交通、道路建设是重要的引导力，而社会需求也是开放空间格局演变的重要拉动力量。

开放空间格局在演变过程中，受到多方面的影响。首先，以绿地系统为主体的开放空间，受到城市的地形地貌、地质、土壤类型、植被分布等自然环境的较大影响。而一些历史文化遗迹保护多结合开放空间建设来进行，当地文化传统也在很大程度上决定着开放空间中构筑物等要素的形态、内涵。同时，经济发展促进开放空间建设投入的加大，产业结构调整对开放空间的规模结构带来直接的影响(比如一产调整为二产时，生产绿地减少，二产升级为三产时，可能会节约大量土地资源，用以建设游憩、绿地空间)。此外，国家宏观政策、当地的发展规划也直接作用于开放空间的格局变化，比如控制大城市的规模就可能保护更多的城市边缘生产绿地，而当地的发展策略就决定着开放空间在城市中的地位。

一系列的影响因素和驱动力量促使了南京主城区生产绿地、水域、生态防护绿地、公共绿地、附属绿地、广场等开放空间类型内部，及其与城市内部的工业用地、公共设施用地、居住用地等其他用地类型之间完成了转变，最终形成了现状格局及未来的发展状态。

(5) 对南京主城区开放空间格局的现状及演变过程中存在的均衡性差、体系整体性弱、减少快速等一系列问题进行分析，并利用加权 Voronoi 方法进行分析，提出了用地调整、布局优化、人口疏散等优化调控的对策。

对南京主城区开放空间格局的现状、演变进行分析，结果表明开放空间存在空间分布均衡性和内部结构平衡性较差、服务便利性差异较大、生产用地和水域空间减少快速、开放空间与人口分布失衡、市民选择居住地时对开放空间的重视程度较低、开放空间体系建设有待加强等问题。结合现行的绿地系统规划，在考虑现有开放空间分布、交通便利程度及人口分布等要素的情况下，利用加权 Voronoi 方法对现状布局及优化进行了研究，分别对存在不同开放空间缺口的区域类型给予了不同的优化对策，提出了疏散老城区内过度密集的人口、商业和公共设施用地，提高现有附属绿地利用水平，进一步剔除工业用地并将其改建为公共绿地，老城区内“见缝插绿”地布置一些小型居住、公共设施内的附属绿地以及周边的生态防护绿地等举措，并对开放空间网络体系的构建、严格的开放空间保护政策及监测、管理等问题进行了阐述。

9.2 创新之处

(1) 借助 RS、GIS 以及数学模型等方法和手段，对城市开放空间以及开放空间内部的格局展开了深入系统的剖析，发展了城市内部空间的研究体系。

城市空间的结构特征、扩展模式及机制、优化调控等相关研究，一直都被给予密切的关注，而人们对于城市内部空间的研究则相对较少。对城市内部空间进行深入研究，有利于细致分析城市发展过程中某类城市空间受到的影响或存在的问题，以便更好、更有针对性地加以分析、解决。本书即选择对城市生态环境、休闲游憩、社会经济、文化等都具有重要影响的开放空间作为研究对象，借助对城市空间研究相对成熟的“现状—演变—机制—优化”的模式，对开放空间进行相对深入、系统的研究，并总结了开放空间内部公共绿地、附属绿地等类型的演变模式，对城市空间及开放空间的研究都有所发展和延伸。

(2) 利用加权 Voronoi 方法，充分考虑开放空间的面积、交通便利程度等条件的影响，为城市开放空间布局的优化提供了技术支持。

城市公共设施、资源的合理布局与分配，是社会公平与合理的重要体现，是城市发展不断追求的目标，采用经济学、区位配置模型、GIS 等方法对交通、学校、公园、供电设施等的相关研究较多。本书利用加权 Voronoi 方法，在充分考虑开放空间的面积、交通便利条件、人口分布等影响因素的前提下，划分服务范围，再结合人口、现状用地条件、可达性水平，对南京主城区开放空间的布局存在的主要问题进行分析，结合现行城市规划，提出合理、有针对性的优化调控对策，对城市及开放空间的发展都具有一定的指导和现实意义。

9.3 不足与展望

开放空间涉及城市的生态环境、社会经济、景观美学、文化传统等诸多层面，本书试图通过多种方法和手段，多层面、多视角地对南京主城开放空间格局的现状、演变、机制、优化进行了相对系统的研究，但仍然存在一些不足，有待进一步的研究完善：

(1) 研究视角不够全面

开放空间的主体是绿地系统，其首要功能便是生态防护功能，因此开放空间除了布局、形态等评价角度外，景观美学价值、生态改善功能、文化品质内涵等方面也是其重要的特征。本书限于工作量和数据的获取，只对其相对宏观的格局特征进行了研究，也多从社会学视角进行分析。故而未来对开放空间在生态、景观美学、文化视角下的相关研究仍有较大的发展空间，值得不断完善，力争全面地反映出开放空间的价值、意义。

（2）数据资料获取存在一定不足

早期遥感影像精度较低，多为 30 m×30 m 的分辨率，为保证数据的统一和可比性，尽管近年来遥感影像的精度有大幅度的提高，却未对研究的精度进行提升，最小斑块面积限定在 2 500 m^2。城市规划资料的阶段性强，时间跨度较大，在分析其动态演化时，难以对格局的演变特征达到连续、动态的反映。同时，在近 30 年的时间内，南京主城区进行过多次行政区划调整，数据的一致性、统一性难以保证，本书根据现有数据资料，尽量调整到最大精度，以保证研究的科学性。

参考文献

鲍丽萍,王景岗. 2009. 中国大陆城市建设用地扩展动因浅析[J]. 中国土地科学,23(8):68-72.

鲍世行,顾孟潮. 2005. 城市学与山水城市[M]. 北京. 中国建筑工业出版社.

北京建设史书委员会. 1985. 建国以来的北京城市建设[Z]. 北京:北京市建设史书编辑委员会编辑部.

毕宝德,柴强,李玲. 2005. 土地经济学[M]. 4 版. 北京:中国人民大学出版社.

曹文明. 2005. 城市广场的人文研究[D]. 北京:中国社会科学院.

曹文明. 2008. 中国古代的城市广场源流[J]. 城市规划学刊(10):56-61.

曹银贵,王静,程烨,等. 2007. 三峡库区土地利用变化与影响因子分析[J]. 长江流域资源与环境,16(6):748-753.

常茜. 2009. 休闲时代背景下上海节事旅游发展研究[D]. 上海:上海师范大学.

常钟隽. 1995. 芦原义信的外部空间理论[J]. 世界建筑(3):72-75.

陈建华. 2007. 城市开放空间及其环境使用后评价[J]. 建筑科学,23(9):102-105.

陈江龙,曲福田,陈雯. 2004. 农地非农化效率的空间差异及其对土地利用政策调整的启示[J]. 管理世界(8):37-43.

陈群元,喻定权. 2007. 我国城市空间扩展的动力机制研究——以长沙市为例[J]. 规划师,25(7):72-75.

陈述彭,章申,唐以剑,等. 1992."环境发展"笔谈[J]. 地理研究,11(3):113-114.

程方炎,贺雄. 1998. 从人本主义到人本主义的理性不公——雅典宪章与马丘比丘宪章的规划理念比较及其启示[J]. 现代城市研究,19(3):23-26.

仇保兴. 2006. 第三次城市化浪潮中的中国范例[J]. 城市规划通讯(12):44.

储金龙. 2007. 城市空间形态定量分析研究[M]. 南京:东南大学出版社.

戴均良. 1992. 中国城市发展史[M]. 哈尔滨:黑龙江人民出版社.

邓南荣,张金前,冯秋扬,等. 2009. 东南沿海经济发达地区农村居民点景观格局变化研究[J]. 生态环境学报,18(3):984-989.

杜鹏. 2006. 人口老龄化与老龄问题[M]. 北京:中国人口出版社.

段德罡,芦守义,田涛. 2009. 城市空间增长边界(UGB)体系构建初探[J]. 规划师,25(8):11-13.

方创琳,祁巍峰. 2007. 紧凑城市理念与测度研究进展及思考[J]. 城市规划学刊(4):65-73.

冯科,吴次芳,韩昊英. 2009. 国内外城市蔓延的研究进展及思考[J]. 城市规划学刊(2):38-43.

冯维波. 2007. 城市游憩空间分析与整合研究[D]. 重庆:重庆大学.

冯章献,王士君,张颖. 2010. 中心城市极化背景下开发区功能转型与结构优化[J]. 城市发展研究,17(1):5-8.
傅伯杰,陈利顶,马克明,等. 2001. 景观生态学原理及应用[M]. 北京:科学出版社.
葛少云,李慧,刘洪. 2007. 基于加权 Voronoi 图的变电站优化规划[J]. 电力系统自动化,31(3):29-34.
顾朝林. 1999. 北京土地利用/覆盖变化机制研究[J]. 自然资源学报,14(4):307-312.
顾朝林. 2004. 中国城市地理[M]. 北京:商务印书馆.
顾湘. 2007. 区域产业结构调整与土地集约利用研究[D]. 南京:南京农业大学.
关清华. 2009. 新公园规划设计中如何纳入防震减灾功能[J]. 山西建筑,35(29):346-347.
韩强. 1998. 绿色城市[M]. 广州:广东人民出版社.
韩西丽,俞孔坚. 2004. 伦敦城市开放空间规划中的绿色通道网络思想[J]. 新建筑(5):7-9.
何春阳,史培军,陈晋,等. 2002. 北京地区城市化过程与机制研究[J]. 地理学报,57(3):363-371.
何一民. 2001. 变革与发展:中国内陆城市成都现代化研究[M]. 成都:四川大学出版社.
洪亮平. 2002. 城市设计历程[M]. 北京:中国建筑工业出版社.
侯杰泰,温忠麟,成子娟. 2004. 结构方程模型及其应用[M]. 北京:教育科学出版社.
胡鹏,游涟,杨传勇,等. 2002. 地图代数[M]. 武汉:武汉大学出版社.
胡廷兰,何孟常,杨志峰. 2004. 城市生态支持系统瓶颈分析方法及应用研究[J]. 生态学报,24(7):1493-1499.
霍华德. 2000. 明日的田园城市[M]. 金经元,译. 北京:商务印书馆.
蒋海兵,徐建刚,祁毅,等. 2010. 基于时间可达性与伽萨法则的大卖场区位探讨——以上海市中心城区为例[J]. 地理研究,29(6):1056-1068.
解伏菊,胡远满,李秀珍. 2006. 基于景观生态学的城市开放空间的格局优化[J]. 重庆建筑大学学报(6):5-9.
金经元. 1998.《明日的田园城市》的人民性标志着城市规划的新纪元[J]. 城市规划汇刊(6):1-4.
金伟,郑先友. 2008. 我国古代城市道路形态分析[J]. 工程与建设(1):9-12.
靳诚,陆玉麒. 2009. 基于县域单元的江苏省经济空间格局演化[J]. 地理学报,24(6):713-724.
克利夫·芒福汀. 2004. 街道与广场[M]. 张永刚,陆卫东,译. 北京:中国建筑工业出版社.
邝奕轩. 2009. 城市湿地的价值评估[J]. 城市问题,190(9):72-74.
兰波,何艺. 2009. 个性化的城市核心开放空间——南宁市金湖绿地广场规划设计浅析[J]. 规划师,25(9):69-76.
蔺银鼎,韩学孟,武小刚,等. 2006. 城市绿地空间结构对绿地生态场的影响[J]. 生态学报,26(10):3339-3346.
李诚固,韩守庆,郑文升. 2004. 城市产业结构升级的城市化响应研究[J]. 城市规划,28

(4):31－36.
李德华. 2001. 城市规划原理[M]. 北京:中国建筑工业出版社.
李飞雪,李满春,刘永学,等. 2007. 建国以来南京城市扩展研究[J]. 自然资源学报,22(4):524－535.
李丽,迟耀斌,王智勇,等. 2009. 改革开放30年来中国主要城市扩展时空动态变化研究[J]. 自然资源学报,24(11):1933－1943.
李明玉,黄焕春. 2009. 改革开放以来延吉市城市空间扩展过程与演变趋势研究[J]. 地理科学,29(6):834－839.
李平华,陆玉麒. 2005. 可达性研究的回顾与展望[J]. 地理科学进展,24(3):69－78.
李圣权,胡鹏,闫卫阳. 2004. 基于加权Voronoi图的城市影响范围划分[J]. 武汉大学学报(工学版),37(1):94－97.
李文,张林. 2010. 哈尔滨公园绿地防灾避险功能布局研究[J]. 北方园艺(12):115－118.
李先逵. 1994. 风水观念更新与山水城市创造[J]. 建筑学报(2):13－16.
李晓文,方精云,朴世龙. 2003. 上海城市用地扩展强度、模式及其空间分异特征[J]. 自然资源学报,18(4):412－422.
郦芷若,朱建宁. 2001. 西方园林[M]. 郑州:河南科学技术出版社.
梁娟,蔺银鼎. 2007. 城市森林对小气候时空格局的影响[J]. 中国农学通报,23(7):379－335.
刘盛和. 2002. 城市土地利用扩展的空间模式与动力机制[J]. 地理科学进展,21(1):43－50.
刘涛,曹广忠. 2010. 城市用地扩张及驱动力研究进展[J]. 地理科学进展,29(8):927－934.
刘晓惠,李常华,张雪飞. 2010. 郊野公园与城市边缘区开放空间的保护[J]. 城市问题(3):72－75.
楼嘉军,徐爱萍. 2009. 试论休闲时代发展阶段及特点[J]. 旅游科学,23(1):61－66.
卢济威,郑正. 1997. 城市设计及其发展[J]. 建筑学报(4):4－8.
芦建国,李舒仪. 2009. 公园植物景观综合评价方法及其应用[J]. 南京林业大学学报(自然科学版)(6):44－48.
马惠娣. 2005. 西方城市游憩空间规划与设计探析[J]. 齐鲁学刊(6):11－15.
马强,徐循初. 2004. "精明增长"策略与我国的城市空间扩展[J]. 城市规划学刊(3):35－39.
马荣华,黄杏元,朱传耿. 2002. 用ESDA技术从GIS数据库中发现知识[J]. 遥感学报,6(2):102－107.
马晓冬,马荣华,徐建刚. 2004. 基于ESDA-GIS的城镇群体空间结构[J]. 地理学报,59(6):1048－1057.
孟元老. 2010. 东京梦华录[M]. 郑州:中州古籍出版社.
牟凤云,张增祥,迟耀斌,等. 2007. 基于多源遥感数据的北京市1973—2005年间城市建成区的动态监测与驱动力分析——以四川省成都市双流县为例[J]. 遥感学报,11(2):

254－268.
南京市地方志编纂委员会.2008.南京城市规划志[M].南京:南京出版社.
彭文甫,周介铭,杨存建,等.2008.基于RS与GIS的县级土地利用变化分析——以四川省成都市双流县为例[J].遥感技术与应用,23(1):24－30.
蒲英霞,葛莹,马荣华,等.2005.基于ESDA的区域经济空间差异分析[J].地理研究,24(6):965－974.
秦学.2003.城市游憩空间结构系统分析——以宁波市为例[J].经济地理,23(2):267－288.
秦学.2006.基于市民休闲生活需求的城市规划与管理——以广州市为例[J].城市问题(4):73－78.
全国城市规划执业制度管理委员会.2008.城市规划原理:试用本[M].北京:中国计划出版社.
全国老龄工作委员会办公室.2007.中国人口老龄化趋势预测研究报告[R].
邵大伟,张小林,吴殿鸣.2011.国外开放空间研究的近今进展及启示[J].中国园林(1):83－87.
申诚,于一平.2006.城市中心的公共开敞空间——英国曼彻斯特皮克迪利花园[J].世界建筑(7):56－61.
沈德熙,熊国平.1996.关于城市绿色开敞空间[J].城市规划汇刊(6):7－11.
沈玉麟.1989.外国城市建设史[M].北京:中国建筑工业出版社.
石金莲,王兵,李俊清.2006.城市公园使用状况评价(POE)应用案例研究——以北京玉渊潭公园为例[J].旅游学刊,21(2):67－70.
石忆邵,张蕊.2010.大型公园绿地对住宅价格的时空影响效应——以上海市黄兴公园绿地为例[J].地理研究,29(3):510－520.
宋鸣笛.2003.宋东京公共休闲空间研究[D].郑州:郑州大学.
苏伟忠,王发曾,杨英宝.2004.城市开放空间的空间结构与功能分析[J].地域研究与开发,23(5):24－27.
孙斌栋,石巍,宁越敏.2010.上海市多中心城市结构的实证检验与战略思考[J].城市规划学刊(1):58－63.
孙剑冰.2009.苏州古典园林作为街区开放空间的价值评估——应用CVM价值评估法[J].城市发展研究,16(8):64－68.
孙晓春.2006.转型期城市开放空间与社会生活发展的互动研究[D].北京:北京林业大学.
唐子来.1998.田园城市理念对于西方战后城市规划的影响[J].城市规划汇刊(6):5－7.
童丽丽.2009.南京城市森林群落结构及优化模式研究[D].南京:南京林业大学.
汪德华.2002.中国山水文化与城市规划[M].南京:东南大学出版社.
汪自书,刘语凡,魏建兵,等.2008.快速城市化地区道路格局对土地利用的影响研究[J].环境科学研究,21(2):180－185.
王长坤.2007.基于区域经济可持续发展的城镇土地集约利用研究[D].天津:天津大学.

王发曾. 2005. 论我国城市开放空间系统的优化[J]. 人文地理,20(2):1-8.
王浩,徐雁南. 2003. 南京市绿地系统结构浅见[J]. 中国园林(10):52-54.
王洪涛. 2003. 德国城市开放空间规划的规划思想和规划程序[J]. 国外城市规划,27(1):64-71.
王建武. 2007. 基于 POE 研究的校园开放空间改造性规划——以北京大学为例[J]. 中国园林(5):77-82.
王娟,蔺银鼎,刘清丽. 2006. 城市绿地在减弱热岛效应中的作用[J]. 草原与草坪(6):56-59.
王磊. 2001. 城市产业结构调整与城市空间结构演化——以武汉市为例[J]. 城市规划汇刊(3):55-58.
王琪延,罗栋. 2009. 北京市老年人休闲生活研究[J]. 北京社会科学(4):23-28.
王绍增,李敏. 2001. 城市开敞空间规划的生态机理研究:上[J]. 中国园林(4):5-9.
王胜男,王发曾. 2006. 我国城市开放空间的生态设计[J]. 生态经济(9):120-123.
王兴中. 2004. 中国城市生活空间结构研究[M]. 北京:科学出版社.
王彦鑫. 2010. 太原市生态城市建设及评价体系研究[D]. 北京:北京林业大学.
邬建国. 2000. 景观生态学——格局、过程、尺度与等级[M]. 北京:高等教育出版社.
吴良镛. 1996. 城市研究论文集:迎接新世纪的来临[M]. 北京:中国建筑工业出版社.
吴威,曹有挥,曹卫东,等. 2007. 开放条件下长江三角洲区域的综合交通可达性空间格局[J]. 地理研究,26(2):391-402.
吴伟,杨继梅. 2007. 1980 年代以来国外开放空间价值评估综述[J]. 城市规划,31(6):45-51.
吴郁玲,曲福田. 2007. 中国城市土地集约利用的影响机理:理论与实证研究[J]. 资源科学,29(6):106-113.
吴征镒,王荷生. 1983. 中国自然地理——植物地理:上[M]. 北京:科学出版社.
武文杰,刘志林,张文忠. 2010. 基于结构方程模型的北京居住用地价格影响因素评价[J]. 地理学报,65(6):676-684.
肖笃宁,钟林生. 1998. 景观分类与评价的生态原则[J]. 应用生态学报,9(2):217-221.
徐建华. 2002. 现代地理学中的数学方法[M]. 2 版. 北京:高等教育出版社.
徐建华,单宝艳. 1996. 兰州市城市扩展的空间格局分析[J]. 兰州大学学报(社会科学版),24(4):62-68.
徐丽华,岳文泽. 2009. 上海市人口分布格局动态变化的空间统计研究[J]. 长江流域资源与环境,18(3):222-228.
许学强,姚华松. 2009. 百年来中国城市地理学研究回顾及展望[J]. 经济地理,29(9):1412-1420.
许学强,周素红. 2003. 20 世纪 80 年代以来我国城市地理学研究的回顾与展望[J]. 经济地理,23(4):433-440.
杨荣南,张雪莲. 1997. 城市空间扩展的动力机制与模式研究[J]. 地域研究与开发,16(2):1-4.

杨彤，王能民，朱幼林. 2006. 生态城市的内涵及其研究进展[J]. 经济管理(14)：51 - 54.
杨振山，蔡建明，高晓路. 2009. 利用探索式空间数据解析北京城市空间经济发展模式[J]. 地理学报，64(8)：945 - 955.
姚亦峰. 2002. 南京城市地理变迁及现代景观[D]. 南京：南京大学.
伊利尔·沙里宁. 1986. 城市：它的发展、衰败与未来[M]. 顾启源，译. 北京：中国建筑工业出版社.
尹海伟. 2006. 上海开敞空间格局变化与宜人度分析[D]. 南京：南京大学.
尹海伟. 2008. 城市开敞空间——格局、可达性、宜人性[M]. 南京：东南大学出版社.
于立. 2007. 关于紧凑型城市的思考[J]. 城市规划学刊(1)：87 - 90.
余建英，何旭宏. 2004. 数据统计分析与 SPSS 应用[M]. 北京：人民邮电出版社.
余琪. 1998. 现代城市开放空间系统的建构[J]. 城市规划汇刊(6)49 - 57.
余晓霞，米文宝. 2008. 县域社会经济发展潜力综合评价——以宁夏为例[J]. 经济地理，28(4)：612 - 616.
袁丽丽. 2005. 城市化进程中城市土地可持续利用研究[D]. 武汉：华中农业大学.
曾琳. 2007. 明清苏州休闲空间研究[D]. 上海：同济大学.
曾容. 2008. 武汉市绿色开放空间格局演变研究[D]. 武汉：华中农业大学.
张春和. 1990. 人·开敞空间·城市，跨世纪城市规划师的思考[M]. 北京：中国建筑工业出版社.
张虹鸥，岑倩华. 2007. 国外城市开放空间的研究进展[J]. 城市规划学刊(5)：78 - 84.
张京祥. 2005. 西方城市规划思想史纲[M]. 南京：东南大学出版社.
张京祥，李志刚. 2004. 开敞空间的社会文化含义：欧洲城市的演变与新要求[J]. 国外城市规划，19(1)：24 - 28.
张润朋，周春山. 2010. 美国城市增长边界研究进展与述评[J]. 规划师，26(11)：89 - 97.
赵晶，徐建华，梅安新，等. 2004. 上海市土地利用结构和形态演变的信息熵与分维分析[J]. 地理研究，23(2)：137 - 146.
赵文斌，李存东，史丽秀. 2009. 基于生态修复理念的城市公园景观设计探讨——以西安灞河公园景观设计为例[J]. 规划师，25(9)：32 - 35.
周辉. 2009. 浅议重庆渝中区滨水公共开放空间可达性[J]. 山西建筑，35(14)：28 - 29.
周维权. 2008. 中国古典园林史[M]. 3 版. 北京：清华大学出版社.
周晓娟. 2001. 西方国家城市更新与开放空间设计[J]. 现代城市研究(1)：62 - 64.
朱杰. 2009. 抑制城市蔓延的可持续发展路径及对中国的启示[J]. 国际城市规划，24(6)：86 - 94.
朱理国，刘娟. 2008. 中国禅宗寺院山门形制探微[J]. 热带建筑(1)：6 - 9.
朱偰. 2006. 金陵古迹图考[M]. 北京：中华书局.
祝英丽，李小建. 2010. 欠发达地区农村金融机构的空间可达性分析——以河南省巩义市为例[J]. 地域研究与开发，29(3)：46 - 51.
庄德林，张京祥. 1990. 中国城市发展与建设史[M]. 南京：东南大学出版社.
邹德依. 2001. 中国现代建筑史[M]. 天津：天津科学技术出版社.

Acharya G, Bennett L L. 2001. Valuing open space and land-use patterns in urban watersheds[J]. Journal of Real Estate Finance and Economics, 22(2):221 - 237.

Acharya G, Bennett L L. 2001. Valuing Open space and land-use patterns in urban watersheds[J]. Journal of Real Estate Finance & Economics, 22(2 - 3): 221 - 237.

Adams C, Motta R S, Ortiz R A, et al. 2008. The use of contingent valuation for evaluating protected areas in the developing world: economic valuation of Morro do Diabo State Park, Atlantic Rainforest, São Paulo State (Brazil)[J]. Ecological Economics, 66(2 - 3):359 - 370.

Alig R J, Kline J D, M Lichtenstein. 2004. Urbanization on the US landscape: looking ahead in the 21st century[J]. Landscape & Urban Planning, 69(2 - 3): 219 - 234.

Alonso W. 1964. Location and land use: toward a general theory of land rent[J]. Economic Geography, 42(3): 11 - 26.

Anderson H H. 1999. Use and implementation of urban growth boundaries, center for regional and neighborhood action, Denver[EB/OL]. (1999 - 12 - 20)[2017 - 11 - 07]. http://pdfs.semanticscholar.org/1307/42b21b2068c8d6ef599e125e7b78167fd111.pdf.

Anderson S T, West S E. 2006. Open space, residential property values, and spatial context[J]. Regional Science & Urban Economics, 36(6): 773 - 789.

Anselin L. 1995. Local indicators of spatial association: LISA[J]. Geographical Analysis, 27(2):93 - 115.

Asafu-Adjaye J, Tapsuwan S. 2008. A contingent valuation study of scuba diving benefits: case study in Mu Ko Similan Marine National Park, Thailand[J]. Tourism Management, 29 (6): 1122 - 1130.

Atkins J P, Burdon D, Allen J H. 2007. An application of contingent valuation and decision tree analysis to water quality improvements[J]. Marine Pollution Bulletin, 55(10 - 12):591 - 602.

August H. 1976. Open spaces[M]. New York: Harper and Row.

Backlund A E, Stewart W P, McDonald C, et al. 2004. Public evaluation of open space in Illinois: citizen support for natural area acquisition[J]. Environmental Management, 34(5):634 - 641.

Bae C H C, Richardson H W. 2004. Urban sprawl in Western Europe and the United States (Hardback)—Routledge[J]. Journal of Social Issues, 64(3): 431 - 446.

Barrio M, Loureiro M L. 2010. A meta-analysis of contingent valuation forest studies [J]. Ecological Economics, 69(5):1023 - 1030.

Bartlett J G, Mageean D M, O'Connor R J. 2000. Residential expansion as a continental threat to U. S. coastal ecosystems[J]. Population and Environment, 21(5): 429 - 468.

Bastian C T, Mcleod D M, Germin M J O, et al. 2002. Environmental amenities and agricultural land values: a hedonic model using geographic information systems data [J]. Ecological Economics, 40 (3): 337 - 349.

Bates L J, Santerre R E. 2001. The public demand for open space: the case of Connecticut communities[J]. Journal of Urban Economics, 50(1):97 - 111.

Beasley S, Workman W, Williams N. 1986. Estimating amenity values of urban fringe farmland: a contingent valuation approach[J]. Growth Change, 17(4):70 - 78.

Benevolo L. 2000. El arte y la ciudad medieval[M]. Barcelona: Diseno de la ciudad, Gili.

Benevolo L Culverwell G. 1981. The history of the city[M]. Massachusetts: The MIT Press.

Benson E D, Hansen J L, Jr A L S, et al. 1998. Pricing residential amenities: the value of a view[J]. Journal of Real Estate Finance & Economics, 16(1): 55 - 73.

Bergstrom J, Dillman B, Stoll J. 1985. Public environmental amenity benefits of private land: the case of prime agricultural land[J]. South. J. Agric. Econ. , 17(1):139 - 149.

Bertraud A, Richardson H W. 2004. Transit and density: Atlanta, the United States and Western Europe[M]// Richardson H W, Chang H. Urban sprawl in Western Europe and the United Sates. Ashgate: Aldershot: 1 - 18.

Bicik I, Jelecek L, Stepanek V. 2001. Land-use changes and their social driving forces in Czechia in the 19th and 20th centuries[J]. Land Use Policy,18(1):65 - 73.

Bishop I D, Lange E, Mahbubul A M. 2004. Estimation of the influence of view components on high-rise apartment pricing using a public survey and GIS modeling [J]. Environment & Planning B Planning & Design, 31(3): 439 - 452.

Bohl C C. 2000. New urbanism and the city: potential applications and implications for distressed inner-city neighborhoods[J]. Housing Policy Debate, 11 (4): 761 - 820.

Bolitzer B, Netusil N R. 2000. The impact of open spaces on property values in Portland, Oregon[J]. Journal of Environmental Management, 59(3): 185 - 193.

Bomansa K, Steenberghenb T, Dewaelheynsa V, et al. 2009. Underrated transformations in the open space-the case of an urbanized and multifunctional area [J]. Landscape & Urban Planning, 94(3 - 4): 196 - 205.

Bonini N, Biel A, Gärling T, et al. 2002. Influencing what the money is perceived to be worth: framing and priming in contingent valuation studies [J]. Journal of Economic Psychology, 23(5):655 - 663.

Bourassa S C, Hoesli M, Peng V S. 2003. Do housing submarkets really matter? [J]. Journal of Housing Economics, 12(1): 12 - 28.

Brandt J. 2003. Multifunctional landscapes-perspectives for the future[J]. Journal of Environmental Sciences, 15(2): 187 - 192.

Brueckner J K. 2005. Transport subsidies, system choice, and urban sprawl [J].

Regional Science & Urban Economics, 35 (6): 715 - 733.

Burby R J, Nelson A C, Parker D, et al. 2001. Urban containment policy and exposure to natural hazards: is there a connection? [J]. Journal of Environmental Planning and Management, 44(4): 475 - 490.

Burgess J, Harrison C M, Limb M. 1988. People, parks and the urban green: a study of popular meanings and value for open space in the city[J]. Urban Studies, 25(6): 455 - 473.

Chun W. 2014. Public open space provision in private developments: the case of urban renewal authority redevelopment projects in Hong Kong[D]. Hong Kong: The University of Hong Kong.

Clawson M. 1962. A positive approach to open space preservation[J]. Journal of the American Institute of Planners, 28(2):124 - 129.

Clive L. 2000. Ecosystems, contingent valuation and ethics: the case of wetland recreation[J]. Ecological Economics, 34(2):195 - 215.

Collinge S K. 1996. Ecological consequences of habitat fragmentation: implications for landscape architecture and planning[J]. Landscape & Urban Planning, 36(1): 59 - 77.

Collins M, Dufford B S, Rodgers B. 1975. Playgrounds off the sidewalks [J]. Geographical Magazine, 48(2): 98 - 103.

Cook E A, Lier H N V. 1994. Landscape planning and ecological network Amsterdam [J]. Elsevier Science, 327(8): 741 - 743.

Cook E A, vanLier H N. 1994. Landscape planning and ecological networks: an in troduction[M]//Cook E A, van Lier H N. Landscape planning and ecological networks. Amsterdam/Lausanne/New York/Oxford/Shannon/Tokyo: EISEVIER.

Corraliza J. 2000. Landscape and social identify: the construction of terrible identify [R]. Paris: The 16th Conference of the International Association for People-Environment Studies.

Crawford D, Timperio A, Gilescorti B, et al. 2008. Do features of public open spaces vary according to neighbourhood socio-economic status? [J]. Health & Place, 14 (4): 889.

Crawford D, Timperio A, Giles-Corti B, et al. 2008. Do features of public open spaces vary according to neighbourhood socio-economic status? [J]. Health & Place, 14 (4): 889 - 893.

Cummings R G, Brookshire D S, Schulze W D, et al. 1986. Valuing environmental goods: a state of the arts assessment of the contingent valuation method[M]. Totowa, NJ: Roweman and Allanheld.

Dawkins C J, Nelson A C. 2002. Urban containment policies and housing prices: an international comparison with implications for future research [J]. Land Use

Policy, 19(1): 1 - 12.
DLCD-Department of Land Conservation and Development. 1992. What is an Urban Growth Boundary[EB/OL]. (1992 - 12 - 10)[2017 - 10 - 10]. http://darkwing.uoregon.edu.
Downs A. 2002. Have housing prices risen faster in Portland than elsewhere? [J] Housing Policy Debate, 13(1): 7 - 31.
Drake L. 1992. The non-market value of the Swedish agricultural landscape[J]. Eur. Rev. Agric. Econ., 19(3):351 - 364.
Dubgaard A, Bateman I, Merlo M. 1994. Valuing recreation benefits from the Mols Bjerge area, Denmark [J]. Economic Valuation of Benefits from Countryside Stewardship, 18(3): 265 - 283.
English M R, Hoffman R J. 2001. Planning for rural areas in Tennessee under public chapter1101. White Paper Presented for the TACIR—The Tennessee Advisory Commission on Intergo-vernmental Relations[EB/OL]. (2001 - 12 - 29)[2017 - 11 - 07]. http://www.state.tn.us/tacir/Portal/Reports/Rural%20ares.pdf\.
Estabrooks P A, Lee R E, Gyurcsik N C. 2003. Resources for physical activity participation: does availability and accessibility differ by neighborhood socioeconomic status? [J]. Annals of Behavioral Medicine, 25(2): 100 - 104.
Fleischer A, Pizam A. 2002. Tourism constraints among Israeli seniors[J]. Annals of Tourism Research, 29(1):23 - 31.
Forman R T T, Godron M. 1986. Landscape ecology[M]. New York: Wiley.
France R. 2003. Wetland design: principles and practices for landscape architects and land-use planners[M]. New York: Norton Press.
Francis K T. 1981. Perceptions of anxiety, hostility and depression in subjects exhibiting the coronary-prone behavior pattern[J]. Journal of Psychiatric Research, 16 (3): 183.
Frenkel A. 2004. The potential effect of national growth-management policy on urban sprawl and the depletion of open spaces and farmland[J]. Land Use Policy, 21(4): 357 - 369.
Gallo K P, McNab A L, Karl T R, et al. 1993. The use of NOAA AVHRR data for assessment of the urban heat island effect[J]. Journal of Applied Meteorology, 32 (5): 899 - 908.
Garcia S, Harou P, Montagné C, et al. 2009. Models for sample selection bias in contingent valuation: application to forest biodiversity [J]. Journal of Forest Economics, 15(1 - 2):59 - 78.
Garrod G, Willis K. 1992. The environmental economic impact of woodland: a two stage hedonic price model of the amenity value of forestry in Britain[J]. Applied Economics, 24 (7):715 - 728.

Geoghegan J. 2002. The value of open spaces in residential use[J]. Land Use Policy, 19 (1):91 - 98.

Geoghegan J, Lynch L, Bucholtz S. 2003. Capitalization of open spaces into housing values and the residential property tax revenue impacts of agricultural easement programs, Agric[J]. Resour. Econom. Rev. , 32(1):33 - 45.

Geoghegan J, Wainger L, Bockstael N. 1997. Spatial landscape indices in a Hedonic framework: an ecological economics analysis using GIS[J]. Ecol. Econ. , 23(3): 251 - 264.

Germeraad P W. 1993. Islamic traditions and contemporary open space design in Arab-Muslim settlements in the Middle East[J]. Landscape and Urban Planning, 23(2): 97 - 106.

Getis A, Ord J K. 1992. The analysis of spatial association by the use of distance statistics[J]. Geographical Analysis, 24(3):189 - 206.

Gilescorti B, Donovan R J. 2003. Relative influences of individual, social environmental, and physical environmental correlates of walking[J]. American Journal of Public Health, 93(9): 1583.

Gold S. 1972. Nonuse of neighborhood parks[J]. Journal of the American Institute of Planners, 38(6): 369 - 378.

Goodchild M F. 1986. Spatial autocorrelation(CATMOG47) [M]. Norwich, UK: GeoBooks.

Gordon P, Richardson H W. 1997. Are compact cities a desirable planning goal? [J]. Journal of the American Planning Association, 63(1): 95 - 106.

Griliches Z. 1971. Price indexes and quality change[J]. Indian Economic Review, 40 (157): 111.

Gutiérrez J. 2001. Location, economic potential and daily accessibility: an analysis of the accessibility impact of the high-speed line Madrid-Barcelona-French border[J]. Journal of Transport Geography, 9(4): 229 - 242.

Gutiérrez J. Location, economic potential and daily accessibility: an analysis of the accessibility impact of the high-speed line Madrid-Barcelona-French border[J]. Journal of Transport Geography, 9(4):229 - 242.

Halstead J M. 1984. Measuring the nonmarket value of Massachusetts agricultural land: a case study[J]. Journal Northeastern Agricultural Economics. Council, 13 (1):12 - 19.

Hammmit J K, James K, Liu J L. 2001. Contingent valuation of a Taiwanese wetlands [J]. Environment and Development Economic, 6(2): 259 - 268.

Hansen T B. 1997. The willingness-to pay for the royal theatre in Copenhagen as a public good[J]. Journal of Cultural Economics, 21(1):1 - 28.

Hasse J E, Lathrop R G. 2003. Land resources impact indications of urban sprawl[J].

Applied Geography, 23(2):159 - 175.

Heckscher A. 1977. Open spaces: the life of American cities[M]. New York: Harper and Row.

Herlod M, Goldstein N C, Clarke K C. 2003. The spatiotemporal form of urban growth: measurement, analysis and modeling[J]. Remote sensing of Environment, 86(3): 286 - 302.

Hollis L E, Fulton W. 2002. Open space protection: conservation meets growth management. discussion paper[R/OL]. Washington, DC: Center on Urban and Metropolitan Policy, The Brookings Institution(2002 - 12 - 11)[2017 - 11 - 07]. http://www.brook.edu/dybdocroot/es/urban/publications/hollisfultonopenspace.htm.

Honjo T, Takakura T. 1986. Analysis of temperature distribution of urban green spaces using remote sensing data[J]. Journal of the Japanese Institute of Landscape Architects, 49: 299 - 304.

Hough M. 1984. City form and natural process[M]. Kent: Croom Helm Ltd.

ICMA and the Smart Growth Network. 2002. Getting to smart growth II: 100 more policies for implementa[R].

Irwin E G. 2002. The effects of open space on residential property values[J]. Land Economics, 78 (4): 465 - 480.

Irwin E G, Bockstael N E. 2001. The Problem of identifying land use spillovers: measuring the effects of open space on residential property values[J]. American Journal of Agricultural Economics, 83(3): 698 - 704.

Jacobes J. 1961. The death and life of great American cities[M]. New York: Random House, Inc.

James P, Bound D. 2009. Urban morphology types and open space distribution in urban core areas[J]. Urban Ecosystems, 12(4):417 - 424.

Jim C Y, Chen W Y. 2006. Recreation-amenity use and contingent valuation of urban greenspaces in Guangzhou, China[J]. Landscape and Urban Planning, 75 (1): 81 - 96.

Johannesson M, Jönsson B, Borgquist L. 1991. Willingness to pay for antihypertensive therapy-results of a Swedish pilot study[J]. Journal of Health Economics, 10 (4):461.

Johannesson M, Johansson P O, O'Conor R. 1996. The value of private safety versus the value of public safety[J]. Journal of Risk and Uncertainty, 13(3):263 - 275.

Johnson M P. 2001. Environmental impacts of urban sprawl: a survey of the literature and proposed research agenda[J]. Environment and Planning A, 33(4): 717 - 735.

Jones-Lee M W, Loomes M G, Philips P. 1995. Valuing the prevention of non-fatal road injuries: contingent valuation versus standard gambles[J]. Oxford Economic

Papers, 47(4):676 - 695.

Juergensmeyer J C. 1984—1985. Implementing agricultural preservation programs: a time to consider some radical approaches? [J]. Gonzaga Law Review, 20(3): 701 - 727.

Kline J, Wichelns D. 1998. Measuring heterogeneous preferences for preserving farmland and open space[J]. Ecological Economics, 26(2): 211 - 224.

Koomen E, Dekkers J, Dijk T. 2008. Open-space preservation in the Netherlands: planning, practice and prospects[J]. Land Use Policy, 25(3):361 - 377.

Koomen E, Dekkers J, Dijk T. 2008. Open-space preservation in the Netherlands: planning, practice and prospects[J]. Land Use Policy, 25(3): 361 - 377.

Kraus R. 1978. Recreation and leisure in modem society[M]. CA: Goodyear, Santa Monica.

Kraus R. 1978. Recreation and leisure in modem society[M]. Santa Monica, CA: Goodyear Publishing Company.

Lake I R, Lovett A A, Bateman I J, et al. 2000. Using GIS and large-scale digital data to implement hedonic pricing studies[J]. International Journal of Geographical Information Science, 14 (6): 521 - 541.

Lam K C, Ungng S L, Hui W C, et al. 2005. Environmental quality of urban parks and open spaces in Hong Kong[J]. Environmental Monitoring and Assessment, 111 (1 - 3):55 - 73.

Lancaster K J. 1966. A new approach to consumer theory[J]. Journal of Political Economy, 74(2): 132 - 157.

Lee C K, Han S Y. 2002. Estimating the use and preservation values of national parks' tourism resources using a contingent valuation method[J]. Tourism Management, 23(5): 531 - 540.

Loomis J, Kent P, Strange L, et al. 2000. Measuring the total economic value of restoring ecosystem services in an impaired river basin: results from a contingent valuation survey[J]. Ecological Economics, 33(1):103 - 117.

Lutzenhiser M, Netusil N R. 2008. The effect of open spaces on a home's sale price[J]. Contemporary Economic Policy, 19(3): 291 - 298.

Mahan B L, Polasky S, Adams R M. 2000. Valuing urban wetlands: a property price approach[J]. Land Economics, 76(2): 100 - 113.

Malt H L. 1972. An analysis of public safety as related to the incidence of crime in park and recreation areas in central cities[Z]. Washington, DC: The United States Department of Housing and Urban Development: 183.

Marcus C C, Francis C. 1997. People places: design guidelines for urban open space [M]. NewJersey: John Wiley and Sons.

Melby P, Cathcart T. 2002. Regenerative design techniques: practical application in landscape design[M]. New York: John Wiley and Sons.

Mendler S, Odell W. 2000. The HOK guide book to sustainable design[M]. New York: John Wiley and Sons.

Michelson W M. 1977. Environmental choice, human behavior, and residential satisfaction[M]. New York: Oxford University Press.

Mitchell R C, Carson R T. 1984. A contingent valuation estimate of national freshwater benefits: technical report to the US [R]. Washington, DC: Environmental Protection Agency.

Morrison D G. 1991. A tale of two landscapes. Remember the future: orchestrating resources of knowledge to design the sustainable future: labash conference[D]. Manhattan: Kansas State University.

Nasar J L. 1984. Visual preference in urban street scenes: a cross-cultural comparison between Japan and the United States[J]. Journal of Cross-cultural Psychol., 15 (1):79 - 93.

Nelson A C. 1986. Using land markets to evaluate urban containment programs[J]. Journal of the American Planning Association, 52(2): 156 - 171.

Nelson A C. 1999. Comparing states with and without growth management analysis based on indicators with policy implications[J]. Land Use Policy, 16(4): 121 - 127.

Nelson A C, Moore T. 1993. Assessing urban growth management—the case of Portland, Oregon. The USA's largest urban growth boundaries[J]. Land Use Policy, 10(4): 293 - 302.

Nordman E E. 2006. A public hedonic analysis of environmental attributes in an open space preservation program[D]. New York: States University of New York: 32 - 46.

Noss R F. 1983. A regional landscape approach to maintain diversity[J]. BioScience, 33(11):700 - 706.

Nusser M. 2001. Understanding cultural landscape transformation: a re-photographic survey in Chitral, Eastern Hindukush, Pakistan [J]. Landscape and Urban Planning, 57(3 - 4): 241 - 255.

Oguz D, Randrup T B, Konijnendijk C C. 2000. User surveys of Ankara's urban parks [J]. Landscape & Urban Planning, 52 (2 - 3): 165 - 171.

Paetkau D, Waits L, Clarkson P, et al. 1998. Dramatic variation in genetic diversity across the range of North American brown bears[J]. Conserve Bio., 12 (2): 418 - 429.

Paez A, Long F, Farber S. 2008. Moving window approaches for hedonic price estimation: an empirical comparison of modelling techniques[J]. Urban Studies, 45 (8): 1565 - 1581.

Paterson R P, Boyle K J. 2002. Out of sight, out of mind? Using GIS to incorporate visibility in hedonic property value models[J]. Land Economics, 78(3): 417-425.

Pendall R, Martin J, Fulton W. 2002. Holding the line: urban containment in the United States[Z]. Washington, DC: The Brookings Institution Center on Urban and Metropolitan Policy.

Penning-Rowsell E C. 1982. A public preference evaluation of landscape quality[J]. Reg. Studies, 16(2):97-112.

Pieter W G. 1993. Islamic traditions and contemporary open space design in Arab-Muslim settlements in the Middle East[J]. Landscape and Urban Planning, 23(2): 97-106.

Poudyal N C, Hodges D G. 2009. Factors influencing landowner interest in managing wildlife and avian habitat on private forestland[J]. Human Dimensions of Wildlife, 14 (4): 240-250.

Pruckner G. 1995. Agricultural landscape cultivation in Austria: an application of the CVM[J]. Eur. Rev. Agric. Econ., 22(2):173-190.

Rapoport A. 1977. Human aspects of urban form[M]. Oxford: Pergamon Press.

Rapoport A. 1983. Mathematical models in the social and behavioral sciences[M]. New York: Wiley-Interscience.

Rekola M, Pouta E. 2005. Public preferences for uncertain regeneration cuttings: a contingent valuation experiment involving Finnish private forests[J]. Forest Policy and Economics, 7(4):635-649.

Rockwell M L. 1971. Developing an open space for the Chicago metropolitan region [R]. Washington, DC: American Institute of Architects.

Rome A. 2001. The bulldozer in the countryside, suburban sprawl and the rise of American environmentalism[M]. Cambridge: Cambridge University Press.

Romero H, Ordenes F. 2004. Emerging urbanization in the southern andes: environmental impacts of urban sprawl in santiago de chile on the andean piedmont [J]. Mountain Research & Development, 24 (3): 197-201.

Rosen S. 1974. Hedonic prices and implicit markets: product differentiation in pure competition[J]. Journal of Political Economy, 82(1): 34-55.

Rosser J B. 1978. The theory and policy implications of spatial discontinuities in land values[J]. Land Economics, 54(4): 430-431.

Roth M, Oka T R, Emery W J. 1989. Satellite derived urban heat islands from three coastal cities and the utilization of such data in urban climatology[J]. International Journal of Remote Sensing, 10(11): 1699-1720.

Sander H A, Polasky S. 2009. The value of views and open space: estimates from a hedonic pricing model for Ramsey County, Minnesota, USA[J]. Land Use Policy, 26(3): 837-845.

Scarpa W R, Hutchinson G, Chilton S M, et al. 2000. Importance of forest attributes

in the willingness to pay for recreation: a contingent valuation study of Irish forests [J]. Forest Policy and Economics (3-4):315-329.
Schmidt S J. 2008. The evolving relationship between open space preservation and local planning practice[J]. Journal of Planning History, 7(2):91-112.
Schueler T R. 1994. The importance of imperviousness [J]. Watershed Protection Techniques, 1: 100-111.
Sim V der R, Cowan S. 1996. Ecological Design[M]. Washington, DC: Island Press.
Sinclair R. 1967. Von Thunen and urban sprawl [J]. Annals of the Association of American Geographers, 57: 72-87.
Soliño M, Prada A, Vázquez M X. 2010. Designing a forest-energy policy to reduce forest fires in Galicia (Spain): a contingent valuation application [J]. Journal of Forest Economics, 16(3):217-233.
Song I J, Hong S K, Kim H O, et al. 2005. The pattern of landscape patches and invasion of naturalized plants in developed areas of urban Seoul [J]. Landscape & Urban Planning, 70(3-4): 205-219.
Spash C L. 2000. Ecosystems, contingent valuation and ethics: the case of wetland recreation[J]. Ecological Economics, 34(2): 195-215.
Spronkensmith R A, Oke T R. 1998. The thermal regime of urban parks in two cities with different summer climates [J]. International Journal of Remote Sensing, 19 (11): 2085-2104.
Stern M J, Bhattarai R. 2008. Contingent valuation of ecotourism in Annapurna conservation area, Nepal: implications for sustainable park finance and local development[J]. Ecological Economics, 66(2-3):218-227.
Taha H. 1996. Modeling impacts of increased urban vegetation on ozone air quality in the South Coast Air Basin[J]. Atmosphere Environment, 30(20):3423-3430.
Taha H, Konopacki S, Akbari H. 1998. Impacts of lowered urban air temperatures on precursor emission and ozone air quality [J]. Journal of the Air&Waste Management Association, 48 (9):860-865.
Tajima K. 2003. New estimates of the demand for urban green space: implications for valuing the environmental benefits of Boston's bigdig project[J]. Journal of Urban Affairs, 25 (5): 641-655.
Taylor JJ, Brown D G, Larsen L. 2007. Preserving natural features: a GIS-based evaluation of a local open-space ordinance[J]. Landscape & Urban Planning, 82(1-2): 1-16.
Thomas D. 1970. London's green belt[M]. London:Faber and Faber Limited.
Thompson C W. 2002. Urban open space in the 21st century [J]. Landscape & Urban Planning, 60 (2): 59-72.
Thompson E, Berger M, Blomquist G, et al. 2002. Valuing the arts: a contingent valuation approach[J]. Journal of Cultural Economics, 26(2):87-113.

Thompson J W, Sorvig K. 2000. Sustainable landscape construction: a guide to green building outdoors[M]. Washington, DC: Island Press.

Thompson M S, Read J L, Lian M. 1984. Feasibility of willingness-to-pay measu-rement in chronic arthritis[J]. Medical Decision Making, 4(2):195 - 215.

Thorsnes P. 2002. The value of a suburban forest preserve: estimates from sales of vacant residential building lots[J]. Land Economics, 78(3): 426 - 441.

Tiebout C M. 1956. A pure theory of local expenditures[J]. Journal of Political Economy, 64 (5): 416 - 424.

Timperio A, Crawford D, Telford A, et al. 2004. Perceptions about the local neighborhood and walking and cycling among children[J]. Preventive Medicine, 38(1): 39 - 47.

Tips W E J, Savasdisara T. 1986. The influence of the socio-economic background of subjects on their landscape preference evaluation[J]. Landscape & Urban Planning, 13(3): 225 - 230.

TÜRE C, Böcük H. 2007. An investigation on the diversity, distribution and conservation of poaceae species growing naturally in Eskişehir province (Central Anatolia-Turkey) [J]. Pakistan Journal of Botany, 39(4): 1055 - 1070.

Tunnard C, Pushkarev B. 1963. Man-made America[M]. New Haven: Yale University Press.

Turmer T. 1992. Open space planning in London: from standards per 1000 to green strategy [J]. Town Planning Review, 63(4):365 - 386.

Tyrväinen L, Miettinen A. 2000. Property prices and urban forest amenities[J]. Journal of Environmental Economics & Management, 39(2): 205 - 223.

Tyrväinen L, Väänänen H. 1998. The economic value of urban forest amenities: an application of the contingent valuation method[J]. Landscape and Urban Planning, 43 (1 - 3):105 - 118.

Wassmer R B. 2002. Fiscalisation of land use, urban growth boundaries and non-central retail sprawl in the western United States[J]. Urban Studies, 39(8): 1307 - 1327.

Weicher J, Zerbst R. 1973. The externalities of neighborhood parks: an empirical investigation[J]. Land Economics, 49(1):99 - 105.

Weilman J D, Buhyoff G J. 1980. Effects of regional familiarity on landscape preferences[J]. Journal of Environment Management, 11(2): 105 - 110.

Wellman J D, Hawk E G, Roggenbuck J W, et al. 1980. Mailed questionnaire surveys and the reluctant respondent: an empirical examination of differences between early and late respondents[J]. Journal of Leisure Research, 12(2): 164 - 173.

White E M, Leefers L A. 2007. Influence of natural amenities on residential property values in a rural setting[J]. Society & Natural Resources, 20(7): 659 - 667.

Wilson G. 2007. Multifunctional agriculture: a transition theory perspective [M]. Wallingford: CABI International.

Wu J J, Plantinga A J. 2003. The influence of public open space on urban spatial structure [J]. Journal of Environmental Economics and Management, 46 (2): 288 - 309.

Xian G, Crane M. 2005. Assessments of urban growth in the Tam Pa Bay watershed using remote sensing data[J]. Remote Sensing of Environment, 97(2):203 - 215.

Yahner T G, Korostoff N, Johnson T P, et al. 1995. Cultural landscapes and landscape ecology in contemporary greenway planning, design and management: a case study[J]. Landscape and Urban Planning, 33(1):295 - 316.

Yang B, Kaplan R. 1990. The perception of landscape style: a cross-cultural compar-ison[J]. Landscape and Urban Planning, 19(3):251 - 262.

Zube E H. 1984. Themes in landscape assessment theory[J]. Landscape Journal, 3(2): 104 - 110.

图片来源

图 1 - 1 源自:常钟隽. 1995. 芦原义信的外部空间理论[J]. 世界建筑(3):72 - 75.

图 1 - 2、图 1 - 3 源自:作者自绘。

图 2 - 1 源自:张京祥. 2005. 西方城市规划思想史纲[M]. 南京:东南大学出版社:69 - 71.

图 2 - 2、图 2 - 3 源自:作者自绘。

图 2 - 4 源自:Turmer T. 1994. Open space planning in London: from standards per 1000 to green strategy[J]. Town Planning Review, 63(4):365 - 386.

图 2 - 5 源自:Taylor J J, Brown D G, Larsen L. 2007. Preserving natural features: a GIS-based evaluation of a local open-space ordinance[J]. Landscape and Urban Planning, 82 (1 - 2): 1 - 16.

图 2 - 6 源自:Nordman E E. 2006. A public hedonic analysis of environmental attributes in an open space preservation program[D]. New York: States University of New York: 32 - 46.

图 2 - 7 源自:霍华德. 2000. 明日的田园城市[M]. 金经元,译. 北京:商务印书馆.

图 2 - 8 源自:作者根据网络理念自绘。

图 2 - 9 源自:作者自绘。

图 3 - 1 至图 3 - 3 源自:Benevolo L, Culverwell G. 1981. The history of the city[M]. Cambridge: The MIT Press;沈玉麟. 1989. 外国城市建设史[M]. 北京:中国建筑工业出版社:127.

图 3 - 4 源自:曹文明. 2005. 城市广场的人文研究[D]. 北京:中国社会科学院.

图 3 - 5 源自:戴均良. 1992. 中国城市发展史[M]. 哈尔滨:黑龙江人民出版社.

图 3 - 6 源自:洪亮平. 2002. 城市设计历程[M]. 北京:中国建筑工业出版社.

图 3 - 7 源自:Peterson C E, Shelach G. 2012. Jiang Zhai: social and economic organization of a middle Neolithic Chinese Village[J]. Journal of Authropological Archeology, 31(3): 265 - 301. ;曹文明. 2005. 城市广场的人文研究[D]. 北京:中国社会科学院.

图 3 - 8、图 3 - 9 源自:作者自绘。

图 4 - 1 源自:作者自绘。

图 4 - 2 源自:http://www. zgghw. org/html/chengxiangguihua/chengshiguihua/20110505/11656. html.

图 4 - 3 至图 4 - 6 源自:朱偰. 2006. 金陵古迹图考[M]. 北京:中华书局.

图 4 - 7 至图 4 - 11 源自:作者自绘。

图 5 - 1 至图 5 - 27 源自:作者自绘。

图 6 - 1 至图 6 - 45 源自:作者自绘。

图 7 - 1 至图 7 - 13 源自:作者自绘。

图 8-1 源自:胡鹏,游涟,杨传勇,等. 2002. 地图代数[M]. 武汉:武汉大学出版社.
图 8-2 至图 8-6 源自:作者自绘。
图 8-7、图 8-8 源自:作者自绘。

表格来源

表 1－1 源自：作者根据相关网站资料整理绘制。
表 2－1 源自：作者根据相关网站资料整理绘制。
表 3－1 源自：作者根据相关网站资料整理绘制。
表 4－1 源自：作者根据相关网站资料整理绘制。
表 4－2、表 4－3 源自：作者根据自己数据统计绘制。
表 5－1 至表 5－8 源自：作者根据自己数据统计绘制。
表 6－1 至表 6－12 源自：作者根据自己数据统计绘制。
表 7－1 源自：作者根据自己数据统计绘制。
表 7－2、表 7－3 源自：作者根据相关网站资料整理绘制。
表 7－4 至表 7－9 源自：作者根据自己数据统计绘制。
表 8－1、表 8－2 源自：作者根据自己数据统计绘制。

后记

本书是在我的博士论文基础上整理完善而成。无知者无畏！从风景园林学科跨界至陌生的人文地理学领域，困惑、迷茫成为我入学第一年的真实写照。困难面前，我得到了来自师长、同学、家人的巨大帮助、支持与鼓励，正是得益于此，才树立起信心、明确了方向、坚定了信念，克服求学路上的重重困难，顺利完成学业，心中充满感激！

首先，我把最真挚的感谢献给我的导师张小林教授。我是一个十分幸运的人，巧合的机缘使我能有幸到张老师门下就读三年。张老师治学严谨、思维敏锐、学术视野深远、为人正直坦荡。本书正是在张老师的悉心指导下完成的，从选题、构思到撰写，甚至是文稿的统筹、修改，无不浸润着张老师的思想与汗水。张老师时时处处为学生发展、进步着想，尽力提携，甘为学生之梯，关怀备至，学生所惠之益无以言表，必将受益终生。

感谢南京师范大学地科院的陆玉麒教授、赵媛教授、黄震方教授、沙润教授、陶卓民教授、杨山教授、吴启焰教授，感谢南京地理与湖泊所陈雯研究员、南京大学张京祥教授，他们在选题、写作、答辩过程中，对本书提出了很多宝贵的建议，保证书稿的质量与顺利完成，在此表示深深感谢。

我读博士期间及其前后，山东农业大学的赵兰勇教授、马琳师姐，扬州大学的冯立国副教授对本人学习及其发展给出了很多中肯、宝贵的建议，提供了很多帮助，我对你们如同家人一样的关怀表示由衷的谢意。

感谢我同门的兄弟姐妹王亚华、郝丽莎、李传武、石诗源、尚正永、李红波、张春梅、李闻、曹文丽、张荣天、吴江国、蔡香配、秦莉茹、裴璐、徐建红等，团结互助、融洽轻松的学习气氛使我享受其中。感谢同级好友彭远新、高方述、卢晓旭、侯兵、周永博、钟业喜、周毅、王小雷、赵侃等，日常相处中建立起了兄弟般的情谊，这段快乐、美好的时光是我一生不可多得的财富。

最后，我将深深的感谢献给我的父母，谢谢一直以来你们对我的关爱、培养、不求回报的付出。虽然不善表达的你们很少说鼓励、支持的话，但永远是我不断前行的精神支柱。感谢我的爱人吴殿鸣女士，一直以来她不一定是我快乐的第一个分享者，但肯定是我痛苦、困惑的第一个分担者，谢谢你为我承受了这么多，对你一直以来的鼓励、安慰和坚定的支持深表感谢。

感谢一路走来曾经帮助、关爱过我的亲朋好友，祝你们心想事成、好人好梦。

邵大伟